电力职业教育生产技能训练丛书

2014年版

金工操作技能训练

赵长祥 吴畏 主编

中国电力出版社
CHINA ELECTRIC POWER PRESS

内 容 提 要

本书主要介绍钳工、机床加工和焊接的基本操作训练方法以及相关的基础工艺知识。全书共分三个单元，包含 18 个模块，共有 19 个操作训练项目。其主要内容包括：量具与测量、划线、锯割、錾削、锉削、钻孔、锪孔、铰孔、攻螺纹与套螺纹、平面刮削、车削、刨削、铣削、磨削、焊接以及钢铁的火花鉴别和钳工常用工具的热处理等。

本书除作为中等和高等职业教育非机械类工科专业的实训教材外，也可作为电力、冶金、化工等行业生产技能人员的培训用书。

图书在版编目(CIP)数据

金工操作技能训练/赵长祥，吴畏主编. —北京：中国电力出版社，2006.9 （2024.1重印）
（电力职业教育生产技能训练丛书）
ISBN 978-7-5083-4619-9

Ⅰ．金... Ⅱ．①赵... ②吴... Ⅲ．金属加工-技术培训-教材 Ⅳ．TG

中国版本图书馆 CIP 数据核字(2006)第 090608 号

中国电力出版社出版、发行
（北京市东城区北京站西街19号　100005　http://www.cepp.sgcc.com.cn）
三河市百盛印装有限公司印刷
各地新华书店经售

*

2006年9月第一版　　2024年1月北京第二十八次印刷
787毫米×1092毫米　16开本　12.75印张　309千字
印数72501-73500册　　定价 56.00元

《金工操作技能训练》
编审委员会

前　　言

　　《金工操作技能训练》是电力职业教育生产技能训练丛书之一。按照电力职业教育生产技能训练丛书的编写要求，本书力求做到既符合职业教育的教学规律，又能满足生产技能人员培训的针对性需要，采用了"单元→模块→课题→训练项目"的逻辑结构，并体现"以能力培养为核心、以操作训练为重点、以技能提升为目标"的职业（培训）教育思想，努力做到内容新、标准（规范、规程）新、表达形式新。

　　使用本书时，应注意以下几点：

　　（1）根据培养（培训）目标和培养（培训）对象的实际需要，教学（培训）内容可进行恰当选择。

　　（2）遵循人的技能提升之客观规律，宜采用"讲练结合"、"少讲多练"、"精讲严练"的教学方法。

　　（3）第一单元前三个模块的内容，可嵌入第二单元相关模块中讲解与训练。

　　（4）各模块中操作训练项目的工件选择和钳工综合训练模块中的评分标准仅供参考，可根据实际需要和条件进行适当调整。

　　（5）为了提高学生（学员）的综合素质，将安全文明训练一项内容单独进行考核，其目的是加强学生（学员）职业道德的教育和培养。

　　（6）为了克服纸质教材对技能训练表达方式上的局限，本书配备了《金工操作技能训练教学辅助光盘》（CDROM）。光盘须与教材配合使用，除以图片或照片方式更清晰地表达教材的相关内容外，还以视频方式对部分技能训练的操作姿势和动作要领进行了示范。

　　本书由赵长祥、吴畏主编，赵福军、张希栋、倪建南、李建新、张龄春、成策民、张德钊、屈珂、孙跃民参编，赵鸿逵主审，贺勃、姚绪旋、熊娟参审。在编写过程中，我们得到了重庆市电力公司、重庆电力技师学院、保定电力职业技术学院、广西电力职业技术学院、安徽电气工程职业技术学院、哈尔滨电力职业技术学院、西安电力高等专科学校、广东省电力工业学校、兰州电力学校、重庆电力高等专科学校、郑州电力高等专科学校、四川电力职业技术学院、武汉电力职业技术学院等单位的支持与帮助。特别说明的是，《金工操作技能训练教学辅助光盘》的制作得到了重庆电力技师学院、保定电力职业技术学院和广东省电力工业学校领导、老师的大力支持与合作，对他们付出的辛勤劳动，在此一并表示衷心的感谢。

　　由于时间仓促，水平所限，书中难免有疏漏和不足之处，请读者批评指正。

作　者

二○○六年八月

目　　录

绪 论

　　在电力建设和生产中，从事电力设备安装、检修和缺陷处理的专业技术人员和技术工人，不仅要求熟悉掌握本专业（工种）的知识和技能，而且要求了解、掌握必要的钳工、机床加工和焊接方面的基础知识和基本操作技能。从事其他专业（工种）的技术人员和技术工人，学习和掌握一些金工工艺基础知识和基本技能，对搞好本职工作也是必要和有益的。

一、本课程的性质、任务和基本要求

　　金工基本操作技能是电力职业技术院校中工科类各专业学生、电力企业中从事电力设备安装和检修的专业技术人员和技术工人必须掌握的基本技能。《金工操作技能训练》的内容包括钳工、机床加工、焊接等基础工艺知识和基本操作技能两大部分。通过工艺基础理论的学习和基本操作技能的训练，应达到以下基本要求。

　　（一）应知方面

　　（1）熟悉钳工、机床加工、焊接基本操作中常用的设备、工机具、量具、夹具的名称、规格、用途及使用保养方法。

　　（2）知道一般精密量具（如游标卡尺、百分尺、百分表等）的结构及刻线原理。

　　（3）熟悉钳工主要基本操作的动作（或操作）要领、操作方法及有关操作（如划线、钻孔、攻螺纹、套螺纹等）方面的计算。

　　（4）了解焊机的型号、结构和基本工作原理；知道手工电弧焊的基本操作要领和操作方法。

　　（5）了解车床、刨床、铣床和磨床的型号、结构和基本工作原理；知道车床、刨床的基本操作步骤和一般操作方法。

　　（6）知道一般工件的加工步骤和加工方法。

　　（7）了解热处理常识及火花鉴别钢材的方法。

　　（8）知道钳工、焊接、车削、刨削等主要基本操作中产生废品的原因及预防方法。

　　（9）熟悉与金工工艺训练有关的安全操作规程。

　　（二）应会方面

　　（1）能熟练地使用、保养普通量具和游标卡尺、百分尺等较精密的量具。

　　（2）能熟练地进行平面划线和简单工件的立体划线。

　　（3）熟练地掌握錾削、锉削、锯割等钳工的主要基本操作，会钻孔、扩孔、锪孔、铰孔、攻螺纹与套螺纹。

　　（4）能进行车削、刨削和手工电弧焊操作。

　　（5）在教师指导下，能独立完成实训作业。

二、本课程的特点及学习方法

实践性强，手脑并用，学习内容多，学习目标要求高是本课程的显著特点。因此，在学习和训练过程中要做到理论联系实际，勤于用脑，刻苦训练。钳工、焊接和机床加工基本操作训练不是一项单调、简单的体力劳动，而是技能、技巧、力量和毅力的结合。只有在教师的指导下，进行科学、严格、反复地训练，才能达到本课程的基本要求。同时，通过钳工、机床加工和焊接基本操作的训练，可以提高人的思想境界，磨练人的意志品质，提高劳动意识，加强组织纪律性，培养对劳动成果的特殊感情。

根据本课程的特点，在学习和训练中，注意做到以下三点：

第一，在上课时，必须做到听、看、记相结合。听，即认真听教师的工艺讲解；看，即仔细观察教师的每一个示范动作；记，即牢记操作（动作）要领、加工（操作）方法、工艺步骤和技术要求。

第二，在训练中，必须做到严格、刻苦、细致、多思。严格，就是严格要求自己，认真完成每项操作训练内容；刻苦，就是要有坚强的意志和吃苦耐劳的精神；细致，就是在完成实训作业中，精益求精、一丝不苟，做好一步，再做下一步；多思，就是勤于思考，善于动脑，不盲目动手，不蛮干。

第三，在训练中，必须树立"安全第一，预防为主"的思想，时时、事事、处处都要将安全工作放在第一位。自觉遵守"实训守则"，严格执行"安全操作规程"是完成训练任务的基础和前提。

第一单元 相关基础知识

模块一 • • • • •

金属材料常识与钢铁的火花鉴别 》》

课题一 金属材料常识

学习训练目标 了解金属材料的性能；知道碳钢、铸铁的分类及牌号；用火花鉴别法能区分碳钢（低碳钢、中碳钢、高碳钢）、高速钢和铸铁。

在电力生产中，通常使用的生产设备和工具、夹具、机具、量具以及加工工件的材料，绝大多数是金属材料制成的。金属材料可分为黑色金属材料（主要指钢铁材料）和有色金属材料（主要指非铁金属材料）两大类。本课题主要介绍金属材料的性能，钢铁材料常见的分类方法和碳素钢、铸铁的牌号及用途。

一、金属材料的性能

金属材料的性能可分为使用性能和工艺性能两大类。使用性能是指材料在使用过程中所表现出来的特性，主要有物理性能、化学性能和机械性能（力学性能）等；工艺性能是指材料在加工制造过程中所表现出来的特性，主要包括铸造性能、可锻性能、焊接性能和切削加工性能等。

1. 物理性能

金属材料的物理性能是指金属材料不需要发生化学反应所能表现出的性质，主要有密度、熔点、导电性、导热性、热膨胀和磁性等。

2. 化学性能

金属材料的化学性能就是金属材料在发生化学反应时表现出的性质，主要有抗氧化性和耐腐蚀性等。

3. 机械性能

金属材料的机械性能是指材料的力学性能，即材料抵抗外力作用的能力。常用的机械性能指标有：强度、硬度、塑性、冲击韧性、疲劳强度等。

（1）强度。强度是指在外力作用下材料抵抗变形和破坏的能力。因外力作用的方式有拉伸、压缩、弯曲和剪切等形式，所以强度又分为抗拉强度、抗压强度、抗弯强度和抗剪强度等，单位均为 MPa。在使用中，通常多以屈服点 σ_s 和抗拉强度 σ_b 作为最基本的强度指标。抗拉强度是表示材料抵抗断裂的能力，它是评定金属材料强度的重要指标之一。

（2）硬度。硬度是指金属材料抵抗硬物体压入表面的能力，是衡量材料软硬程度的指标。从本质上说，它是反映材料抵抗局部塑性变形的能力，与强度属于同一范畴。所以，材料的硬度与强度之间有一定的关系。

金属硬度的测定是在硬度试验计上进行的。其方法有布氏硬度法（HB）、洛氏硬度法（HR）和维氏硬度法（HV）等。布氏硬度法和洛氏硬度法较为常用。

布氏硬度试验是用淬硬钢球或硬质合金球作为压头，以规定的压力将其压入被测材料表面，停留一段时间后卸载，通过测量其表面压痕直径并经计算得出硬度值。布氏硬度法测量精度较高，试验数据稳定，但操作缓慢，压痕大，不宜作大批量成品零件和硬度较高金属（HB＞450）测量的测试。

洛氏硬度试验是用顶角 120°的金刚石圆锥体或直径为 1.588mm 的淬硬钢球作为压头，在规定的压力下压入被测工件表面，其硬度值可直接在硬度计的刻度盘上读出。根据压头和压力的不同，洛氏硬度有 HRA、HRB、HRC 三种标尺，其中 HRC 较为常用。洛氏硬度法因其压痕面积小，操作迅速简便，测量范围较广而得到广泛应用。

（3）塑性。塑性是指金属材料在外力作用下，产生永久变形而不被破坏的能力。常用的塑性指标有延伸率 δ 和断面收缩率 ψ。材料的延伸率和断面收缩率愈大，表示材料的塑性愈好。

（4）冲击韧性。冲击韧性是指金属材料抵抗冲击负荷的能力。通常，把材料受到冲击破坏时消耗能量的数值作为冲击韧度的指标。一般将冲击韧度值低的材料称为脆性材料，冲击韧度值高的材料称为韧性材料。

（5）疲劳强度。疲劳强度是指金属材料在多次交变载荷下而不引起断裂的最大应力。交变载荷或重复应力使金属材料在远低于屈服点时就发生断裂，因此有极大的危险性，常造成严重的事故。在零件失效形式中，约有 80%～90% 是因疲劳断裂造成的。

4．工艺性能

金属材料的工艺性能是指金属材料在加工过程中所表现出来的接受加工难易程度的性能。金属材料的工艺性能有铸造性能、可锻性能、焊接性能和切削加工性能等。

（1）铸造性能。液态金属在铸造成形时所具有的性能称为铸造性能。流动性好、收缩性小的材料铸造性能好。

（2）可锻性能。金属材料在压力加工时，能承受一定程度的变形而不产生裂纹的能力称为可锻性能。钢能承受锻造、轧制、拉拔、挤压等加工，可锻性能好。灰口铸铁的塑性和韧性均很低，不能锻压加工。

（3）焊接性能。通过加热熔融或加压等手段，使两个金属件达到原子结合而形成永久性连接的工艺方法称为焊接。金属材料在焊接过程中所表现出来的性能称为焊接性能。焊接性能的好坏主要以焊接有无裂缝、气孔等缺陷及焊接接头的机械性能来衡量。

（4）切削加工性能。金属材料在常温下，接受切削刀具加工的能力称为切削加工性能。切削加工性能的好坏主要以切削速度、刀具磨损、被加工表面的粗糙度来衡量。

二、钢和铸铁

钢和铸铁是铁和碳的合金，含碳量在 2.11% 以下的称为钢；含碳量在 2.11% 以上的称为铸铁。

（一）碳素钢

碳素钢简称碳钢。碳钢的主要成分是铁和碳，此外，还含有少量的锰、硅、硫、磷等杂质元素。

1. 碳钢的分类

碳钢的分类方法很多，现将常见的几种分类方法介绍如下。

（1）按含碳量分类。碳钢可分为低碳钢（含碳量≤0.25%）、中碳钢（含碳量 0.25%～0.6%）和高碳钢（含碳量＞0.6%）。

（2）按质量分类。根据碳钢中有害杂质硫、磷的含量分为碳素结构钢（S≤0.050%、P≤0.045%）、优质碳素结构钢（S≤0.035%、P≤0.035%）和高级优质碳素结构钢（S≤0.020%、P≤0.030%）。

（3）按用途分类。碳钢可分为碳素结构钢和碳素工具钢。碳素结构钢主要用于制造机械零件（齿轮、轴、弹簧等）和二程构件（桥梁、船舶、建筑构件等）；碳素工具钢主要用于制作各种刀具、模具和量具等，含碳量一般大于 0.7%。

在生产实际中，钢的分类标准不是单一的，往往是混合应用的。例如优质碳素结构钢就是结合了质量和用途分类命名的。

2. 碳钢的牌号及用途

（1）普通碳素结构钢。GB 700—1988 规定普通碳素结构钢的牌号是由代表屈服点的汉语拼音的字首"Q"后跟屈服点数值（单位为 MPa），再跟表示质量等级的字母 A、B、…组成的，如 Q235、Q235A、Q235B 等，有的在最后还带有冶炼方法的符号。

碳素结构钢是一种普通碳素钢，不含合金元素，通常也称为普碳钢。在各类钢中碳素结构钢的价格最低，具有适当的强度、良好的塑性、韧性、工艺性能和加工性能。这类钢的产量最高，用途很广，多轧制成板材、型材（圆钢、方钢、扁钢、工字钢、槽钢、角钢等）、线材和异型材，用于制造厂房、桥梁和船舶等建筑工程结构。这类钢材一般在热轧状态下直接使用。

（2）优质碳素结构钢。GB 700—1988 规定优质碳素结构钢的牌号是以碳的平均含量（单位为 0.01%）用两位数字表示的。如 45 表示 45 号钢，碳的平均含量为 0.45%。

优质碳素结构钢的含碳量范围较大，包括了低碳钢、中碳钢和部分高碳钢，其机械性能具有多方面的适应性，用途较为广泛。如 10～25 钢具有良好的冲压性能和焊接性能，常用于制造受力不太大而韧性要求高的结构和零件（焊接容器、螺钉、螺母、拉杆、轴套等）。

（3）碳素工具钢。GB 700—1988 规定，碳素工具钢的牌号用汉字"碳"的拼音字首"T"、阿拉伯数字和化学符号来表示。阿拉伯数字表示平均含碳量（以千分之几计）。如 T8 表示含碳量为 0.8% 的碳素工具钢。碳素工具钢都是优质钢，若是高级优质钢，则在钢号后面加注符号 A，如 T8A 表示含碳量为 0.8% 的高级优质碳素工具钢。

碳素工具钢的含碳量为 0.65%～1.35%，其牌号为 T7～T13。各牌号碳素工具钢淬火温度大致相同，因此淬火后的硬度均为 HRC62 左右。碳素工具钢主要用于制造各种刀具、模具、量具及其他工具等，如 T7 钢用来制作受冲击的工具錾子、手锤等；T8、T9 钢用来制作低速刀具锉刀、锯条等；T10、T11 钢用来制作冷冲模、丝锥、板牙和铰刀等；T12、T13 钢用来制作不受冲击的工具刮刀、锉刀、量规等。

（二）合金钢

为了提高钢的使用性能，改善其工艺性能，在碳钢的基础上有意加入某些定量的合金元素，熔合而得到的钢种称为合金钢。合金钢的种类繁多，编号方法较为复杂，本课题对合金钢不作详细介绍。现仅以合金工具钢为例，对其牌号及用途作简要说明。

合金工具钢是在碳钢的基础上加入硅（Si）、铬（Cr）、锰（Mn）、镍（Ni）、钨（W）、钼（Mo）、钒（V）、钴（Co）等合金元素而成的钢。合金工具钢与碳素工具钢相比，淬透性好，热处理开裂倾向性小，耐磨性与耐热性高。根据用途和性能的不同，分为合金刃具钢、合金量具钢和合金模具钢。

1. 合金刃具钢

合金刃具钢可分为低合金刃具钢和高速钢两类。

（1）低合金刃具钢。其含碳量较高，所含合金元素总量不大于 5%，主要含 Si、Cr、Mn 等。刀具在 250～300℃切削时，仍保持较高的硬度。主要用于制作低速切削的刀具，如丝锥、板牙、铰刀、拉刀等。常用的低合金刃具钢有 9SiCr、CrWMn 等。

（2）高速钢。俗称锋钢，其含碳量高（约为 0.7%～1.5%），所含合金元素总量一般大于 10%。当切削温度高达 600℃时，硬度无明显下降，仍保持良好的切削性能，可用作高速切削。常用的高速钢有 W18Cr4V、W6Mo5Cr4V2 等。

2. 合金量具钢

量具钢应具有高的硬度和耐磨性及良好的磨削加工性能。量具钢没有专用钢，一般量具用 60Mn 和 65Mn 制作，高精度的量具常采用淬火变形小的 CrMn、CrWMn、GCr15 等制作。

3. 合金模具钢

模具钢按工作条件不同，可分为冷变形模具钢和热变形模具钢。冷变形模具钢主要用于制作冷冲模、冷挤模、冷拉模等，常用的有 9Mn2V、Cr12、CrWMn 等。热变形模具钢主要用于制作热锻模和热压模，常用的热锻模具钢有 5CrMnMo、5CrNiMo 等。

三、灰口铸铁

铸铁是含碳量大于 2.11% 的铁碳合金，工业上常用的铸铁其含碳量一般为 2.5%～4%，铸铁中除含铁、碳元素外，还含有硅、锰、硫、磷等杂质元素。

铸铁的强度、塑性、韧性较差，不能进行锻造，但它具有优良的铸造性、耐磨性和切削加工性能，且价格低廉、制造方便，因此在机械制造工业中得到广泛应用。

1. 铸铁的分类

根据碳在铸铁中存在的形式不同，铸铁可分为白口铸铁、灰口铸铁、可锻铸铁和球墨铸铁四种。其中，灰口铸铁是工业生产中应用最广泛的一种铸铁。

2. 灰口铸铁的牌号及用途

GB 5612—1985 规定，灰口铸铁由"HT"及一组数字表示，"HT"为灰和铁两字的汉语拼音字首，数字表示最低抗拉强度值。如 HT200 表示最低抗拉强度为 200MPa 的灰口铸铁。常用灰口铸铁的牌号、机械性能及用途见表 1-1-1。

表 1-1-1   **灰口铸铁的牌号、机械性能及用途**

牌 号	σ_b（MPa） 不小于	硬度 HB	适用范围及应用举例
HT100	100	143～229	承受低负荷的不重要零件，如盖、外罩、手轮、支架、重锤等
HT150	150	163～229	承受中等负荷的零件，如汽轮机泵体、发电机轴承座、锅炉省煤器等
HT200	200	170～241	承受较大负荷的零件，如低压汽缸、齿轮、油缸、阀壳、活塞、联轴器、
HT250	250	170～241	轴承座等
HT300	300	187～255	承受高负荷的重要零件，如齿轮、凸轮、汽轮机汽缸、隔板、曲轴、阀体
HT350	350	197～269	以及需经表面淬火的零件
HT400	400	207～269	

课题二 钢铁的火花鉴别

一、火花鉴别法和火花的有关术语

1. 火花鉴别法

鉴别钢铁材料的方法大致可分为两类。一类是借助于仪器设备对材料组成的元素进行分析，区分其类别；另一类是根据人们在实践中积累的经验进行直观地比较与判断。我们把后一类鉴别的方法称为经验鉴别法。常用的经验鉴别方法有断面鉴别法、硬度鉴别法、比重鉴别法和火花鉴别法四种。其中，火花鉴别法简单易行、分辨率高，在生产实践中广泛应用。

火花鉴别法就是利用砂轮直接磨削钢铁材料，根据产生的火花特征（形状、色泽等）判断钢铁材料化学成分和牌号的方法。

2. 火花的有关术语

（1）火束。钢铁材料在砂轮上磨削时，产生的全部火花形式称为火束（见图 1-1-1）。火束可分为根部、中部和尾部三个部分。

（2）流线。从砂轮上直接射出的灼热的钢铁屑末所发出的光亮线条称为流线。由于钢铁材料的化学成分不同，流线的形状也不同。常见的三种流线如图 1-1-2 所示。

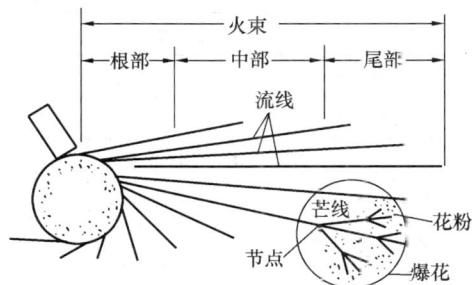

图 1-1-1 火束

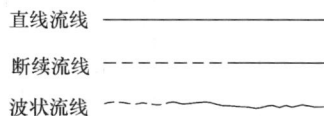

图 1-1-2 流线

（3）节点。流线在中途爆裂的发生点（即明亮点）称为节点（见图 1-1-1）。

（4）芒线。芒线是火花流线节点处的分叉直线（俗称分叉），芒线可以有两根、三根、四根和多根（见图 1-1-3）。

（5）爆花。钢铁屑末爆裂时，在流线上产生的节点和芒线所组成的火花叫做爆花。它是碳元素引起的火花形式（见图 1-1-1）。爆花可以在流线上产生，也可以在芒线上产生，因此有一次爆花、二次爆花、三次爆花和多次爆花之分。

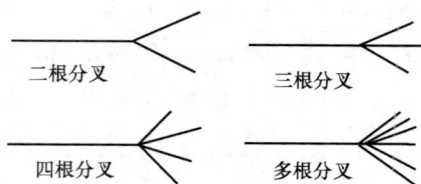

二根分叉　　　三根分叉

四根分叉　　　多根分叉

图 1-1-3　芒线

（6）花粉。分散在爆花、芒线之间或流线附近的点末状火花称为花粉（见图 1-1-1）。

（7）尾花。尾花是指流线尾部的火花形式。尾花是鉴别钢中所含合金元素的主要依据之一。

（8）色泽。整个火束或某部分火花形式的颜色和明亮程度称为色泽。

二、火花鉴别的原理

钢铁材料在高速旋转的砂轮上磨削时，会产生很高的磨削热量，被磨削下来的灼热金属屑末高速飞射到空气中，被空气中的氧急剧氧化，进而产生高热，使其处于熔融状态，产生出光亮的流线。同时，由于氧化作用不仅使金属屑末外层形成一层氧化薄膜，而且金属屑末中的碳与氧化合生成一氧化碳气体。气体膨胀产生出很大的内压应力，当内压应力超过熔融液体的表面张力时，便会使氧化膜爆裂产生火花。经一次爆裂后，若金属屑末中还存有残留的碳元素，那么将会产生第二次或多次爆裂。

熔融状态的金属屑末爆裂后产生的火花，其特征与钢铁材料中所含的元素有关。其中碳是引起火花爆裂的主要元素。而且在钢铁材料中，含碳量增高，则火束、爆花、花粉增多，亮度增高。当其他元素与碳元素共存时，有助长、抑制和消灭火花爆裂等作用。其中助长碳元素爆裂的有锰、铬等元素；阻止碳元素爆裂的有钨、硅、镍、钼等元素。

三、碳元素和合金元素与火花特征的关系

在钢铁材料中，化学成分的变化是影响火花特征的基本因素。在碳素钢中，火束中的流线和爆花数量的多少及火花的形式等完全随含碳量的变化而变化。其基本规律参阅表 1-1-2。碳元素引起的火花形式见图 1-1-4。

表 1-1-2　　　　　　　　碳素钢中含碳量的变化对火花的影响

C（%）	流线					爆花			
	颜色	明暗	长短	粗细	数量	形状	大小	花粉	数量
0	橙红	暗	长	粗	少	无爆裂			
0.05						二根分叉	小	无	少
0.1						三根分叉		无	
0.2						多根分叉		无	
0.3		明	长	粗		多根二次分叉		或有或无	
						多根三次分叉		有	
0.4							大		
0.5									
0.6									
0.7									
0.8						复杂			
0.8以上	红色	暗	短	细	多		小	有	多

表 1-1-3　　　　　　　　　　　　　　合金元素对火花的影响

合金元素	火花特征	对火花爆裂的作用
钼（Mo）	尾花呈箭头状，红色	能抑制火花爆裂
钨（W）	流线细、少，色泽光鲜，红色，尾花呈狐尾状	抑制火花爆裂
镍（Ni）	发光点强烈闪目，尾花呈花苞状	抑制火花爆裂的作用弱
硅（Si）	火束较短，流线较粗，如含硅量在5%，尾花呈羽尾状	抑制火花爆裂（含硅量在1%以上时）
铬（Cr）	在爆花时较活泼，花型较大，分叉多，芒线细、火束短，花粉密，橙黄色，尾花呈菊花状	助长火花爆裂

在含合金元素的钢中，合金元素对火花的影响参阅表 1-1-3。从表 1-1-2 和表 1-1-3 中可以看出，在碳素钢中由于含碳量的变化，火束中的流线（色泽、长短、数量）和爆花（形状大小、数量、花粉）亦变化；在含合金元素的钢中，所含合金元素不同，火花的特征也不同。合金元素所引起的尾花形式见图 1-1-5。

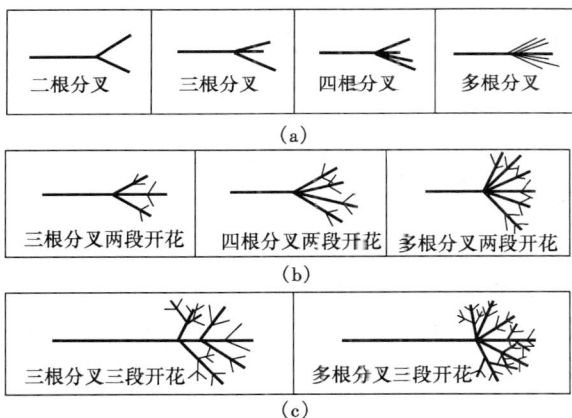

图 1-1-4　碳元素引起的火花形式
(a) 一次爆花示意图（含碳量小于 0.25%）；
(b) 二次爆花示意图（含碳量 0.25%～0.60%）；
(c) 三次爆花示意图（含碳量大于 0.65%）

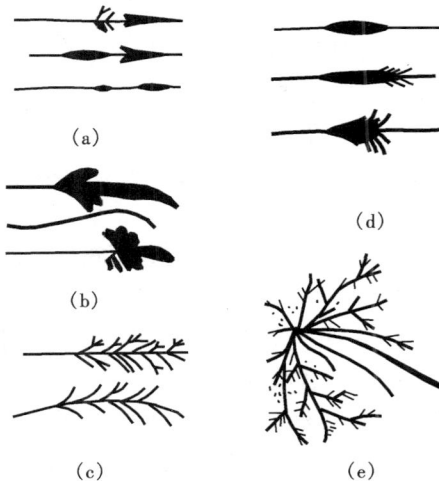

图 1-1-5　合金元素所引起的尾花形式
(a) 箭头（钼 Mo）；(b) 狐尾（钨 W）；(c) 羽尾（硅 Si）；(d) 花苞（镍 Ni）；(e) 菊尾（铬 Cr）

四、火花鉴别法区分常见的金属材料

在区分铸铁、碳素钢、硬质合金和高速钢的火花特征时，可参阅表 1-1-4。

常见钢的火花特征见图 1-1-6（见封二、封三）。

表 1-1-4　　　　　碳素钢、铸铁、硬质合金和高速钢的火花特征

火花特征	碳素钢	铸铁	硬质合金	高速钢
流线色泽	明亮	暗红	暗红	红色或橙色
流线形状	直线状	断续状，尾部趋于卷起或下垂	断续状	断续状或波纹状
流线长短	含碳量越低流线越长，含碳量越高流线越短	短	极短或点状	短

续表

火花特征	碳 素 钢	铸 铁	硬质合金	高速钢
爆花有无	爆花多少与含碳量有关（详见图 1-1-4）	无	无	无
爆花形状	爆花爆裂呈星形，芒线清晰、挺直	—	—	—
尾花特征	—	羽尾状（与含硅量有关，硅是抑制火花爆裂元素故其尾部出现珠状闪光亮点，星羽状）	—	—

操作训练1 火 花 鉴 别 练 习

1. 训练要求

(1) 掌握观察火花的方法；

(2) 能区分铸铁、碳素钢（高、中、低碳钢）、硬质合金和高速钢的火花特征。

2. 训练安排

(1) 教师示范讲解，学生观察火花特征；

(2) 学生分组练习，观察火花特征。

3. 注意事项

(1) 鉴别火花前，应准备好已知钢号的标准试样，可供鉴别时对照比较；

(2) 磨削时，应在光线较暗处进行，观察前勿看较强光源；

(3) 一般选用粒度为 $30^\#\sim60^\#$，直径 $150\sim200mm$，厚度 $20\sim25mm$ 普通氧化铝砂轮，不要用吸尘式砂轮机；

(4) 磨削时，对各试件的压力要相等；

(5) 磨削时，应配带无色防护眼镜。

复 习 题

一、选择题

1. 碳钢可分为低碳钢、中碳钢和高碳钢。其中，中碳钢的含碳量（　　）。

(1) $\leq0.25\%$；(2) $0.25\%\sim0.6\%$；(3) $>0.6\%$。

2. T8A 表示含碳量为（　　）的高级优质碳素工具钢。

(1) 0.08%；(2) 0.8%；(3) 8%。

3. 碳钢火花特征中的流线色泽（　　）。

(1) 明亮；(2) 暗红；(3) 红色或橙色。

二、问答题

1. 普通碳素结构钢、优质碳素结构钢和碳素工具钢的牌号如何表示？

2. 灰口铸铁的牌号如何表示？

3. 简述火花鉴别钢材的原理。

热处理常识与钳工常用工具的热处理 》

学习训练目标 了解热处理的概念及其应用；知道钢的普通热处理的种类、目的；初步掌握錾子、平面刮刀和手锤的热处理技能。

课题一 热 处 理 常 识

一、热处理及其应用

热处理是把固态金属或合金进行不同的加热、保温和冷却以改变其内部组织，从而获得所需性能的一种加工工艺，如图 1-2-1 所示。

(1) 加热。以一定的加热逞度把零件加热到规定的温度范围。这个温度范围可根据不同的钢材和不同的热处理要求确定。

(2) 保温。工件在规定温度下，恒温保持一定时间，使零件温度内外均匀。

(3) 冷却。保温后的零件在冷却介质中以一定的冷却速度冷却下来。

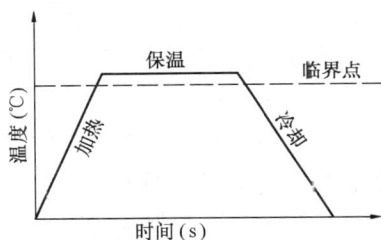

图 1-2-1 热处理曲线示意图

通过热处理不仅能使金属材料的力学性能得到改善（具有高强度、硬度、塑性和弹性等），还能使材料获得一些特殊的使用性能，如耐腐蚀性、耐热性和抗疲劳性等。

在机械制造中，热处理得到了广泛的应用，例如锉刀、钻头、锯条、錾子、刮刀和冲模等，必须有高的硬度和耐磨性方能达到加工金属的目的。因此，除了选用合适的材料外，还必须进行热处理才能达到上述要求。此外，热处理还可以改善材料的工艺性，使切割省力，刀具磨损小，且工件表面质量高。

二、普通热处理

热处理的工艺方法很多，一般分为普通热处理、表面热处理和化学热处理。本课题主要介绍普通热处理工艺。

钢的普通热处理工艺有退火、正火、淬火、回火四种。

1. 退火

将钢加热到适当温度，保温一定时间，然后缓慢冷却（一般随炉冷却，约 100℃/h）以获得接近平衡状态组织的热处理工艺称为退火。

退火的目的是：降低硬度，提高塑性，便于切削加工和冲压加工；消除内应力以防止工件变形和开裂；改善或消除在轧制、铸造、锻造、焊接过程中形成的不良组织或缺陷，细化晶粒，均匀组织及成分，改善性能并为最终热处理做好准备。

2. 正火

正火是将钢加热到适当温度（碳钢为 780～920℃），保温一定时间后，在静止的空气中冷却的热处理工艺。

正火的目的与退火基本类似，两者的主要区别在于冷却速度不同，正火比退火所得的组织细，强度和硬度比退火的高，而塑性和韧性则稍低，内应力消除不如退火彻底。

正火的目的是：当力学性能要求不太高时，可作为最终热处理；作为预备热处理，可改善低碳钢或低合金钢的切削加工性；大尺寸工件或大型锻件，正火可使组织均匀细化，为淬火作组织准备；对于大而复杂或截面有较大变化的工件，可代替淬火以防止工件因淬火急冷而产生严重变形或开裂。

正火工艺操作简便，生产周期短、效率高而成本低，设备利用率高。因此，在能够满足工件使用性能及加工要求的情况下，应尽量采用正火。

3. 淬火

淬火是将工件加热到适当温度（碳钢为 760～860℃），经保温一段时间后快速冷却的热处理工艺。

淬火的主要目的是提高工件的硬度和耐磨性，经随后的回火处理可获得既有较高强度和硬度，又有一定弹性和韧性相结合的综合性能。淬火是钢件强化最经济有效的热处理工艺，几乎所有的工具、磨具和重要零部件都需要进行淬火处理，因此，淬火也是热处理中应用最广泛的工艺之一。

淬火是热处理中比较复杂的一种方法，也是钢获得最终性能的关键工序，所以淬火工艺参数和介质的选择对保证工件的质量至关重要。

（1）淬火温度和保温时间。淬火的加热温度会影响淬火后工件的组织和性能。不同钢种的淬火加热温度是不同的。在加热过程中，应严格控制加热速度和保温时间。实际生产中希望加热速度迅速，但加热速度过快会造成工件表里温差过大，从而产生较大的内应力，使工件变形甚至开裂。

保温时间是指工件装炉后，从炉温回升到淬火温度算起，到出炉为止，在恒定温度下保持的时间。它与钢的成分、工件的形状及尺寸、加热介质及装炉情况等有关。因此保温时间的长短应视具体情况而定，但必须保证工件热透和内部组织转变充分。

（2）淬火介质。冷却是淬火工艺中最重要的工序。淬火冷却必须保证得到所需要的硬度组织，并且不能开裂、变形要小。由于不同成分的钢所要求的冷却速度不同，故应使用不同的淬火介质来调整钢件的冷却速度。

最常用的淬火介质有：水、油、盐溶液、碱溶液及其他淬火介质。

水是一种价格低廉冷却能力较强的淬火剂，容易得到淬硬组织，但也容易变形开裂。它主要用于形状简单、截面积较大的碳钢工件。淬火冷却时水的温度应控制在 30℃ 以下。当水中溶入适当的 $NaCl$、$NaCO_2$ 或 $NaCO_3$ 时（质量分数约为 10%），可进一步提高其冷却能力。但当水中存在油、肥皂等杂质或水温较高时，其冷却能力下降。

淬火冷却油主要有植物油和矿物油。油的冷却能力较水低；碳钢不易淬硬，但产生变形和开裂的倾向较小。油易燃，易老化，成本较高，主要用于合金钢和截面积较小碳钢工件的淬火，淬火时油温一般控制在 60～80℃左右。

（3）工件浸入淬火介质的方式。淬火操作时，除应正确选择淬火温度、加热速度、保温时间和淬火介质外，还应特别注意正确选择工件浸入淬火介质的方式，以防工件各部分因冷却速度不均匀而产生较大的内应力，使工件变形、开裂或出现软点等淬火缺陷。浸入的原则是保证工件得到最均匀的冷却速度。不同形状工件浸入淬火介质的正确方式如图 1-2-2 所示。

（1）长轴类零件应垂直浸入，并上下移动。

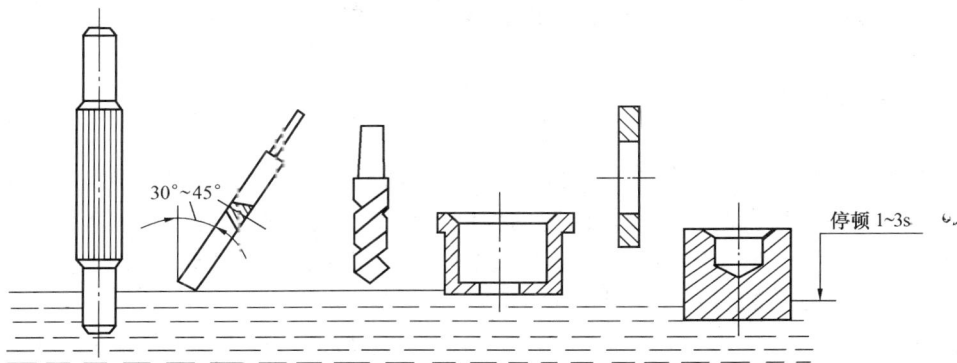

图 1-2-2　工件正确浸入淬火剂的方式

（2）厚薄不均匀的工件应倾斜浸入，以使工件各部分冷却速度接近。

（3）薄壁环形工件（如圆管、套筒等）应沿其轴线垂直于液面浸入。

（4）薄而平的工件应垂直快速浸入而不能水平浸入。

（5）具有凹面的工件应将凹面朝上浸入。

此外，淬火时为了便于操作还应根据工件的形状和尺寸，设计合适的夹具，保证淬火质量，提高生产效率。

4. 回火

回火是指钢件淬硬后，再加热到适当温度，保温一定时间，然后冷却到室温的热处理工艺。通常经过淬火的工件都要进行回火处理，这是因为：

（1）淬火后的工件硬而脆。无法保证强韧配合适宜的使用性能要求。

（2）经淬火后的工件，其组织处于亚状态，有自发向稳定组织转变的趋势，从而引起工件性能和尺寸的改变。

（3）淬火工件内部往往存在很大的内应力，如不及时消除易引起工件的变形和开裂。

回火的目的是消除和降低内应力，防止开裂；调整硬度，提高韧性，从而获得较好的力学性能；稳定钢件的组织和尺寸。

根据工件的不同性能要求，回火工艺按其温度范围分为三种：低温回火、中温回火和高温回火。

（1）低温回火。回火温度为 200～250℃。低温回火使工件的内应力和脆性降低，保持了淬火钢的高硬度和耐磨性。主要用于各种量具、刀具、冷变形模具及表面淬火等工件的热处理。

（2）中温回火。回火温度为 350～500℃。经中温回火后的工件，钢件的淬火残余内应力进一步减少，具有一定韧性的同时，还可获得高的弹性和屈服强度。适用于各种弹簧和热锻模等工件的热处理。

（3）高温回火。回火温度为 500～650℃。高温回火可消除工件的内应力，使工件具有强度、硬度较高，塑性和韧性也较好的综合力学性能。

通常将淬火加高温回火的复合热处理工艺称为调质处理。调质处理被广泛用于综合性能要求较高的重要零件，如曲轴、丝杆、齿轮及轴类等工件的热处理。

课题二　钳工常用工具的热处理

一、錾子的热处理

1. 加热

在热处理过程中，加热的方式较多。錾子的热处理一般在锻造炉中加热，这样既经济又方便，不受任何条件限制。但加热温度的控制，只能通过操作者观察加热工件的炽火颜色（工件烧红的颜色）来判断工件加热温度的高低。当工件温度变化时，其颜色也随着变化。炽火颜色与温度之间的对照关系见图 1-2-3（a）（见封三）。

2. 冷却

同一牌号的钢材制作的錾子，加热到同一温度后，放入不同的冷却介质中进行冷却，所得到的硬度是不同的。因为不同的冷却介质，有不同的冷却速度，即急冷作用不同（见表 1-2-1）。同时，冷却速度快，急冷程度大，所获得的硬度就大。

所以，淬火时应根据不同材料、不同温度和不同硬度，来选用不同的冷却介质，以满足不同的工艺要求。

表 1-2-1　　　　不同冷却剂的急冷作用

冷　却　剂	急冷作用
带酸类的水	很剧烈
含盐分的水	剧烈
水	强
石灰水、热水（30～140℃）	稍强
煤油、油、脂肪	温和
压缩空气	很温和

錾子淬火时，一般都选用水作为冷却剂。为了避免錾子的剧烈冷却，可采用双液淬火，通常用水淬油冷的方法进行。冷却过程中要注意正确掌握水淬转油淬时的温度。

3. 回火

淬火后的錾子其硬度不一定合乎要求。有时硬度不够，需要重新进行淬火处理；有时硬度过大，也不能使用，必须进行回火处理。回火的方法有加热回火和余热回火两种。錾子的回火是利用本身的余热进行回火。

余热回火时的温度应根据錾子刃面淬火后的颜色来判断。当刃面出现所需要的颜色（温度）时，要迅速将錾子浸入水中，使之不再回火，从而获得所需的硬度。回火颜色与温度的对照关系见图 1-2-3（b）（见封三）。

一般中碳钢錾子回火到棕黄色，碳素工具钢回火到深蓝色或紫色较为适宜。

4. 錾子淬火操作过程

錾子淬火前，应做好准备工作：确定錾子的钢材牌号（通常使用 T7A、T8A 钢）；磨好刃口；准备好冷却剂（水）；然后按下列步骤进行热处理。

（1）加热。在锻造炉中加热，錾子的加热长度约为 20～40mm。当加热温度达到 750～780℃（呈樱桃红色）时，从炉中取出錾子。

（2）冷却（淬火）。将取出的錾子立即垂直插入水中，入水深度约 4～6mm，并缓慢移动和上下窜动进行冷却，如图 1-2-4 所示。

（3）回火。当錾子在水面上部的红色退去后，将其从水中取出，并立即去掉錾子切削部分的氧化皮，以便观察錾子刃部的颜色。同时利用錾子上部的余热进行回火，当錾子刃部的颜色逐渐变化，由白而黄，由黄而紫，由紫而蓝（即刃部的温度由 200℃上升到 290℃）时，急速将其加热部分全部浸入水中冷却（第二次冷却），使其颜色不再变化。

图 1-2-4 錾子的热处理

（4）保温。将錾子刃部直立于水深约 10mm 的水槽内，直至錾子全部冷却。

二、刮刀的热处理

刮刀的热处理过程与錾子的热处理过程基本一致。但因两种工具制作时选用的钢材不同和需要的淬火硬度不同，因此选用的冷却介质和确定的回火温度有所区别。

刮刀常用碳素工具钢（T12A）锻制（或废旧锉刀改制）。粗刮刀的冷却方法与錾子的冷却方法相同，冷却剂可用浓度为 10％的盐水进行，其目的是增加淬火后的硬度。精刮刀最好使用双液淬火法。刮刀淬火后的回火温度要低于錾子淬火后的回火温度。

刮刀放入炉中加热部分的长度约为 25mm，入冷却液的深度以 8～10mm 为宜。

三、淬火时的注意事项

（1）淬火前应充分了解淬火工具的钢材牌号及使用要求。

（2）淬火前应把錾子、刮刀淬火部分的锈蚀清除干净，并刃磨好所需要的刃口几何形状。

（3）冷却液必须洁净，如用水冷，水面不能有浮油珠，不准用皂类洗过手的污水，以及含有颜色的废水；如用油冷，不能使用黏度太大、老化和杂质过多的废油。

（4）冷却水温不可过高过低，一般在 15～25℃之间。水温过高，淬火硬度则低；水温过低材料易变脆，而且易出现裂纹。

（5）炉火不旺时，不要急于加热。观察炉温时，最好配戴深浅适度的墨镜，观察回火颜色时，应将墨镜取下。

（6）在观察回火颜色前，应迅速将淬火工件上的氧化皮去掉，以利于观察回火温度的变化。

（7）淬火时光线要适宜，

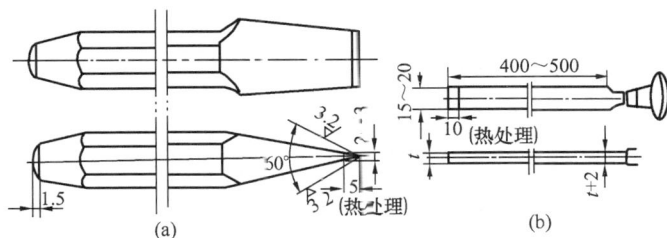

图 1-2-5 热处理工件图

(a) 扁錾；(b) 平面刮刀

不要太强或太暗，尽量在白天进行。

（8）刀具在冷却的过程中，应作水平移动和上下窜动，以防淬火界线明显，出现断裂。

（9）余热回火时，回火颜色变化很快，操作者应精神集中，及时把握第二次冷却的时机，当见到所需的回火颜色时，迅速地将工件浸入冷却液中。

操作训练2　錾子、刮刀热处理练习

1. 训练要求

（1）熟悉錾子、刮刀的热处理过程。

（2）初步掌握錾子、刮刀的热处理方法，要求准确把握加热温度和回火颜色。

（3）将热处理过的錾子、刮刀进行试切削，以检验淬火硬度是否合适。

2. 扁錾、刮刀热处理工件图（如图 1-2-5 所示）

复 习 题

一、选择题

1. 退火、正火、淬火、回火属于（　　）热处理工艺。

（1）普通；（2）表面；（3）化学。

2. 对碳钢工件淬火时，一般将工件加热到（　　）较适当。

（1）500～650℃；（2）760～860℃；（3）780～920℃。

3. 不同的冷却介质，有不同的冷却速度，即急冷作用不同，冷却介质水的急冷作用（　　）。

（1）温和；（2）稍强；（3）强。

二、问答题

1. 何谓热处理？常用的热处理工艺有哪些？

2. 试述退火和正火的不同点。

3. 何谓回火？其目的是什么？

4. 何谓淬火？其目的是什么？

5. 简述錾子的热处理过程。

模块三 ●●●●●

极限与配合、表面粗糙度常识 》》

学习训练目标 了解形状位置公差和表面粗糙度的概念；知道标准公差等级及其代号、形状位置公差项目和符号；了解表面粗糙度代（符）号及常用加工方法可达到的表面粗糙度值。

一、极限与配合

1. 互换性及其应用

在现代化机械制造工业中，为了实现专业化生产，提高产品的质量和生产效率，降低产品成本，要求机器上的零部件具有互换性。所谓互换性就是在制成同一规格的一批零件中，任取其一，不需要任何挑选和修配就能装到机器上去，并能达到规定的技术性能要求，我们称这种零件具有互换性。

互换性在机械制造和设备检修中具有重要的作用，它对产品的设计、制造、使用和维修都带来了极大便利和经济效益。当机器或仪表零件损坏时，只需换上一个备用零部件就能继续工作。例如，汽车、摩托车的零部件和各种机器、设备的通用标准件都具有互换性。

2. 极限与配合

互换性要求零件制造得非常"标准"。但是，在实际生产过程中，由于受机床、刀具、量具、夹具和操作者技术熟练程度等因素的影响，加工出来的零件不可避免地会产生误差，这种误差被称为加工误差。实践证明，只要加工误差控制在极限尺寸范围内，即公差尺寸内，零件就能够具有互换性。"公差"是用来协调零件的使用要求与制造的可能性和经济性的矛盾，"配合"则是反映零件间的相互关系。

配合是指基本尺寸相同的、相互结合的孔和轴公差带之间的关系。配合按出现间隙和过盈的不同，分为间隙配合、过盈配合、过渡配合三大类。

（1）间隙配合是指具有间隙（包括最小间隙为零）的配合。

（2）过盈配合是指具有过盈（包括最小过盈为零）的配合。

（3）过渡配合是指可能具有间隙或过盈的配合。

按零件的加工误差及其控制范围制订出的技术标准，称为极限与配合标准。它是实现互换性的基础。为了满足各种不同精度的要求，GB/T 1800.3—1998《极限与配合 基础 第3部分：标准公差和基本偏差数值表》规定，标准公差分为 20 个公差等级（公差等级是指确定尺寸精确程度的等级），它们是IT01，IT0，IT1，IT2，…，IT18。IT表示标准公差，数字表示公差等级。其中IT01为最高，IT18为最低。公差等级高，公差值小，精确程度高；公差等级低，则公差值大，精确程度低。

二、形状和位置公差

零件的形状和位置公差简称形位公差。形状公差是指零件的实际形状相对于理想形状的准确程度。国家标准规定有直线度、平面度、圆柱度等。位置公差是指零件的实际位置相对于理想位置的准确程度。国家标准规定有平行度、垂直度、同轴度等。

表1-3-1为国家标准《形状和位置公差》规定的形位公差项目及符号。

表1-3-1　　形位公差项目及符号

公差		特征项目	符号	有或无基准要求
形状	形状	直线度	—	无
		平面度	▱	无
		圆度	○	无
		圆柱度	⌭	无
形状或位置	轮廓	线轮廓度	⌒	有或无
		面轮廓度	⌓	有或无

公差		特征项目	符号	有或无基准要求
位置	定向	平行度	//	有
		垂直度	⊥	有
		倾斜度	∠	有
	定位	位置度	⌖	有或无
		同轴（同心）度	◎	有
		对称度	⌯	有
	跳动	圆跳动	↗	有
		全跳动	⌰	有

一般零件通常只规定尺寸公差。对要求较高的零件，除了规定尺寸公差以外，还规定其所需要的形状公差和位置公差。

三、表面粗糙度

1. 表面粗糙度的定义

表面粗糙度是指零件加工表面上具有的较小间距和峰谷所组成的微观几何形状特征。也就是指零件加工时，在零件表面形成加工痕迹的粗细深浅程度。由于加工方法和加工条件的不同，痕迹的粗细深浅程度也不一样。表面粗糙度对机械零件的摩擦系数和耐磨性、耐腐蚀性和配合性质有着密切的关系，它影响到机器装配后的可靠性和使用寿命。

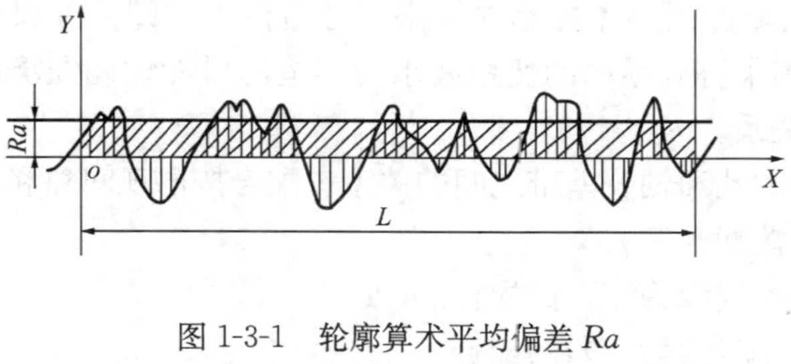

图1-3-1　轮廓算术平均偏差 Ra

GB/T 1031—1995《表面粗糙度参数及其数值》规定，表面粗糙度参数一般从 Ra、Rz 和 Ry 三项高度特性参数中选取一项，优先选用轮廓算术平均偏差 Ra。轮廓算术平均偏差 Ra 是在取样长度范围 L 内，轮廓偏距绝对值的算术平均值，如图1-3-1所示。距离 Y_1，Y_2，Y_3，…，Y_n 取绝对值，表达式为

$$Ra \approx 1/n(|Y_1|+|Y_2|+|Y_3|+\cdots+|Y_n|)$$

2. 表面粗糙度代（符）号及其意义

（1）图样上表示表面粗糙度的代（符）号及其意义：

$\sqrt{}$ 表示表面粗糙度是用不去除材料的方法获得的，例如铸、锻、冲压变形、热轧、冷轧等，或者是用于保持原供应状况的表面。

$\sqrt{}$ 表示表面粗糙度是用去除材料的方法获得的，例如车、铣、刨、磨、钻、剪切、电火花加工、气割等。

（2）表面粗糙度 Ra 值的标注举例：

$\overset{3.2}{\sqrt{}}$ 表示用去除材料方法获得的表面粗糙度，Ra 的上限值为 $3.2\mu m$。

$\overset{3.2}{\sqrt{}}$ 表示用不去除材料方法获得的表面粗糙度，Ra 的上限值为 $3.2\mu m$。

3. 常用加工方法所能达到的表面粗糙度 Ra 值

常用加工方法所能达到的表面粗糙度 Ra 值见表 1-3-2。

零件的表面粗糙度可用标准样块比较测定。比较方法一般是用肉眼观察，或用手指抚摸，或依靠指甲在表面上轻轻划动时的感觉来判断零件的表面粗糙度。

表面粗糙度与尺寸精度有一定的联系。一般说来，尺寸精度越高，表面粗糙度 Ra 值越小。但是，表面粗糙度 Ra 值小的，尺寸精确程度不一定高，如手柄、手轮表面等，其表面粗糙度 Ra 值较小，尺寸精度却不高。

表 1-3-2　　　　　常用加工方法可达到的表面粗糙度值及其应用

Ra（μm）	表面状况	加工方法	应用
100	可见明显刀痕	粗锉、粗车、粗刨、粗铣	多用于粗加工的没有要求的自由表面，如钻孔、倒角等
50	可见刀痕		
25	微见刀痕		
12.5	可见加工痕迹	精锉、精车、精刨、精铣、刮削和粗磨	多用于粗加工的非配合表面，如支架、箱体等
6.3	微见加工痕迹		用于半精紧贴的表面，如键和键槽的工作面，支柱、外壳等的自由表面
3.2	看不见加工痕迹	精锉、精车、精刨、精铣、刮削和粗磨	用于不精确定心和配合特性的表面，如盖板、支架孔、带轮工作面等
1.6	可辨加工痕迹方向	精锉、精车、精铰、精磨、研磨抛光	要求有定心和配合特性的表面，如锥孔、花键结合面、轴承配合面等
0.8	微辨加工痕迹方向		要求保证定心和配合特性的表面，如锥销与圆柱销的表面、滑动导轨面等
0.4	不可辨加工痕迹方向		要求能长期保持所规定的配合特性的孔 H7、H6；7 级精度的齿轮工作面轴颈等等
0.2～0.012	按表面光泽辨别	超精磨、研磨抛光、镜面磨	能保证零件的耐久性，并在工作时不破坏配合特性的表面；保证高度气密的接合表面。量规的测量面等

复习题

一、选择题

1、钻孔属于粗加工，表面粗糙度可达 Ra（　　）μm。

（1）25；（2）6.3；（3）3.2。

2. 形状公差是指零件的实际形状相对于理想形状的准确程度。国家标准规定有直线度、（　　）、圆柱度等。

（1）平行度；（2）平面度；（3）垂直度。

二、问答题

1. 何谓表面粗糙度？

2. 在设计加工工件时，是否表面粗糙度值选取得越小就越好？

模块四 ●●●●●

安全生产教育 》》

学习训练目标 充分认识安全生产的重要性；熟知安全文明训练的基本要求。

一、安全生产的重要性

安全促进生产，生产必须安全。安全生产是企业搞好生产，提高经济效益的前提和重要保证。生产最基本的条件是保证人和设备在生产中的安全。人是生产中的决定因素，设备是生产的手段，没有人和设备的安全作保证，生产就无法进行。特别是人的安全尤为重要，不能保证人的安全，设备的作用无法发挥，生产也就不能够顺利安全地进行。

"安全第一，预防为主"是电力工业长期以来坚持的方针。这是社会主义企业性质和电力工业的客观规律所决定的，是多年来实践经验的积累，甚至是用血的教训总结出来的。因此，每一个从事电力建设和生产的员工无论是从事何种工作，还是在任何时候，都要牢记这一方针。

作为一名电力工业战线上的普通员工，要树立和贯彻"安全第一，预防为主"的方针，一是要做到定期接受安全教育培训；二是要认真按照"标准化作业"的要求开展工作，严格执行各项法规、规程和规定，严禁习惯性违章事件发生。作为一名在校学习、培训的学生（学员），在职业技能训练中不仅要掌握过硬的生产技能本领，而且应自觉地培养安全文明生产习惯和良好的工作作风。安全文明生产习惯不是一朝一夕能够养成的，要在日常工作、学习中时时、事事、处处严格要求自己，从点滴小事做起，从模范遵守安全文明训练的基本要求做起。

二、安全文明训练的基本要求

（1）认真学习，严格遵守学生（学员）实训守则（见附录一）。

（2）认真学习钳工、焊接和机床加工的有关安全操作规程（见附录二～五），经考试合格后，方可参加学习训练。

（3）不准擅自动用不熟悉的设备、工具、量具和仪器、仪表。

（4）工具、量具和材料不准混放；工具、量具、仪器仪表和设备使用后均应擦拭干净，摆放到规定的位置。

（5）使用电气设备和开合闸刀时，应小心不要触电。使用完毕后，应及时切断电源。

（6）操作前应看懂图样，熟悉加工工艺和技术要求，严格按照图样、加工工艺和技术要求加工。发现问题，不得擅自修改，应提请有关人员处理。

复 习 题

1. 简述安全生产的重要性。
2. 简述安全文明训练的基本要求。

模块一 ●●●●●

钳工常用设备和工具、量具、夹具介绍 》》

学习训练目标　了解钳工常用设备与工具、量具、夹具；会使用、保养台虎钳；做好训练前的各项准备工作。

一、钳工基本操作技能

以手工工具为主，多在台虎钳上对金属材料进行切削加工，完成零件的制作，以及机器的装配、调试和修理的工种称为钳工。

在科学技术飞速发展的今天，先进的机器和先进的加工方法不断出现，钳工虽然以手工操作为主，但仍具有广泛的适用性和灵活性。单件或精密零件的制作（如锉削样板和制作模具等），机器的装配、调试、修理及机具的改进都需要钳工完成。在电力建设和生产中，电力设备的安装、正常的设备检修和设备缺陷的处理是由电力安装、电力检修工程技术人员和技术工人完成的。凡是从事以上工作的员工，要胜任本职工作，不仅要学习掌握本专业（工种）的专业技能，而且应掌握钳工基本操作技能。

钳工基本操作技能包括：测量、划线、锯割、錾削、锉削、钻孔、锪孔、铰孔、攻螺纹与套螺纹、矫正与弯曲、铆接、刮削、研磨和简单的热处理等。

二、钳工常用的设备、工具、量具和夹具

1. 钳工常用设备

（1）钳台。钳台是钳工专用的工作台，台面上装有台虎钳和安全网。钳台多为钢木结构，高度为 $800\sim900\text{mm}$，长、宽根据需要而定，见图 2-1-1。

（2）台虎钳。台虎钳简称虎

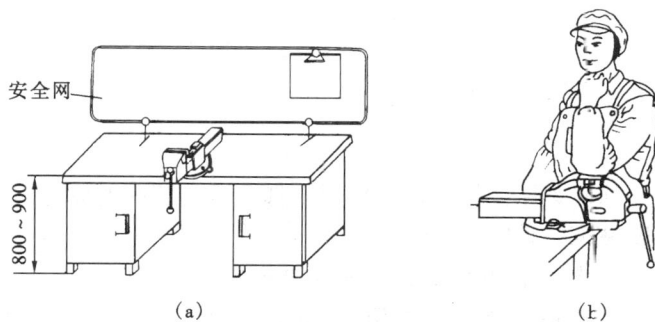

图 2-1-1　钳台

(a) 钳台外形；(b) 确定钳台高度的方法

钳，是用来夹持工件的一种设备，有固定式和回转式两种，其构造见图 2-1-2。台虎钳的规格用钳口的宽度表示，常用的有 125、150、200mm 等。

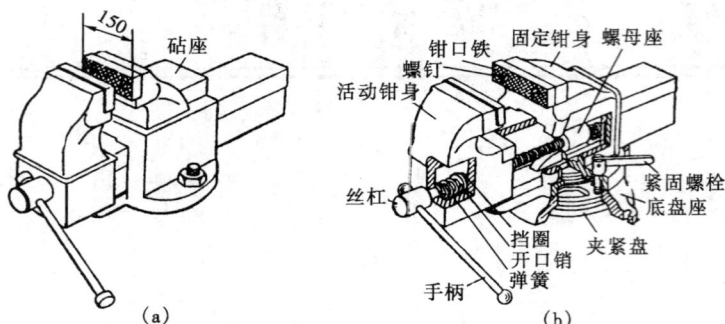

图 2-1-2 台虎钳

(a) 固定式；(b) 回转式

使用和保养台虎钳时应注意下列问题：

1）台虎钳必须牢固地固定在钳台上，工作时不能松动，以免损坏台虎钳或影响加工质量。

2）夹紧或松卸工件时，严禁用手锤锤击或套上管子转动手柄，以免损坏丝杠和螺母。

3）不允许用大锤在台虎钳上锤击工件。带砧座的台虎钳，只允许在砧座上用手锤轻击工件。

4）用手锤进行强力作业时，锤击力应朝向固定钳身，见图 2-1-3。否则，易损坏丝杠和螺母。

5）螺母、丝杠及滑动表面应经常加润滑油，保证台虎钳使用灵活。

（3）砂轮机。砂轮机是主要用来磨削各种刀具和工具的设备，如修磨钻头、錾子、刮刀、划规、划针和样冲等，有普通式和吸尘式两种，见图 2-1-4。

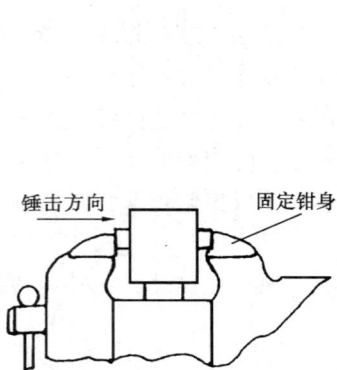

图 2-1-3 锤击力方向

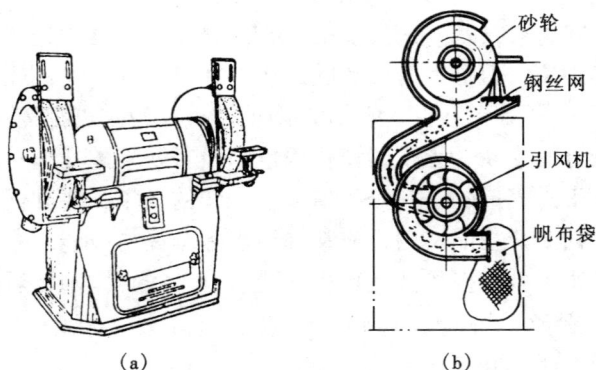

图 2-1-4 砂轮机

(a) 普通式；(b) 吸尘式

（4）钻床。钻床是主要用来加工各类圆孔的设备。常用的钻床有台式钻床、立式钻床和摇臂钻床，见图 2-1-5。

2. 钳工常用的工具、量具和夹具

钳工基本操作中常用的工具如图 2-1-6 所示。常用的量具如图 2-1-7 所示。常用的夹具主要有平口虎钳、钻夹头和钻套等。

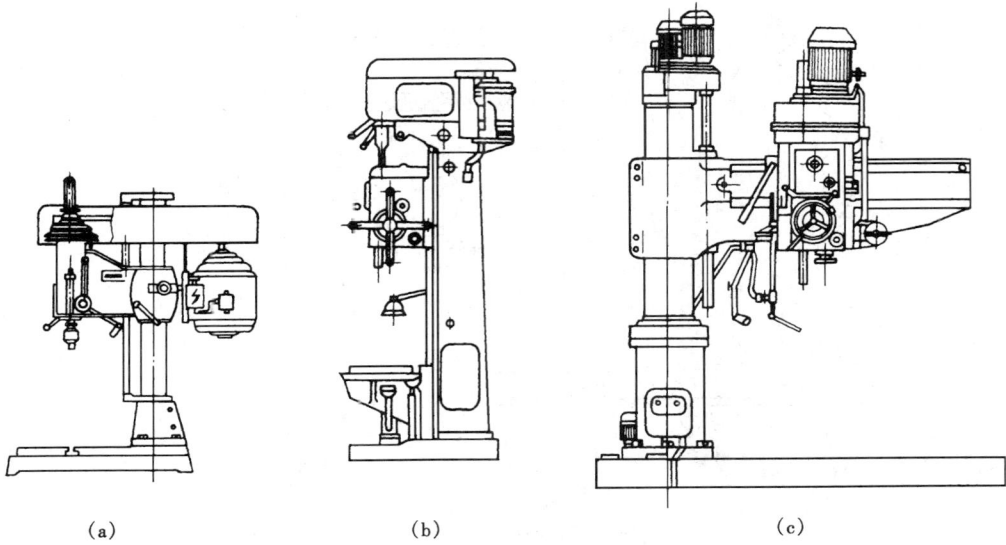

图 2-1-5　钻床

(a) 台钻；(b) 立钻；(c) 摇臂钻

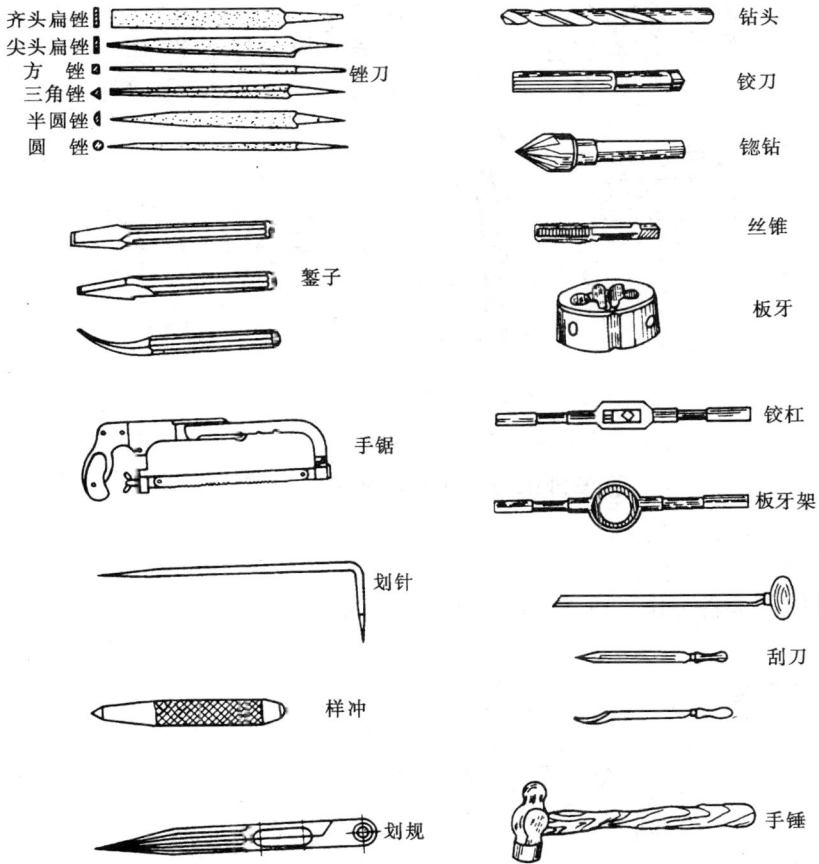

齐头扁锉　尖头扁锉　方　锉　三角锉　半圆锉　圆　锉　锉刀

钻头　铰刀　锪钻　丝锥　板牙

錾子

手锯

铰杠　板牙架

划针

刮刀

样冲

划规

手锤

图 2-1-6　钳工常用工具

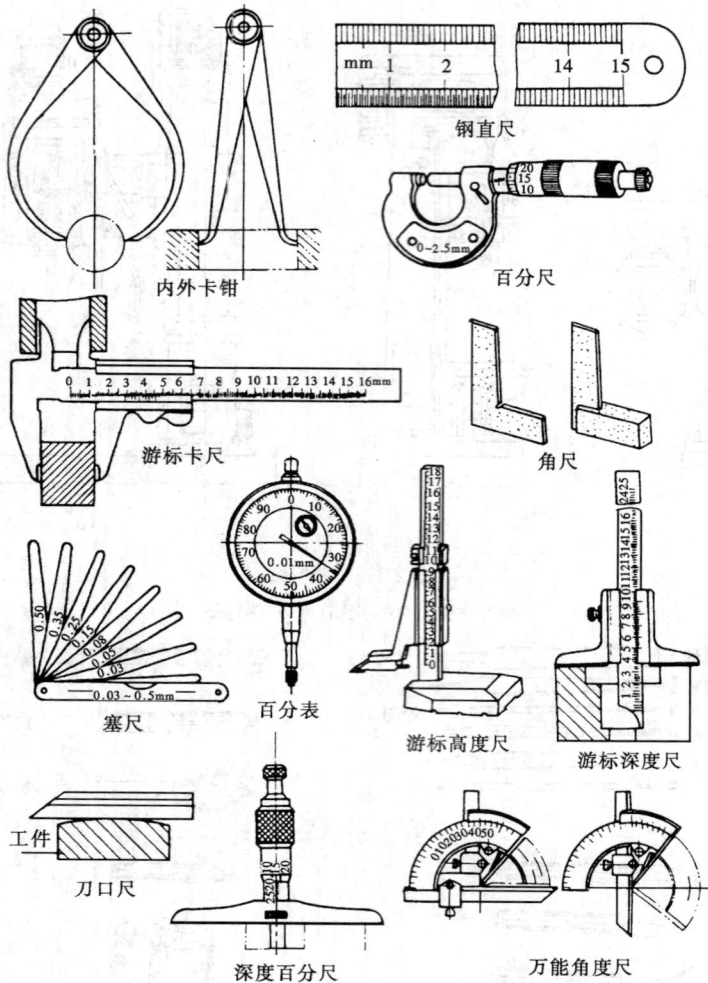

图 2-1-7 钳工常用量具

内外卡钳　钢直尺　百分尺　游标卡尺　角尺　塞尺　百分表　游标高度尺　游标深度尺　工件　刀口尺　深度百分尺　万能角度尺

操作训练 1　训练前的准备工作

1. 训练要求

作好训练前的准备工作，熟悉常用设备和工量夹具。

2. 设备

钳台、台虎钳等。

3. 工具

测量工具、划线工具、錾削工具、锉削工具等。

4. 辅具

棉纱、机油等。

5. 训练安排

参观生产车间，了解生产现场（装配车间或机修车间、检修车间、安装现场）的布局和工作条件。

　　（1）熟悉常用设备和工量夹具。

　　1）熟悉钳台、台虎钳、砂轮机和钻床等设备；

　　2）熟悉测量、划线、锉削、錾削等工具。

　　（2）安排训练位置。

　　按身高选择（或调整）台虎钳高度，安放好踏脚板。

　　（3）领取工量具、工件毛坯。

　　将工量具和工件摆放在工具柜（或工具箱）内。

　　（4）保养台虎钳。

　　1）用棉纱将台虎钳擦拭干净；

　　2）在螺母、丝杆和滑动表面处加润滑油。

复 习 题

一、选择题

1. 钳台的高度一般以（　　）为宜。

（1）800～900mm；（2）1000mm；（3）1100mm。

2. 在台虎钳上强力作业时，应尽量使力量朝向（　　）。

（1）活动钳身；（2）固定钳身；（3）活动钳身或固定钳身。

3. 使用砂轮机时，操作者应站在砂轮机的（　　）。

（1）对面；（2）侧面；（3）对面或侧面。

4. 砂轮机托架距离砂轮片的间隙应控制在（　　）以下。

（1）5mm；（2）4mm；（3）3mm。

二、问答题

1. 钳工基本操作包括哪些内容？

2. 使用和保养台虎钳时应注意哪些问题？

量 具 与 测 量 》》

学习训练目标　初步掌握钢直尺、角尺、卡钳、游标卡尺和百分尺的使用、保养方法；知道游标卡尺和百分尺的刻线原理。

在零件加工和设备安装、检修过程中，为了指导加工，确保设备安装质量，必须使用特定的量具进行测量工作。

用来测量工件尺寸、形状和位置的工具称为量具。量具的种类很多，常用的量具有普通量具（钢直尺、刀口尺、卡钳）、游标量具（游标卡尺、游标高度尺、游标深度尺和万能角度尺）和微分量具（如百分表、千分表）等。

测量就是某一被测量值与标准量（基准单位）之间的比较过程。测量所用的基准单位（标准量）均采用法定计量单位。表 2-2-1 为法定长度计量单位。

表 2-2-1　　　　　　　　　　　　　法定长度计量单位

单　位　名　称	单　位　代　号	对基准单位的比
米	m	基准单位
分　米	dm	0.1m（10^{-1}m）
厘　米	cm	0.01m（10^{-2}m）
毫　米①	mm	0.001m（10^{-3}m）
（丝　米）②	dmm	0.0001m（10^{-4}m）
（忽　米）②	cmm	0.00001m（10^{-5}m）
微　米	μm	0.000001m（10^{-6}m）

①　在机械制造中，常以毫米为基本单位，机械图纸中不标注单位名称的，均为毫米数。

②　不是法定计量单位。工厂里常用忽米，俗称"丝"或"道"，1丝＝0.01mm。

在实际工作中，有时会遇到英制尺寸，常用的英制单位名称和进位关系为

$$1 英尺（ft）=12 英寸（in）$$

$$1 英寸（in）=8 英分❶$$

为了方便起见，可将英制尺寸换算成米制尺寸。其换算关系为

$$1 英寸=25.4mm$$

---

❶　英分是我国工厂的习惯称呼，在英制长度单位中是没有这个单位的。

课题一　普通量具

一、钢直尺

钢直尺是一种具有刻度的标尺，可直接测量物体的尺寸。如图 2-2-1 所示，钢直尺多用不锈钢薄板制作，其常用规格有 150、300、500、1000mm 四种。

1. 钢直尺的使用方法

（1）用钢直尺检测平面度。检测毛坯工件表面和粗加工工件表面平面度时，均可用钢直尺检测，其检测方法见图 2-2-2。

（2）用钢直尺测量工件尺寸。用钢直尺测量工件尺寸的方法见图 2-2-3。

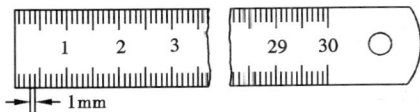

图 2-2-1　钢直尺

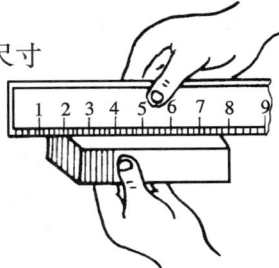

图 2-2-2　用钢直尺检测平面度

2. 注意事项

读数时应正视钢直尺面，视线垂直于钢直尺刻度线，见图 2-2-4。

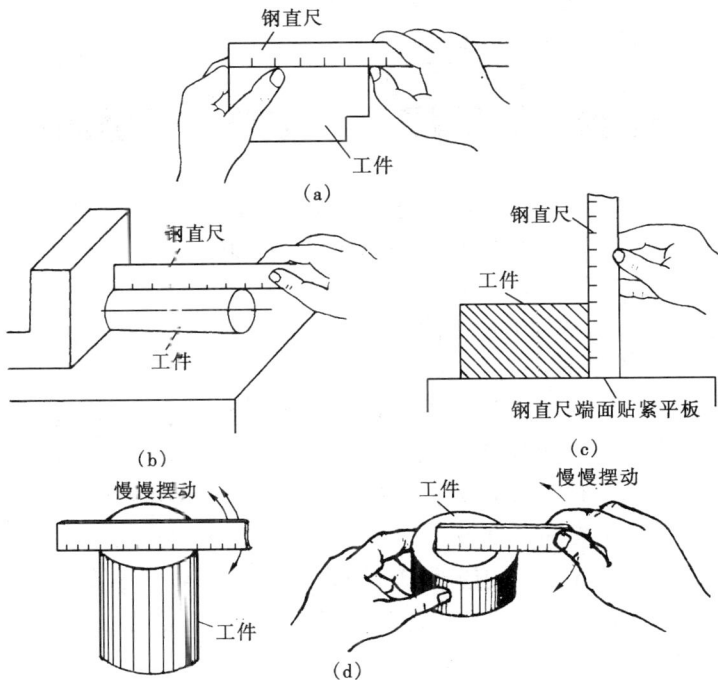

图 2-2-3　用钢直尺测量尺寸的方法

（a）钢直尺端边零线须与工件边缘重合，并与两被测面垂直，其最小值为测量数值；（b）测量圆柱形工件的长度尺寸时，钢直尺应与轴心线平行；（c）在平板上测量工件高度尺寸时，钢直尺端面要贴紧平板；（d）测量圆形工件的直径时，将钢直尺一端稳住不动，慢慢摆动另一端，其最大值为测量数值

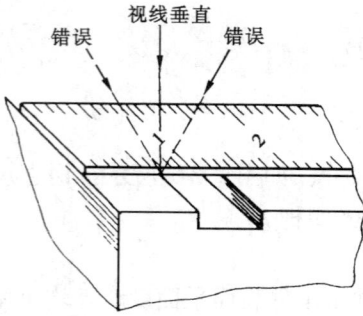

图 2-2-4　钢直尺的读数方法　　　　　图 2-2-5　刀口尺

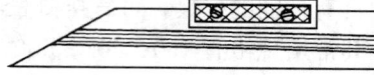

(a)

平面　　　凹形　　　凸形　　　波浪形

(b)　　　(c)　　　(d)　　　(e)

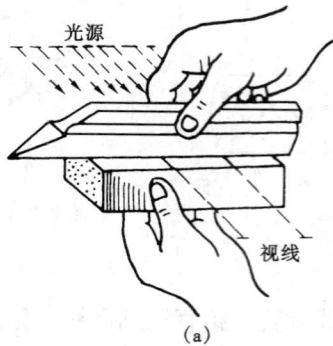

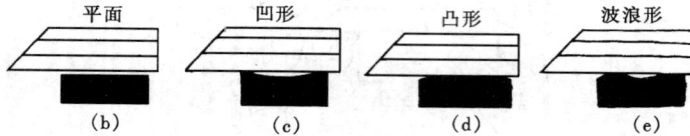

图 2-2-6　用光隙法（透光法）检测平面
(a) 检测方法；(b) ～ (e) 利用光隙判断方法

二、刀口尺

刀口尺（见图 2-2-5）是一种测量工件直线度和平面度的普通量具，常与塞尺配合使用，其常用规格有 75、125、175mm 等。

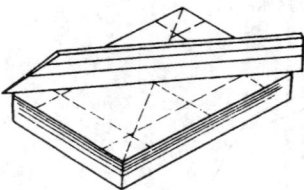

图 2-2-7　检测部位

使用刀口尺检测工件的直线度或平面度时，一般采用光隙法（透光法）目测，如图 2-2-6 所示，也可配合塞尺测量。目测时，如果看见的是一根均匀而纤细的亮光，工件的表面就是平直的，见图 2-2-6 (b)；如果看见如图 2-2-6 (c) ～ (e) 所示的光隙，则说明工件的表面不平。测量平面度时，应在工件表面的不同方向检测后进行综合分析，见图 2-2-7。

三、角尺

角尺是用来测量工件内、外角垂直度的一种量具，常与塞尺配合使用。角尺的种类和构造见图 2-2-8。角尺的规格用尺苗长度×尺座长度表示，如 63mm×40mm、125mm×80mm。

用角尺测量工件垂直度前，应先用锉刀去除工件棱边上的毛刺，称为倒棱，见图 2-2-9。

然后采用光隙法（透光法）目测或配合塞尺进行测量，其使用方法见图 2-2-10。

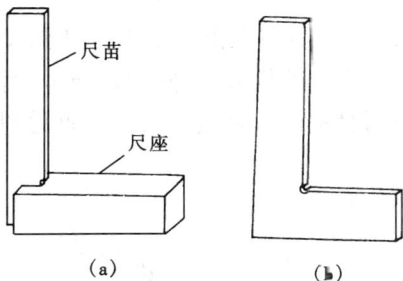

图 2-2-8　角尺的构造
(a) 宽座角尺；(b) 样板角尺

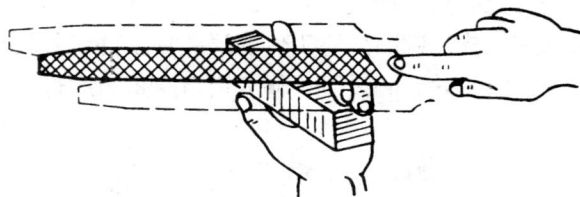

图 2-2-9　倒棱

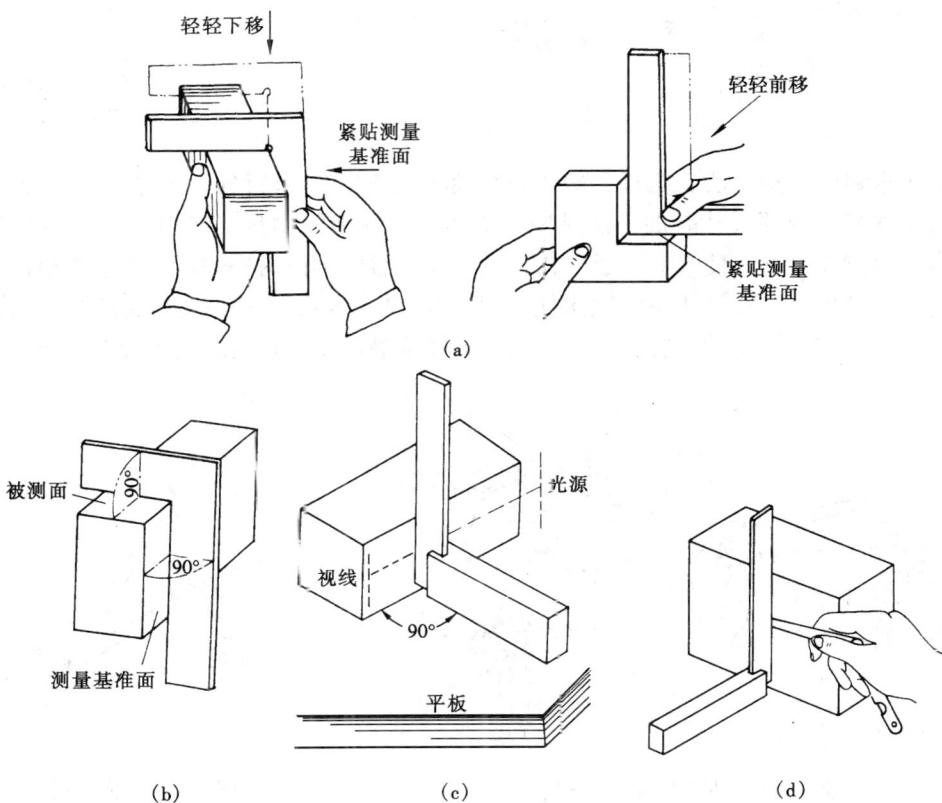

图 2-2-10　角尺的使用方法
(a) 用光隙法测量内、外角垂直度时，操作者面对光源进行检测；
(b) 检测时，角尺的放置位置应正确；(c) 用角尺在平板上检测工件垂直度的方法；
(d) 与塞尺配合检测

四、卡钳

卡钳分外卡钳和内卡钳两种，如图 2-2-11 所示。外卡钳用来测量工件的外部尺寸，如测量外径、平行尺寸等；内卡钳测量工件内部尺寸，如测量内径、槽宽尺寸等。卡钳多用不锈钢板制作，铆合的松紧应适度，卡尖的形状应正确，其规格有 125、150、200mm 等。

1. 卡钳的使用方法

（1）外卡钳的使用方法。外卡钳的拿法如图 2-2-12 所示。用外卡钳测量工件外部尺寸的方法有光隙法（透光法）和感觉法两种，见图 2-2-13。工件误差较大，进行粗测时，用光隙法（透光法）判断所测工件的误差；工件误差较小，进行精测时，通过手的松紧感觉判断所测工件的误差。测量时，靠卡钳自身重力通过工件。

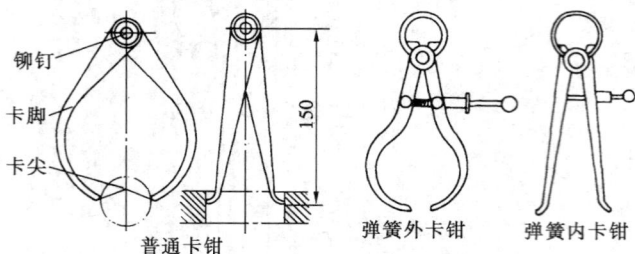

图 2-2-11　卡钳

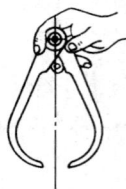

图 2-2-12　外卡钳的拿法

（2）内卡钳的使用方法。测量一般工件内部尺寸时，内卡钳的常见拿法如图 2-2-14 所示。用内卡钳测量内部尺寸时的方法见图 2-2-15。用内卡钳测量内径时，将下卡尖稳住不动，上卡尖沿圆弧微动，使卡尖处于内孔直径位置。然后再作内外微动，通过手感测出准确的孔径 [见图 2-2-15（a）]。用内卡钳测量槽宽时，将一卡尖与工件被测面贴紧不动，另一卡尖做上、下、左、右微动，要求卡尖与工件刚好接触，使手感适度 [见图 2-2-15（b）]。

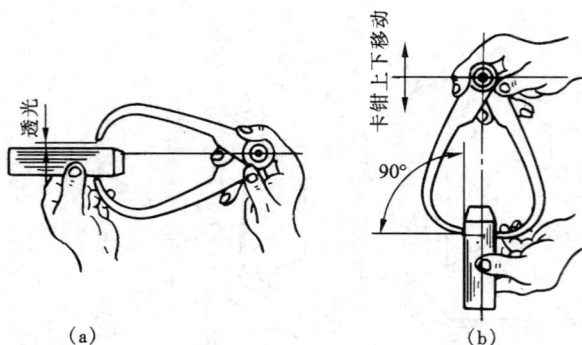

图 2-2-13　外卡钳的使用方法
(a) 光隙法（透光法）；(b) 感觉法

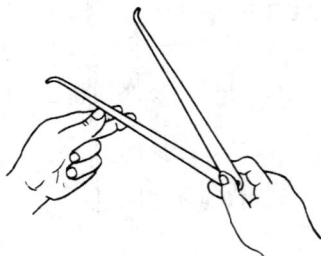

图 2-2-14　内卡钳常见拿法

（3）卡钳开度的调整方法。卡钳开度的调整方法见图 2-2-16。

（4）卡尖与工件的接触位置。为了保证测量的准确性，测量时卡尖与工件的接触位置必须正确，如图 2-2-17 所示。

2. 读数方法

卡钳是一种间接量具，常配合钢直尺、游标卡尺和百分尺进行读数，其方法见图 2-2-18。

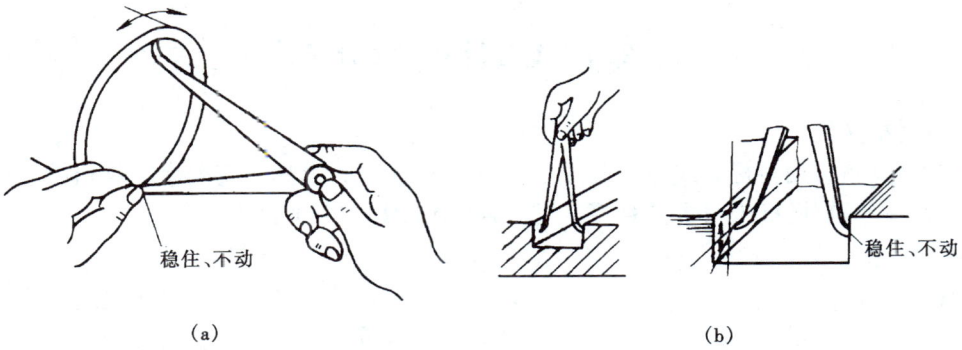

图 2-2-15 内卡钳的使用方法

（a）测量内径；（b）测量槽宽

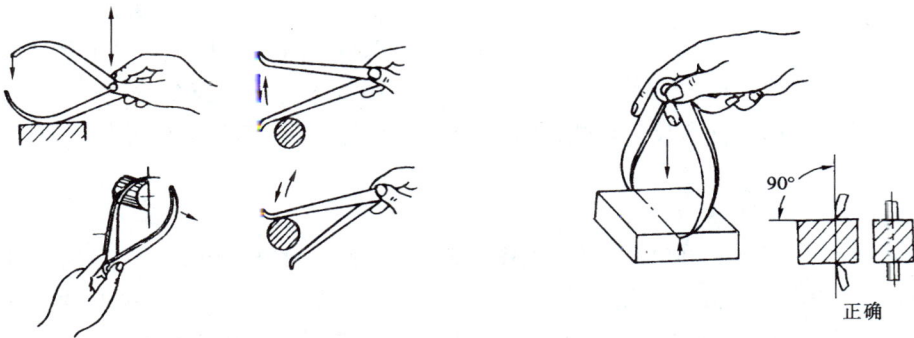

图 2-2-16 卡钳开度的调整方法

图 2-2-17 卡尖与工件的接触位置

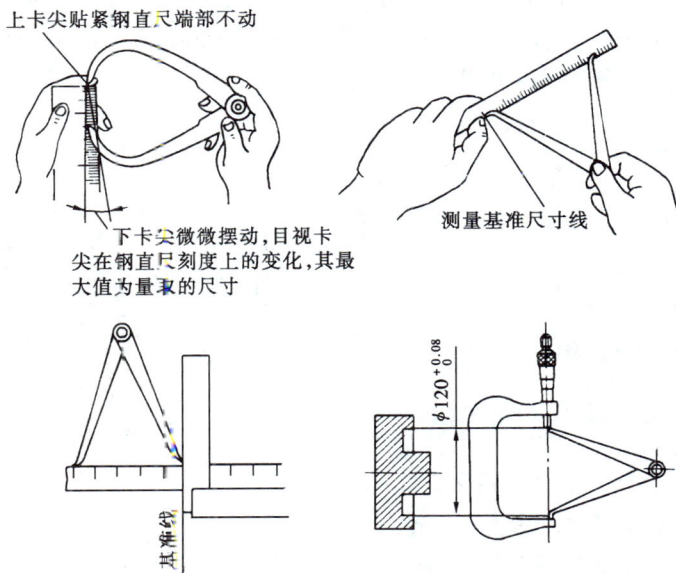

上卡尖贴紧钢直尺端部不动

下卡尖微微摆动，目视卡尖在钢直尺刻度上的变化，其最大值为量取的尺寸

测量基准尺寸线

图 2-2-18 用卡钳量取尺寸的方法

课题二　游标量具和微分量具

一、游标量具

游标量具是应用游标刻线原理制成的一种比较精密的量具。其测量精度可达 0.02mm。常用的游标量具有游标卡尺、游标深度尺、游标高度尺和万能角度尺等。

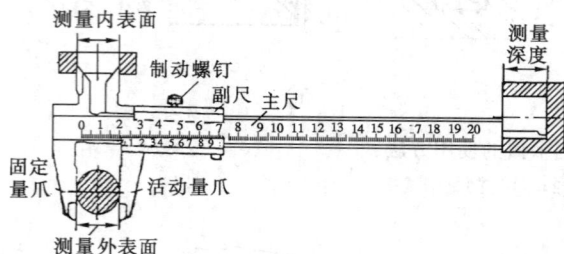

图 2-2-19　游标卡尺的结构

（一）游标卡尺

1. 游标卡尺的结构及种类

游标卡尺是一种可以直接测量工件外部尺寸、内部尺寸和深度尺寸的游标量具，其结构见图 2-2-19。游标卡尺的种类很多，按游标卡尺的测量精度分，有 0.05mm 和 0.02mm 两种，其中 0.02mm 的游标卡尺应用最为广泛。按游标卡尺的结构分，有二用游标卡尺、三用游标卡尺、带微调游标卡尺、带表盘游标卡尺和液晶数字显示游标卡尺等。

2. 游标卡尺的刻线原理

（1）0.05mm（1/20）游标卡尺（见图 2-2-20）。主尺每格 1mm，将主尺上 19mm 在副尺（游标）上等分 20 格，则副尺每格 $= 19 \div 20 = 0.95$（mm），主尺与副尺每格相差 $1 - 0.95 = 0.05$（mm）。所以，0.05mm 游标卡尺的测量精度为 0.05mm。

同理，放大系数的 0.05mm 游标卡尺是将主尺上 39mm 在副尺（游标）上等分 20 格，则副尺每格为 $39/20 = 1.95$（mm），主尺 2 格与副尺 1 格相差 $2 - 1.95 = 0.05$（mm）。

（2）0.02mm（1/50）游标卡尺（见图 2-2-21）。主尺每格 1mm，将主尺上 49mm 在副尺（游标）上等分 50 格，则副尺每格为 $49/50 = 0.98$（mm），主尺与副尺每格相差 $1 - 0.98 = 0.02$（mm）。所以，其测量精度为 0.02mm。

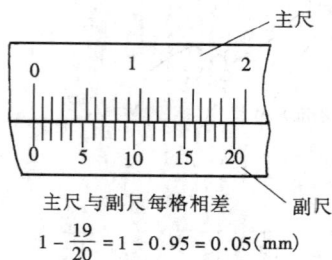

主尺与副尺每格相差
$1 - \dfrac{19}{20} = 1 - 0.95 = 0.05$(mm)

图 2-2-20　0.05mm 游标卡尺刻线原理

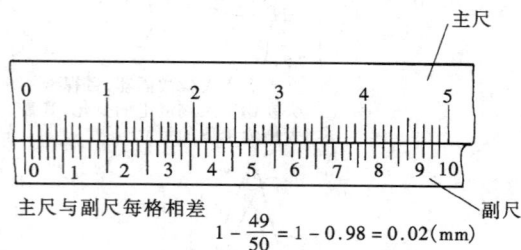

主尺与副尺每格相差
$1 - \dfrac{49}{50} = 1 - 0.98 = 0.02$(mm)

图 2-2-21　0.02mm 游标卡尺刻线原理

3. 游标卡尺的读数方法（见图 2-2-25）

（1）整数值。副尺零线左边主尺上毫米整数。

（2）小数值。在副尺上查出哪一条线与主尺刻度线对齐（第一条零线不算），并数出副尺格数，则

副尺上的小数值＝游标卡尺精度×副尺格数

（3）测量数值。

测量数值＝主尺上的整数值＋副尺上的小数值

4．游标卡尺的使用方法

（1）使用前的检查。使用前必须检查游标卡尺有无缺陷，如卡脚测量面是否有间隙、主尺与副尺的零线是否对齐等。

（2）握持方法。测量较小工件时，可单手握持卡尺进行测量，如图2-2-23（a）所示，一手拿工件，一手拉或推副尺；测量较大工件时，应将工件放稳后，一手握持固定量爪，另一手握持主尺，用拇指拉或推副尺，如图2-2-23（b）所示。

（3）带微调游标卡尺的使用方法（见图2-2-24）：

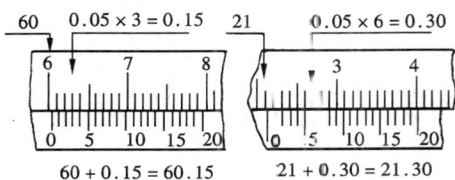

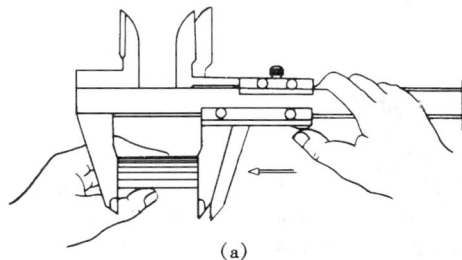

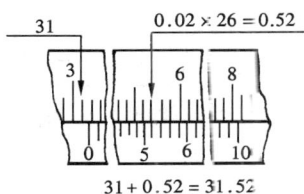

图2-2-22 游标卡尺的读数方法
(a) 0.05mm游标卡尺的读数实例；
(b) 0.02mm游标卡尺的读数实例

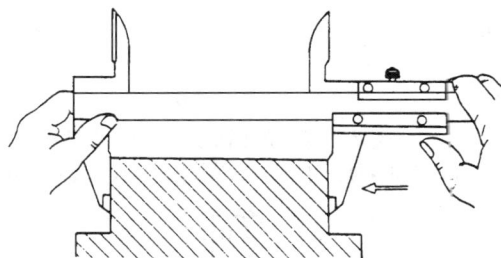

图2-2-23 游标卡尺的握持方法
(a) 单手握尺；(b) 双手握尺

1）松开副尺上的紧固螺钉；
2）旋紧微调装置上的紧固螺钉；
3）用拇指旋动微调轮。

（4）测量方法。用游标卡尺测量工件内部尺寸和深度尺寸的方法见图2-2-25。

（二）其他游标尺

（1）游标深度尺。游标深度尺的用途是测量工件台阶长度和孔槽深度等，其结构见图2-2-26。

（2）游标高度尺。游标高度尺的用途是测量工件高度尺寸和进行精密划线，其结构见图2-2-27。

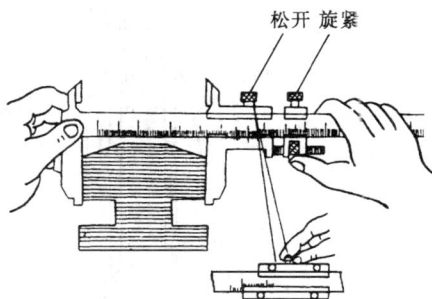

图2-2-24 带微调卡尺的使用方法

（3）万能角度尺。万能角度尺（见图2-2-28）是用来测量工件内外角度的一种游标量具。按测量精度分有2′和5′两种。测量范围为0°～320°。使用时，根据检测范围移动、拆换角尺和直尺，见图2-2-29。

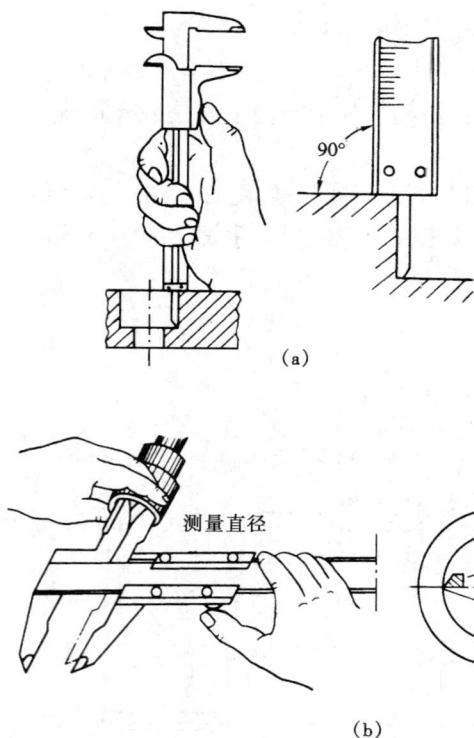

图 2-2-25　游标卡尺的测量方法
（a）测量深度尺寸的方法；（b）测量内部尺寸的方法

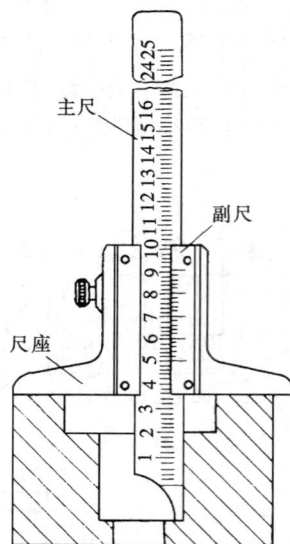

图 2-2-26　游标深度尺

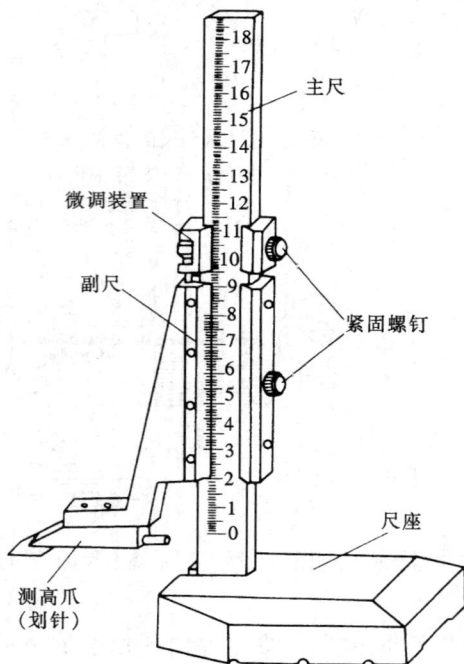

图 2-2-27　游标高度尺

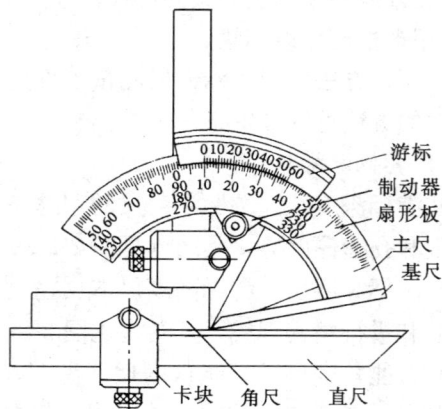

图 2-2-28　万能角度尺的结构

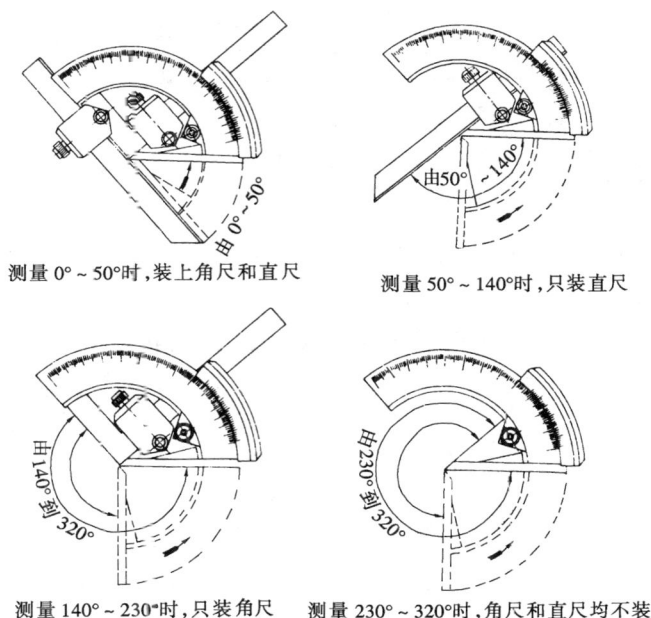

測量 0°~50°时,装上角尺和直尺　　　測量 50°~140°时,只装直尺

測量 140°~230°时,只装角尺　　測量 230°~320°时,角尺和直尺均不装

图 2-2-29　万能角度尺的使用

二、微分量具

微分量具是利用螺旋副的升降原理制成的一类精密量具,其测量精度为 0.01mm。常用的有外径百分尺、内径百分尺和深度百分尺等。

(一) 外径百分尺

外径百分尺的规格按测量范围分,有 0~25mm、25~50mm、50~75mm 等。其结构见图 2-2-30。

1. 百分尺的刻线原理

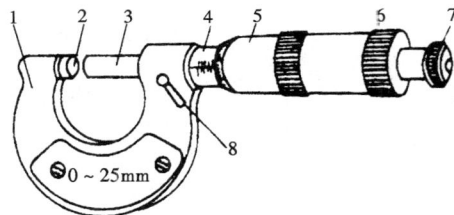

图 2-2-30　外径百分尺的结构

1—尺架;2—固定测砧;3—测微螺杆;4—固定套筒;5—活动套筒;6—螺帽;7—棘轮;8—止动柄

如图 2-2-31 所示,将活动套筒圆锥面等分为 50 格,当活动套筒转动一圈时,测微螺杆轴向位移 0.5mm (螺杆螺距为 0.5mm);活动套筒转动一格时 (即 1/50 圆周),测微螺杆轴向移动为 $0.5 \times 1/50 = 0.01$ (mm)。所以,百分尺的测量精度为 0.01mm。

2. 百分尺的读数方法 (见图 2-2-32)

(1) 读出固定套筒露出刻线的毫米整数和半毫米数;

(2) 读出活动套筒圆锥上与基准线对齐的小数刻度值;

(3) 两数相加即为测量数值。

3. 百分尺的使用方法

(1) 使用前的校对检验。使用前必须检查和校准百分尺,如图 2-2-33 所示。校验方法:0~25mm 百分尺直接使两测量面贴合后校对,25~50mm 以上测量范围的百分尺可用校验棒或块规校对。

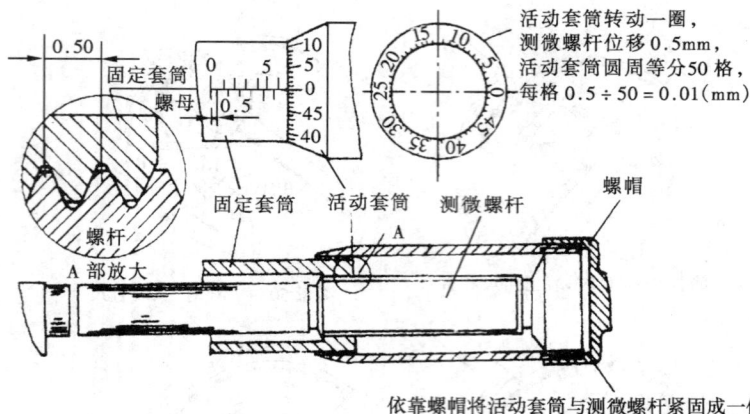

活动套筒转动一圈,
测微螺杆位移0.5mm,
活动套筒圆周等分50格,
每格 $0.5 \div 50 = 0.01(mm)$

固定套筒
螺母
螺杆
A 部放大
固定套筒　活动套筒　测微螺杆
螺帽

依靠螺帽将活动套筒与测微螺杆紧固成一体

图 2-2-31　百分尺的刻线原理

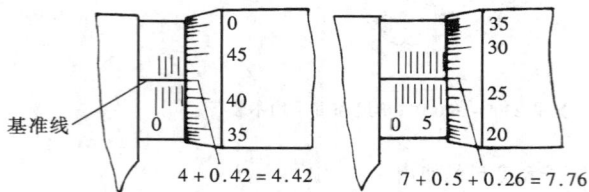

基准线

$4 + 0.42 = 4.42$　　　$7 + 0.5 + 0.26 = 7.76$

图 2-2-32　百分尺的读数方法

（2）握持方法。用百分尺测量较小工件时,可用单手握持测量;工件较大时,可用双手握持测量。其方法见图 2-2-34。

（3）使用要点及注意事项:

1）先调整百分尺的开度,使其稍大于被测尺寸;

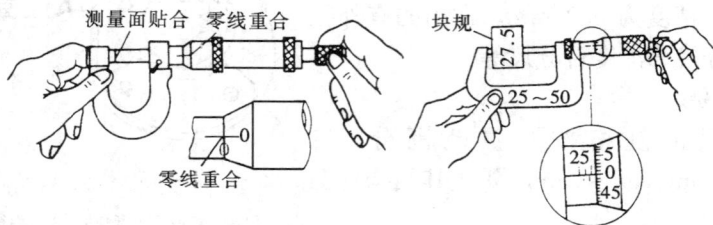

测量面贴合　零线重合

零线重合

块规

27.5

$25\sim50$

图 2-2-33　百分尺校对检验

2）旋拧棘轮（测力装置）,并轻轻晃动尺架,使测量面与工件表面正确接触;

3）正确使用测力装置,保持测量力度恒定;

4）必须在静止状态下测量工件尺寸,不允许在工件转动或加工中进行测量;

5）读数时,要特别注意固定套筒上的半毫米线,初学者常发生多读或少读 0.5mm 的差错。

（二）其他百分尺介绍

1. 内径百分尺

内径百分尺是测量工件内径或槽宽尺寸的微分量具,常用的有卡脚式

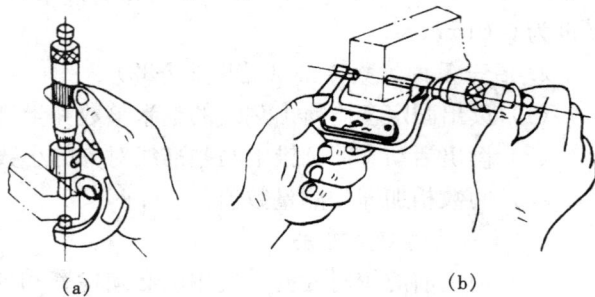

（a）　　　　　　　　　　（b）

图 2-2-34　百分尺握持方法

（a）单手测量法；（b）双手测量法

内径百分尺和杠杆式内径百分尺。

（1）卡脚式内径百分尺。卡脚式内径百分尺的结构见图2-2-35。其测量范围有5～30mm和25～50mm两种，固定套筒上的数字表示与外径百分尺相反。

（2）杠杆式内径百分尺。杠杆式内径百分尺的结构见图2-2-36。其螺杆的最大行程为25mm，测量范围可查相关手册。

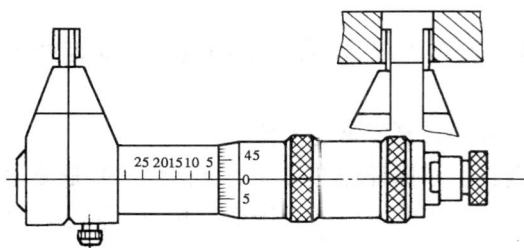

图 2-2-35　卡脚式内径百分尺

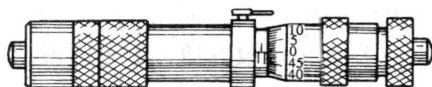

图 2-2-36　杠杆式内径百分尺

2. 深度百分尺

深度百分尺是测量工件台阶长度或孔、槽深度尺寸的微分量具，其结构见图 2-2-37。

三、其他量具介绍

（一）百分表（见图 2-2-38）

1. 百分表的用途及规格

百分表主要用于测量零件尺寸、形状和位置偏差的绝对值或相对值，以及检验机床设备的几何精度或调整工件的装夹位置。其规格按测量范围分，常用的有 0～3mm、0～5mm、0～10mm三种。按制造精度分，有 0 级和 1 级两种，其中 0 级精度最高，1 级次之。

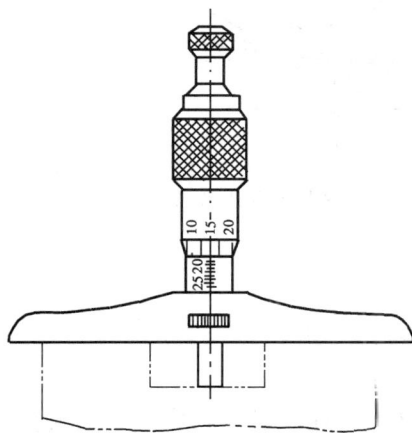

图 2-2-37　深度百分尺

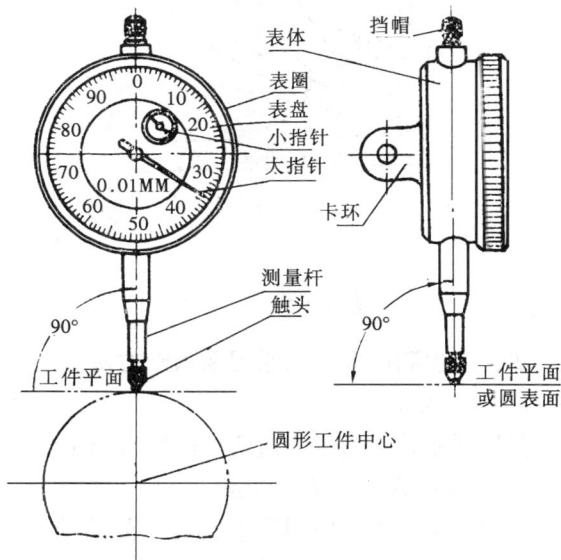

图 2-2-38　百分表及其使用方法

2. 百分表的使用方法及注意事项

（1）检查百分表的灵敏度。检查时，用手指轻轻来回推动测杆。检查测杆在套筒内移动是否平稳、灵活，有无卡住或跳动现象；指针与表盘有无碰擦现象，指针摆动是否平稳。

（2）检查百分表的稳定性。在百分表处于自由状态下，多次推动测杆，观察指针每次是否都能回到原位。

（3）百分表必须牢固地固定在表架或其他支架上。

（4）测量时，应轻轻提起测杆，把工件移至测头的下面，缓慢下降测头，使之与工件接触。

（5）测头与被测工件表面接触时，测杆应领先有 1mm 左右的压缩量，以保证初始测力，提高百分表的稳定性。

（6）为了读数方便，测量前可把百分表的指针指到刻度盘的零位。

（7）在平面上测量时，测杆要与被测表面垂直，以保证测杆移动的灵活性，降低测量误差。在圆柱形工件表面上测量时，应保证测杆中心与工件纵向轴心线垂直并通过轴心，见图 2-2-38。

（二）塞尺

塞尺（图 2-2-39）是由若干片厚薄不同的薄钢片组成的一种量具，每一片上都标有厚度值。其用途是测量两结合面之间的间隙，塞尺的测量范围一般为 0.02～1mm。塞尺的使用方法见图 2-2-40。尺片塞入后来回抽动，有轻微的阻滞感觉时，尺片的厚度即为被测的间隙，见图 2-2-40（a）。塞尺片可组合几片进行测量，但不要超过四片，见图 2-2-40（b）。

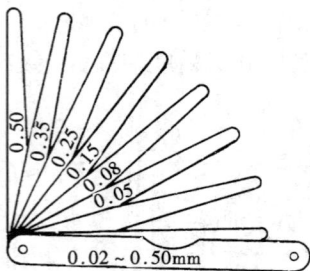

图 2-2-39　塞尺

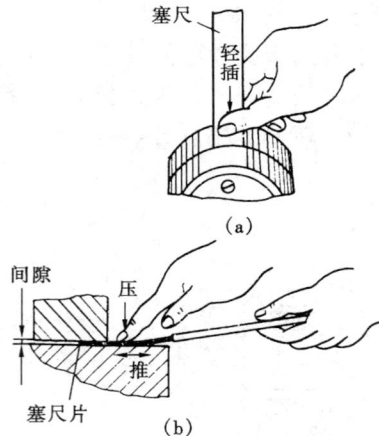

图 2-2-40　塞尺的使用方法

四、产生测量误差的原因及预防方法

1. 测量误差

测量误差就是通过测量所得的数值与工件的实际值之差。

2. 产生的原因及预防方法

造成测量误差的原因除量具自身的缺陷外，大多是操作者在测量过程中发生的人为错误。常见的人为测量误差及预防方法有以下几点：

（1）由视差引起的误数误差。测量时，从侧向观察量具刻线，造成视角误差。正确的方法是视线应与量具表面的刻线垂直。

（2）因位置不正确引起的测量误差。量具测量面与工件位置不正确，如量具测量面与工件表面歪斜或工件歪放在量具内。正确的方法是放稳、摆正。

（3）因测力不当产生的测量误差。使用某些量具时，如游标卡尺、百分尺等，测力过大或过小均可能产生测量误差。因此，在使用某些量具时，测量力度应适当。

（4）因不清洁或加工毛刺引起的测量误差。工件的测位及量具测量面不清洁或工件测位有毛刺会造成测量误差。所以，测量前必须将工件测位及量具擦拭干净，有毛刺的工件应将毛刺去除。

此外，由于温度的影响，量具与被测工件热胀冷缩也会产生测量误差。因此，测量工作应在常温下进行（测量标准温度为+20℃）。

操作训练 2　测量练习

1. 训练要求

（1）掌握钢直尺、卡钳、角尺、游标卡尺和外径百分尺的使用测量方法。

（2）要求测量方法正确，读数准确。

（3）将测量数据填写在表 2-2-2 中。

表 2-2-2　　　　　　　　　　　测　量　记　录　　　　　　　　　　（mm）

项目	量具	工件	测量结果									
			L	L_1	L_2	L_3	L_4	d	d_1	d_2	d_3	d_4
尺寸	钢尺	Ⅰ										
		Ⅱ										
	卡钳	Ⅰ										
		Ⅱ	—	—	—	—	—					
	游标卡尺	Ⅰ										
		Ⅱ		—								
	百分尺	Ⅰ	—					—				
		Ⅱ	—	—				—				
平行度	卡钳	Ⅰ	L 最大值= 最小值=				L_4 最大值= 最小值=					
	游标卡尺	Ⅰ	L 最大值= 最小值=				L_4 最大值= 最小值=					
垂直度	角尺	Ⅰ										

2. 工件图（参考）

测量练习专用件如图 2-2-41 所示。

3. 训练安排

（1）用钢直尺、内卡钳、外卡钳和角尺分别对测量专用件进行测量。

（2）用游标卡尺和外径百分尺进行测量练习。

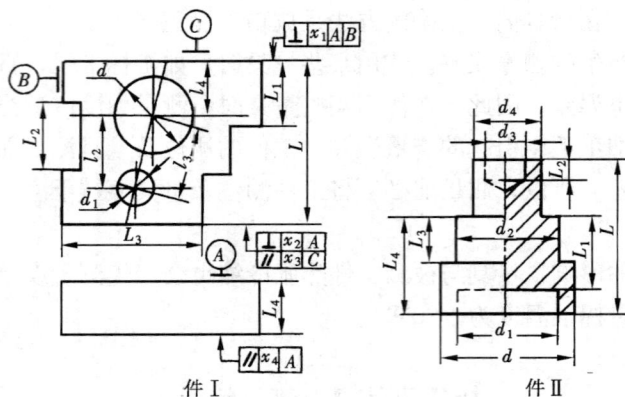

图 2-2-41　测量专用件

4. 注意事项

(1) 练习时，只检测专用件 I 的垂直度和平行度。其中，两大面的平行度（L_4 厚度）测量五点，两窄面的平行度（L 长度）测量三点。

(2) 用钢直尺、卡钳测量时，毫米以下的小数进行估计。

(3) 用游标卡尺、外径百分尺测量后，再对照检查钢直尺、卡钳的测量值，但不得更改其值。

复 习 题

一、判断题

1. 机械工程图纸上，常用的长度米制单位是毫米。　　　　　　　　　　　　　(　)

2. 当游标卡尺两量爪贴合时，尺身和游标的零线要对齐。　　　　　　　　　(　)

3. 游标卡尺尺身和游标上的刻线间距都是 1mm。　　　　　　　　　　　　　(　)

4. 精度为 0.02 的游标卡尺，副尺每格为 0.95mm。　　　　　　　　　　　　(　)

5. 游标卡尺是一种常用量具，能测量各种不同精度要求的工件。　　　　　　(　)

6. 0～25mm 百分尺使用前应用校验棒进行校对。　　　　　　　　　　　　　(　)

7. 百分尺活动套筒转一周，测微螺杆就移动 1mm。　　　　　　　　　　　　(　)

8. 百分尺上的棘轮，其作用是限制测量力的大小。　　　　　　　　　　　　(　)

二、选择题

1. 经过划线确定加工时的最后尺寸，在加工过程中，通过 (　) 来保证尺寸的准确性。

(1) 测量；(2) 划线；(3) 加工。

2. 不是整数的毫米数，其小于 1 的数，应用 (　) 来表示。

(1) 分数；(2) 小数；(3) 分数或小数。

3. 1/50mm 游标卡尺，副尺上的 50 格与主尺上的 (　) mm 对齐。

(1) 49；(2) 39；(3) 19。

4. 百分尺的制造精度分为 0 级和 1 级两种，0 级精度(　)。

(1) 稍差；(2) 最高；(3) 一般。

5. 内径百分尺的刻线方向与外径百分尺的刻线方向(　)。

(1) 相同；(2) 相反；(3) 相同或相反。

6. 百分表测量平面时，触头应与平面（　　　）。

(1) 倾斜；(2) 垂直；(3) 水平。

7. 在使用万能角度尺时，如果测量角度大于90°且小于180°读数时，应加上一个（　　　）。

(1) 直尺；(2) 角尺；(3) 直尺或角尺。

8. 发现精密量具有不正常现象时，应（　　　）。

(1) 进行报废；(2) 及时送交计量检修；(3) 继续使用。

三、问答题

1. 何谓量具？何谓测量？

2. 简述 0.02mm 精度游标卡尺刻线原理及读数方法。

3. 简述百分尺的刻线原理和读数方法。

4. 简述百分表的使用要求及注意事项。

模块三 ●●●●●

划　　线 》》

学习训练目标　正确使用划线工具和涂料，初步掌握平面划线和简单工件立体划线技能。

根据图样或实物的尺寸，在工件表面上准确地划出加工界线的操作称为划线。划线分平面划线和立体划线（见图 2-3-1）。只需在工件的一个表面上划线的操作叫平面划线；同时在工件的几个不同方向的表面上划线的操作叫立体划线。

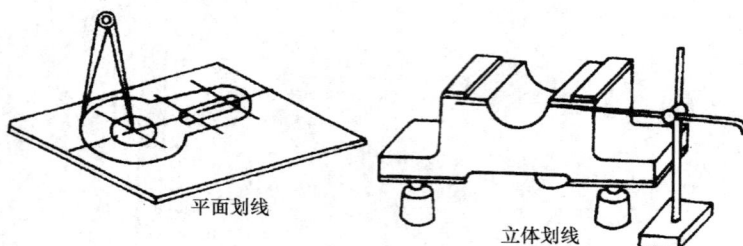

平面划线

立体划线

图 2-3-1　划线

划线的作用主要有以下几点：
（1）确定加工位置、加工余量，使加工有明确的标志，以便指导加工。
（2）发现和淘汰不符合图样要求的毛坯件。
（3）通过"借料"方法，补救有某些缺陷的毛坯工件。
（4）在板料上合理排料，充分利用材料。
此外，划线还便于复杂工件在机床上找正、定位。

课题一　平　面　划　线

一、常用的划线工具及其使用方法
常用的划线工具及其使用方法见表 2-3-1。

表 2-3-1 划线工具及其使用方法

工具名称及用途	使 用 方 法
划针 (a) A—A（几种断面形状） （a）直划针；（b）弯头划针 　在工件表面上沿导向工具（如钢尺、角尺、样板等）划线 　直划针用碳素工具钢制成（尖部磨锐后淬硬）或用高速钢制成（尖部磨锐后不需淬硬）	1. 紧靠导向工具的边缘 2. 用力均匀，线一次划成 3. 划线方向应自左向右、自上向下 4. 不用时，针尖处套上塑料套管
划规 普通划规	划小圆的方法　　划大圆的方法
划规 止动手柄　滑杆 活动套 中心尖　　测针尖 地规 用来划圆、圆弧，截取尺寸，等分角度和线段等。划大圆时用地规	划规开度微调的方法　　修磨划规尖的方法 砂轮　油石 51mm 截取尺寸后的校核 　划规在钢尺上截取 10mm，经连续划 5 次后，其尺寸应为 50mm，实际为 51mm，说明所截取的 10mm 有误差，其误差值为 0.20mm

工具名称及用途	使 用 方 法
划线盘 （a）普通划线盘；（b）可调划线盘 划针直头端常用来划线，弯头端多用于工件找正	 划线　　　　找正 1. 划针倾斜角度不要太大 2. 划针伸出部分尽量短，并要夹持牢固 3. 底座应与划线平板贴紧拖动，划针沿划线方向与划线平面成40°～60°夹角进行划线
高度尺 配合划线盘量取高度尺寸	 使用时，可先用划针找准工件的基准后，再将高度尺上钢尺的某一整数调到划针尖的高度，这样便于划线的计算
样冲 在所划加工界线上和圆、圆弧的中心上冲眼，其目的一是加强划线标记；二是便于划圆、划圆弧；三是钻孔时易定中心。用工具钢制成后淬硬，或用高速钢锻后刃磨成形（尖部磨锐后不需淬硬）	 前倾转动对准　　　垂直轻击 1. 用于加强划线标记时，冲尖磨成 45°～60°；用于钻孔定中心时，磨成 60°～90° 2. 锤击样冲时，样冲与工件表面须垂直 3. 冲眼位置不正确时，须修正

二、划线前的准备工作

1. 工、量具的准备

根据划线图样的要求，合理选择所需要的工量具，并认真检查有无缺陷。

2. 工件的清理

清除铸、锻件上的泥沙、浇冒口、飞边、毛刺、氧化皮和半成品件上的污垢、浮锈等。

3. 工件的涂色

为了使划出的线条清晰，在工件的划线部位涂上一层薄而均匀的涂料。常用划线涂料及应用场合见表2-3-2。

表 2-3-2　　　　　　　　　　　　　划线涂料及应用场合

名 称	配 制 方 法	应 用 场 合
粉 笔	外购	用于工件小、数量少的铸锻毛坯件
石灰水	白石灰、乳胶和水调成稀糊状	用于铸、锻毛坯件
硫酸铜溶液	硫酸铜和水并加少量硫酸溶液	用于精加工工件
品 紫	将紫颜料（青莲、普鲁士蓝）2%～4%、漆片3%～5%加入酒精中（93%）	用于已加工工件

三、划线基准的选择

1. 划线基准

在划线时，预先选定工件上某个点、线、面为划线出发点（或依据）。选定的点、线、面就是划线基准（见图2-3-2）。

正确地选择和确定划线基准，能使划线方便、准确、迅速。

2. 选择划线基准的原则和类型

划线基准要根据工件的具体情况，遵循下列原则选择：

（1）使划线基准与设计基准❶一致（一般可根据图样尺寸标注情况确定设计基准）。

（2）根据工件形状和工件加工情况确定。例如，选择已加工且加工精度最高的边和面，选择较长的边或较大的面，选择对称工件的对称轴线等为划线基准。

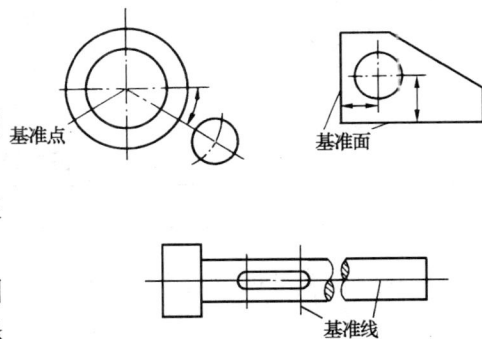

图 2-3-2 划线基准

平面划线基准选择类型实例：

（1）以两条互相垂直的边线❷为基准（见图2-3-3）。从工件上互相垂直的两个方向的尺寸标注情况可以看出，每一个方向的许多尺寸都是依据互相垂直的边线来确定的。因此，这两条边线就是每一个方向的划线基准。

---

❶ 设计图样上所用的基准称为设计基准。
❷ 在平面上的线也可能是面的投影所形成的线。

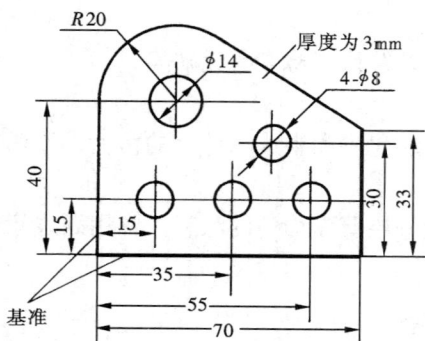

图 2-3-3　以两条互相垂直的边线为基准

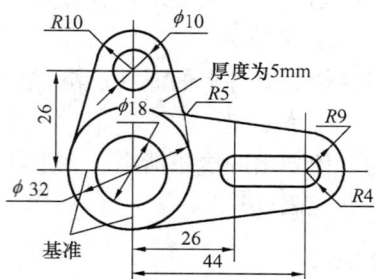

图 2-3-4　以两条中心线为基准

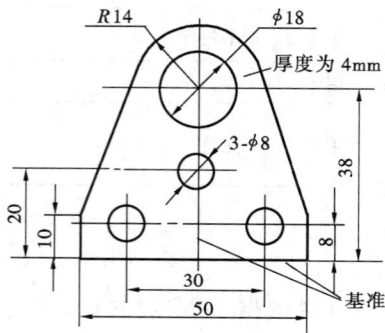

图 2-3-5　以一条边线和一条
中心线为基准

（2）以两条中心线为基准（见图 2-3-4）。该工件上的尺寸与两条中心线对称，并且其他尺寸也是以中心线为依据确定的。因此，这两条中心线是该工件的划线基准。

（3）以一条边线和一条中心线为基准（见图 2-3-5）。该工件高度方向的尺寸是以底线为依据的，而宽度方向的尺寸与中心线对称。所以，底线与中心线是该工件的划线基准。

3. 平面划线时基准的选定

在平面划线时，一般只要选择两个划线基准，即确定两条互相垂直的线为基准线，就可以将平面上其他点、线的位置确定下来。

四、基本线条和图形的划法

基本线条和图形的划法见表 2-3-3。

表 2-3-3　　　　　　　　　　基本线条和图形的划法

名称	图　示	划　法
平行线		1. 用钢直尺划平行线见图（a） 先划已知直线 AB，然后用钢直尺直接量取平行线间距，找出 C、D 两点，直线 CD∥直线 AB 2. 用划规划平行线见图（b） 取已知直线上任意两点 a、b 为圆心，用一半径 R 划短弧后，再用钢直尺作两弧的公切线，所划直线与已知直线平行 3. 用角尺划平行线见图（c） 用角尺沿工件的已加工侧面推移，可划出相互平行的线 4. 用划线盘（或游标高度尺）划平行线见图（d） 将划线盘的划针调到需要的高度，在平板上进行划线，所划各线与平板平行

名称	图 示	划 法
垂直线		1. 几何划法（垂直平分线）见图 (a) 分别以线段两端点 a、b 为圆心，适当长度为半径划弧，交于 c、d 两点，连接 c、d，则 cd 垂于 ab，且等分 ab 线段 2. 用样板角尺划垂直线见图（b） 将角尺的一边与已知直线重合，沿角尺的另一边划线，所划直线与已知直线垂直 3. 用方箱划垂直线见图（c） 将工件夹持在方箱上，用划线盘校准已知直线，将方箱翻转 $90°$，所划线条与已知直线垂直
角度线		1. 角的二等分划法见图（a） 以 O 点为圆心，适当长度为半径划弧，交角的两边于 a、b 两点。分别以 a、b 点为圆心，适当长度为半径划弧，交于 f 点，连接 Of，则 Of 为 $\angle AOB$ 的平分线 2. $45°$ 角的划法见图（b） 过 O 点作直线 AB 的垂线 CO，以 O 点为圆心，适当长度划弧，交两直角边于 A、C 点，连接 AC，则 $\angle A = \angle C = 45°$ 3. $30°$、$60°$ 角的划法见图（c） 以线段 AB 的中点 O 为圆心，$r = \dfrac{AB}{2}$ 为半径划一半圆，再以 B 点为圆心，用同一半径 r 划弧，交圆上于 C 点，连接 AC、BC，则 $\angle BAC$ 为 $30°$，$\angle ABC$ 为 $60°$ 4. $15°$、$30°$、$60°$、$75°$ 角的划法见图（d） 作 OB 的垂线 AO，以 O 点为圆心，适当长度 r 为半径划弧，交两直角边于 a、b 两点，再以 a、b 点为圆心，用同一半径 r 划弧，交于弧上两点 C 和 D，则 $\angle BOD = 60°$，$\angle AOD = 30°$，若平分 $\angle COB$ 可得 $15°$ 和 $75°$

续表

名称	图示	划法
圆的等分线	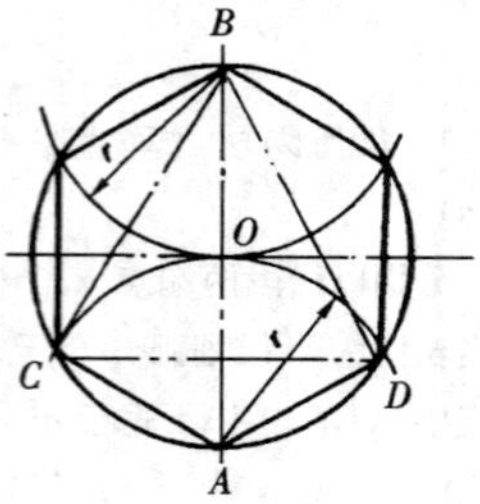 (a) 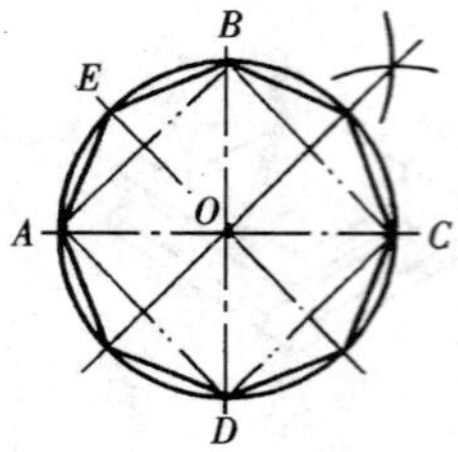 (b) 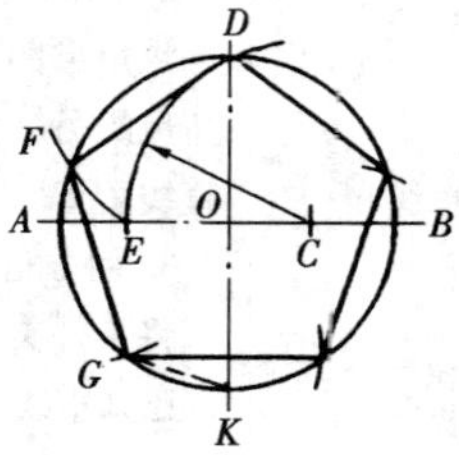 (c)	1. 圆的三等分和六等分见图（a） $AO=BO=r$，BC 即为三等分圆周的弦长，$AD=r$ 即为六等分圆周的弦长 2. 圆的四等分和八等分见图（b） AB 为四等分圆周的弦长，AE 为八等分圆周的弦长 3. 圆的五等分见图（c） C 为 BO 的中点，$CE=CD$，$DE=DF=$五等分圆周的弦长，GK 为十等分圆周的弦长
相切圆弧线	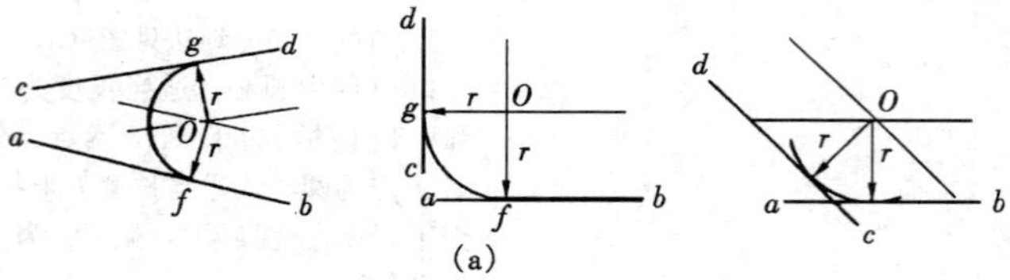 (a) 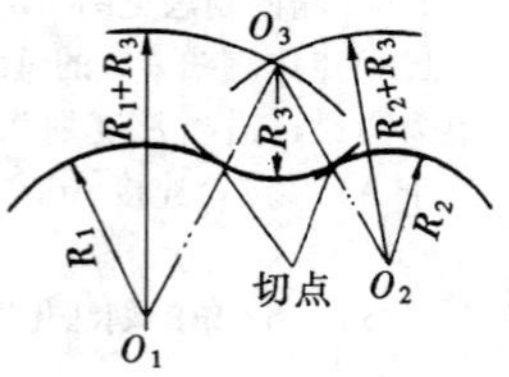 (b) 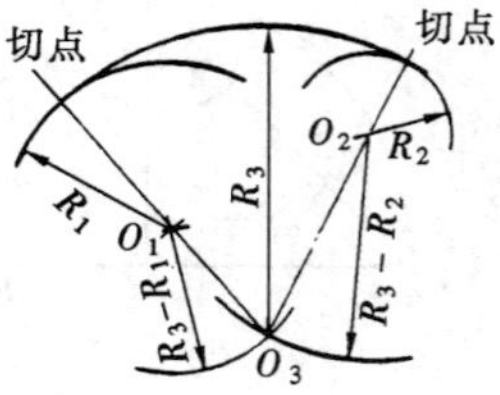 (c)	1. 划圆弧与两直线相切见图（a） 划一直线与 ab 平行，距离为 r，再用相同的方法划出与 cd 平行的直线。以两线的交点 O 为圆心，r 为半径划弧，f、g 点为切点 2. 划圆弧与两圆弧外切见图（b） 设已知两圆弧的圆心为 O_1、O_2，半径为 R_1、R_2，所划圆弧的半径为 R_3 分别以（R_1+R_3）、（R_2+R_3）为半径，O_1、O_2 为圆心划弧，其交点 O_3 就是所划外切圆弧的圆心，连心线与圆弧的交点为切点 3. 划圆弧与两圆弧内切见图（c） 设已知两圆弧的圆心为 O_1、O_2，半径为 R_1、R_2，所划圆弧的半径为 R_3 分别以（R_3-R_1）、（R_3-R_2）为半径，O_1、O_2 为圆心划弧，其交点 O_3 就是所划内切圆弧的圆心，连心线的延长线与圆弧的交点为切点
椭圆	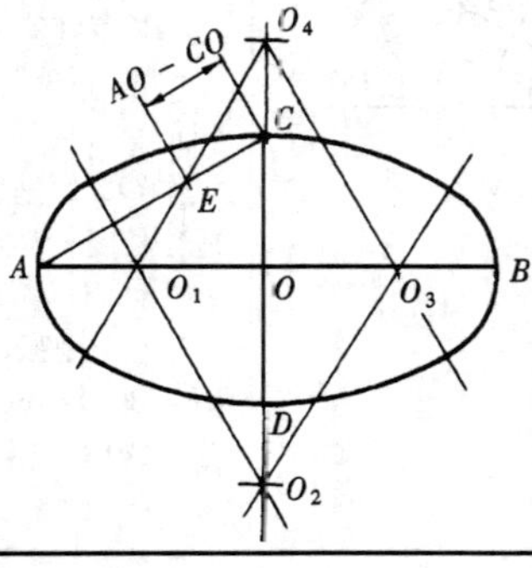	四心法划椭圆 1. AB（长轴）垂直于 CD（短轴），$CE=AO-CO$ 2. 划 AE 的垂直平分线，分别与长轴、短轴（或短轴的延长线）交于 O_1 和 O_2 两点 3. 找出 O_1 和 O_2 的对称点 O_3、O_4 4. 以 O_1、O_2、O_3、O_4 为圆心，O_1A（或 O_3B）和 O_2C（或 O_4D）为半径，分别划出四段圆弧

五、找圆形工件圆心的方法

在各种圆形工件的圆面上划圆或等分圆周时，必须先找出圆心，其方法见图 2-3-6。

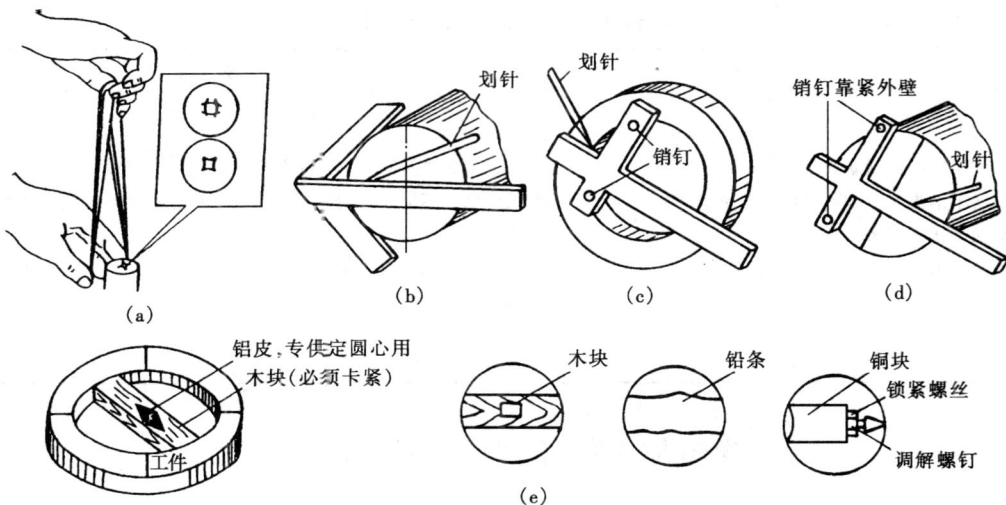

图 2-3-6 找圆形工件圆心的方法

(a) 用划卡找中心；(b) 用定心角尺划中心线 (靠内圆壁)；(c) 用定心十字尺划中心线 (靠内圆壁)；
(d) 用定心一字尺划中心线 (靠外圆壁)；(e) 用填充法找中心

六、平面划线的步骤

(1) 作好划线前的准备工作；

(2) 看懂图样，查明划哪些线及各部尺寸和要求；

(3) 确定划线基准并划出基准线；

(4) 划其他水平线、垂直线、斜线；

(5) 划圆及圆弧；

(6) 检查划线尺寸及是否有错划、漏划的线条，确认无误后打上样冲眼。

七、冲眼要求

(1) 冲眼位置准确，不可偏斜。

(2) 大小适度。薄板和已加工表面上的冲眼应小些、浅些，粗糙工件表面及钻孔中心眼应大些、深些。

(3) 间距均匀适当。在直线上冲眼时间距可大些（一般在十字中心线、线条交叉点和折角处均应冲眼）；在曲线上冲眼时，间距应小些。

在图 2-3-7 中分别示出了两类正确及错误的冲眼方法。

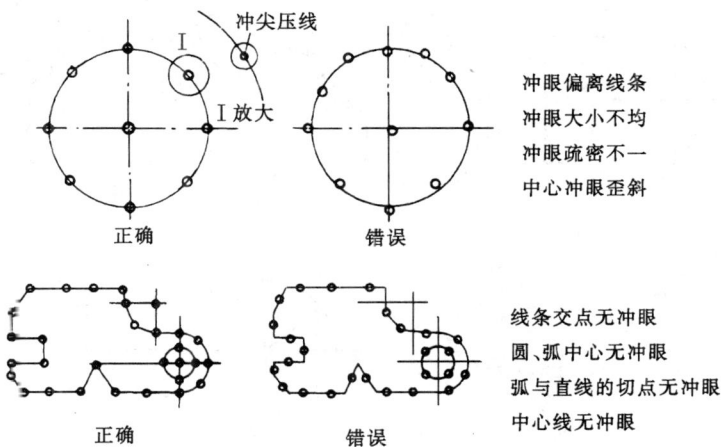

冲眼偏离线条
冲眼大小不均
冲眼疏密不一
中心冲眼歪斜

线条交点无冲眼
圆、弧中心无冲眼
弧与直线的切点无冲眼
中心线无冲眼

图 2-3-7 冲眼的要求

52

八、平面划线中常出现的问题及原因

平面划线中常出现的问题及原因见表 2-3-4。

表 2-3-4　　　　　　　　平面划线中常出现的问题及原因

主　要　问　题	主　要　原　因
1. 尺寸不准确或漏划线条 2. 划线不清晰（粗细不匀，线条重叠等） 3. 圆弧连接不圆滑 4. 样冲眼歪斜，疏密、大小不当等	1. 未看懂图样或划线时粗心，划线后未复查 2. 划针不尖，用力不当，工具位移或不必要的重复划线 3. 中心不对，划规发生位移 4. 样冲尖未对准线条，锤击时力量不均，方向不垂直，样冲眼布局不合理

操作训练3　平面划线练习

1. 训练要求

（1）正确使用划线工具；

（2）正确选定划线基准；

（3）认真分析图样，所划图形正确，分布合理，线条清晰，圆弧连接圆滑，划线误差不大于 0.3mm；

（4）样冲眼准确，疏密均匀、适当，排列整齐。

2. 工具、量具及辅具

划针、划规、钢直尺、样冲、手锤、白粉笔等。

3. 备料

300mm × 200mm 铁板（厚度为 2mm 或 3mm）。

4. 工件图

平面划线练习图如图 2-3-8 和图 2-3-9 所示。

5. 训练安排

（1）准备划线工具；

（2）在工件上涂色；

（3）划线（图 2-3-8 为必划图，图 2-3-9 为选划图）；

（4）复查各图尺寸，无误后打上样冲眼。

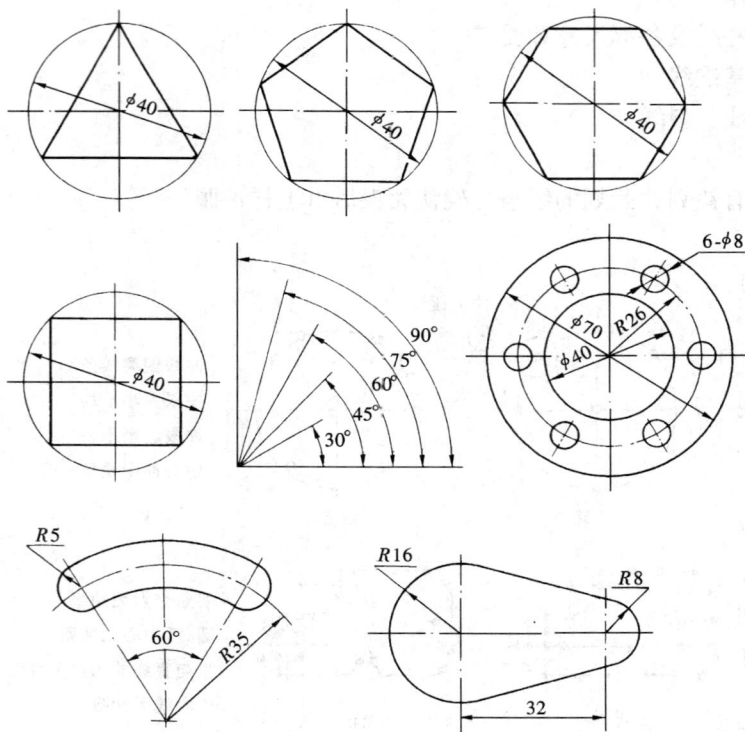

图 2-3-8　平面划线练习图（一）

6. 注意事项

训练前，可在纸上对所划图样进行一次练习。

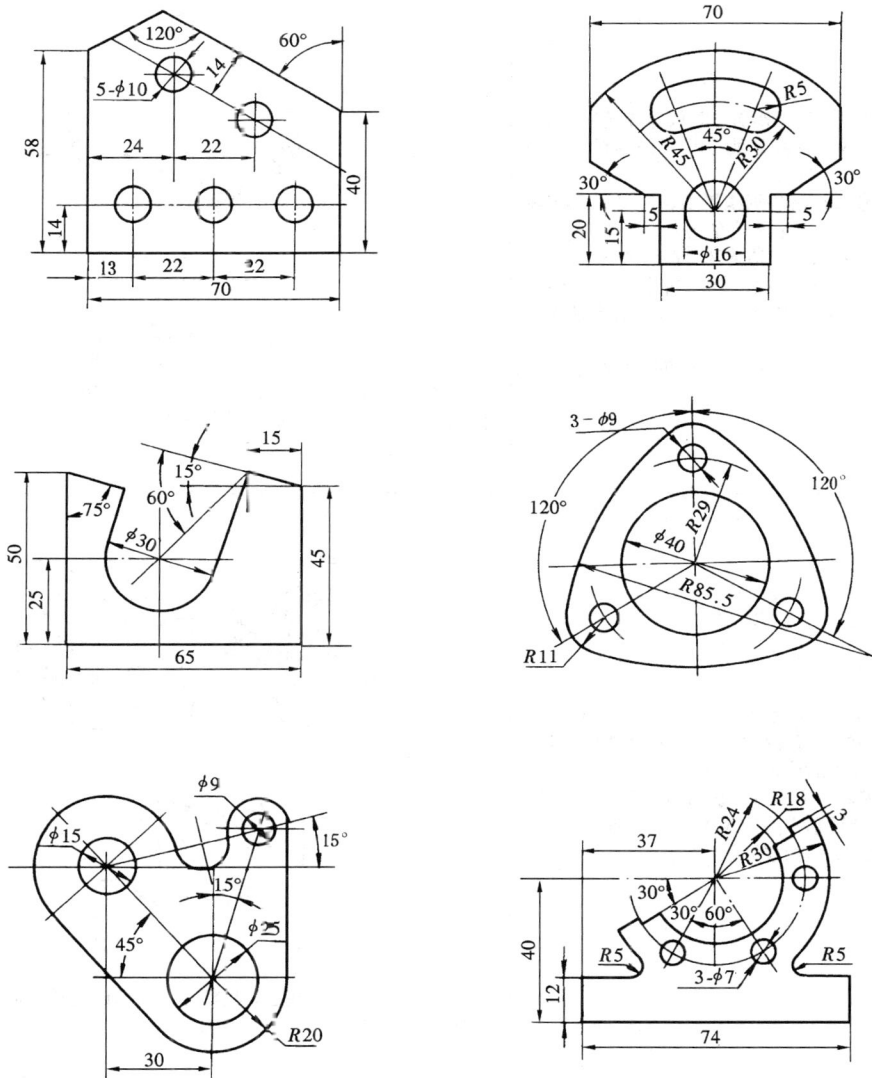

图 2-3-9　平面划线练习图（二）

课题二 立 体 划 线

立体划线的划线过程比平面划线复杂，前面讲述的平面划线知识和技能仍适用于立体划线。

一、立体划线工具

常用的立体划线工具包括平面划线工具和划线基准工具及支承工具，见表 2-3-5。

表 2-3-5   **划线基准工具及支承工具**

名称	用途、使用要点	图　示
划线平板（平台）	划线平板的工作面是划线操作的基准面，用来安放工件和划线工具（如划线盘、高度尺、V形铁等） 　1. 较大规格的划线平板，应安放在牢固的架子上，水平误差在 0.1/1000 以下 　2. 工作面应保持清洁，严防碰撞 　3. 使用较大规格的划线平板时，不能经常在某一局部位置上划线，以免造成局部磨损严重 　4. 用后擦拭干净，涂上机油或黄油等	 　用铸铁制成，时效处理后，经过精刨、刮削等精加工，规格以平板的长、宽尺寸表示，如 400mm×600mm
V形铁（V形架）	V形铁主要用来支承、安放轴类工件，配合划线盘或游标高度尺划线或找中心等 　1. 直径相同的较长的轴类工件应选用一组（两块）等高且形状相同的V形铁 　2. 带U形夹头的V形铁，可翻转三个方向划出相互垂直的线	 　用铸铁或中碳钢制成后，经精刨、刮削或磨削等加工，V形槽一般制成 90°或 120°
方箱	用来支承或夹持划线工件的工具，可以在平板上翻转划出三个方向互相垂直的线条，使用方便、准确、迅速 　1. 工件夹持在方箱上要牢固、平稳 　2. 翻转时，要轻起、轻放，以免碰伤方箱或平板 　3. 划斜线时，可将角度板垫在方箱下面或将V形铁夹持在方箱上	 　用铸铁制成，工作面经精刨、刮削等精加工，相邻平面垂直，相对平面平行

续表

名称	用途、使用要点	图 示
直角板（角铁）	用来夹持划线工件的工具，常与压板、C形夹头配合使用 1. 工件应夹持牢固 2. 夹持较重、较大工件时，应将直角板固定在工作台上	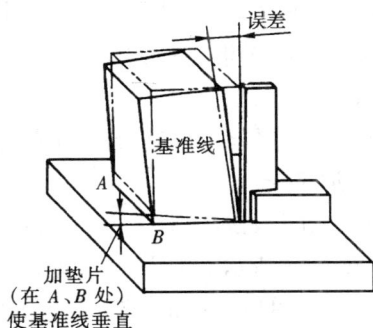用铸铁制成，工作面经精刨、刮削等精加工，工作面垂直
千斤顶	用来支承毛坯或形状不规则的工件划线 1. 使用时三个为一组，品字形排列 2. 支承点的距离尽可能远些 3. 支承工件平稳后方可划线 4. 调整高度时应用小铁棒插入顶尖小孔内进行，切忌用手转动	螺杆一般用中碳钢制成，顶端应局部淬火硬化

二、划线时的找正和借料

在铸、锻加工过程中，由于种种原因造成一些铸、锻毛坯工件歪斜、偏心或厚度不均匀等缺陷，若偏差不大时，可通过找正和借料来补救。

1. 找正

找正就是利用划线工具如角尺、划线盘和划卡等检验或校正工件上有关的表面，使所划线条与有关表面对中、平行或垂直，以合理分配加工余量，如图 2-3-10 所示。

图 2-3-10 找正   图 2-3-11 借料

2. 借料

借料就是通过试划和调整，使各加工表面的加工余量合理分配，互相借用，补救毛坯缺陷的划线方法，其目的是挽救按常规划线可能报废的毛坯，如图 2-3-11 所示。因此，通过借料划线后的加工余量不均匀，但应反映到次要部位。

通常，划线的找正与借料是结合进行的。

三、立体划线时基准的选择

在立体划线过程中，一般要在工件的长、宽、高三个方向上进行划线。因此，划线时要选择三个基准，即工件的长、宽、高三个位置中的三个互相垂直的平面（或中心面）为划线基准。

四、立体划线的步骤和方法

1. 立体划线步骤

（1）做好划线前的准备工作；

（2）根据工件图样和加工工艺，找出应划线的尺寸及尺寸间的相互关系，见图 2-3-12；

（3）确定划线基准；

（4）划线。

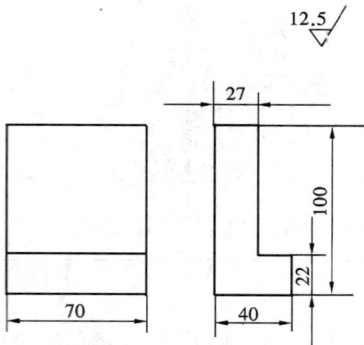

图 2-3-12　实例（一）工件图

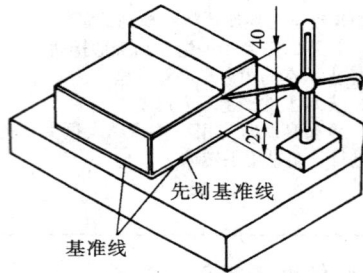

图 2-3-13　在第一安放位
置上划线（步骤一）

2. 立体划线方法

实例（一）　　长方体工件的划线

（1）在第一安放位置上划线〔见图 2-3-13〕：

1）将长方体的大平面平稳地安放在平板上（在第一安放位置上划线时，应将工件的最大平面或已加工表面安放在平板上）；

2）划出基准线；

3）根据图样厚度尺寸要求，以基准线为依据分别划出 27mm 与 40mm 加工线。

（2）在第二安放位置上划线（见图 2-3-14）：

1）将工件按图 2-3-14 所示安放平稳，以第一位置划出的基准线为依据，利用角尺找正第二条线位置；

2）划出第二基准线；

3）根据图样尺寸要求，以第二划线基准为依据分别划出 22、100mm 加工线。

（3）在第三安放位置上划线（见图 2-3-15）：

1）将工件按图 2-3-15 所示安放平稳，以前两次划

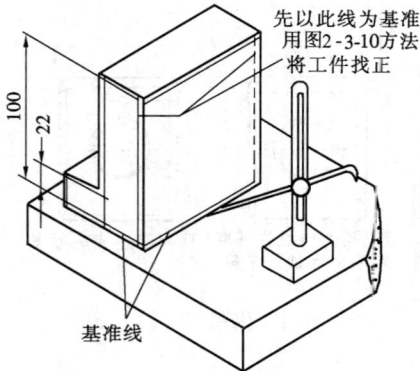

图 2-3-14　在第二安放
位置上划线（步骤二）

出的基准线为依据，仍用角尺找正第三基准线；

2）划出第三基准线；

3）根据图样尺寸要求，以第三基准为依据划出 70mm 加工线。

（4）复查全部划线尺寸，无误后按要求打上样冲眼。

实例（二） 圆柱体工件的划线

划线前的准备工作与实例（一）相同，工件图见图 2-3-16。

（1）按图 2-3-6（a）找圆心的方法，找出 ϕ40圆钢两端面的中心，并打上中心样冲眼。再用划规复查该中心是否是圆面中心，若中心眼有误差，应将中心眼修正，直至符合要求，见图 2-3-17。

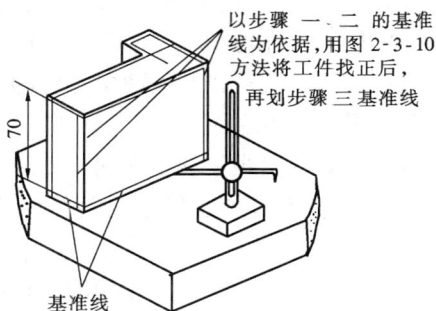

图 2-3-15 在第三安放位置
上划线（步骤三）

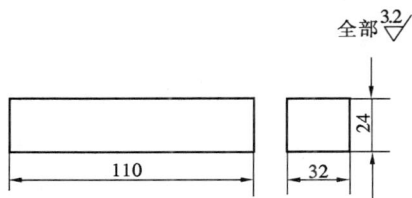

图 2-3-16 实例（二）工件图

图 2-3-17 找中心

（2）在第一安放位置上划线（见图 2-3-18）。

1）将圆钢放在 V 形铁的 V 形槽内；

2）用划线盘检查两端面的中心眼是否在同一平面上，若不在同一平面上，则在较低的一端用垫片垫在 V 形槽斜面上调整，直至符合要求；

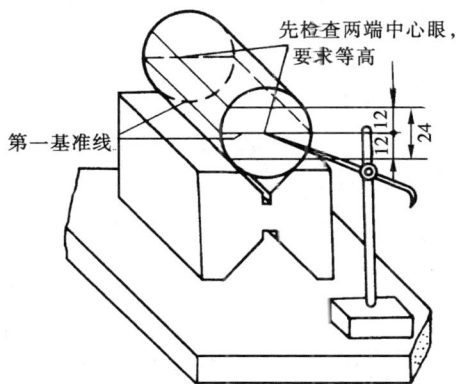

图 2-3-18 在第一安放位置上划线

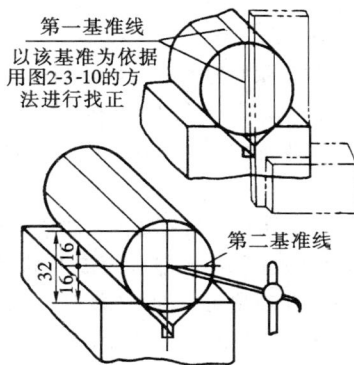

图 2-3-19 在第二安放位置上划线

3）根据圆钢端面中心，划出第一条划线基准水平中心线；

4）以第一划线基准为依据，划出 24mm 加工线。

（3）在第二安放位置上划线（见图 2-3-19）。

1）将工件旋转 90°，使第一划线基准处于垂直平板位置，并用角尺找正；

2）用划线盘检查两端面中心样冲眼；

3）根据圆钢端面中心，划出第二划线基准线；

4）以第二划线基准为依据，划出 32mm 加工线。

（4）复查全部划线尺寸，无误后按要求打上样冲眼。

操作训练 4　简单工件的立体划线

1. 训练要求

（1）工件清理工作认真，正确使用涂料；

（2）工件安放平稳，找正方法正确；

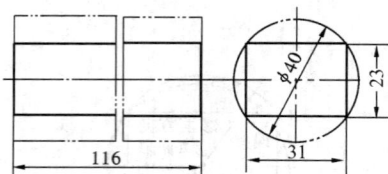

图 2-3-20　圆钢划线

（3）划线尺寸误差不大于 0.2mm，同一平面内线条不能有错位现象，线条清晰；

（4）冲眼准确、整齐。

2. 工具、量具及辅具

划针、划规、钢直尺、高度游标尺、划线平板、V 形铁、手锤、样冲等。

3. 备料

$\phi 40 \times 110$mm（45 钢），由第三单元操作训练 1 转来。

4. 工件图

立体划线的工件图如图 2-3-20 所示。

5. 训练安排

根据图 2-3-20 的要求，参阅立体划线实例（二）进行划线。

复 习 题

一、判断题

1. 简单形状的划线称为平面划线，复杂形状的划线称为立体划线。　　　　　　　（　　）

2. 划线时，都应从划线基准开始。　　　　　　　　　　　　　　　　　　　　　（　　）

3. 为了保证加工界线清晰，便于质量检查，在所划出的线上都应打上密而均匀、大而准确的样冲眼。

　　　　　　　　　　　　　　　　　　　　　　　　　　　　　　　　　　　　（　　）

4. 划高度方向的所有线条，划线基准是水平线或水平中心线。　　　　　　　　　（　　）

5. V 形铁主要用来支撑、安放形状复杂的工件。　　　　　　　　　　　　　　　（　　）

6. 使用千斤顶支承划线工件时，一般三个一组。　　　　　　　　　　　　　　　（　　）

7. 大型工件划线时，如果没有长的钢直尺，可用拉线代替，没有大的直角尺可用线坠代替。（　　）

8. 零件毛坯存在误差缺陷时，都可以通过划线时借料予以补救。　　　　　　　　（　　）

9. 锻铸毛坯件划线前都要做好找正工作。　　　　　　　　　　　　　　　　　　（　　）

二、选择题

1. 一般划线精度能达到（　　　）。

(1) 0.05～0.10mm；(2) 0.25～0.50mm；(3) 0.25mm左右。

2. 经过划线确定加工时的最后尺寸，在加工过程，通过（　　）来保证尺寸的准确性。

(1) 测量；(2) 划线；(3) 加工。

3. 在零件图上用来确定其他点、线、面位置的基准称为（　　）。

(1) 设计基准；(2) 划线基准；(3) 定位基准。

4. 划针的尖角应磨成（　　）。

(1) 30°以上；(2) 15°～20°；(3) 50°左右。

5. 在已加工的表面上涂料选择（　　）。

(1) 粉笔；(2) 白灰水；(3) 紫色。

6. 一次安装在方箱上的工件，通过方箱翻转可划出（　　）。

(1) 两个方向的尺寸线；(2) 三个方向的尺寸线；(3) 四个方向的尺寸线。

7. 在毛坯工件上，通过找正后划线，可使各加工表面的（　　）得到合理和均匀的分布。

(1) 加工尺寸；(2) 相对位置；(3) 加工余量。

三、问答题

1. 在加工前为什么要划线？

2. 划线前有哪些准备工作？

3. 何谓划线基准？平面划线基准有哪三种基本类型？

4. 在工件上冲眼的要求有哪些？

5. 划线通常按哪些步骤进行？

錾 削 》》

学习训练目标 正确使用錾削工具，会修磨錾子；初步掌握腕挥、肘挥动作要领和錾削平面的操作方法；熟知錾削安全注意事项。

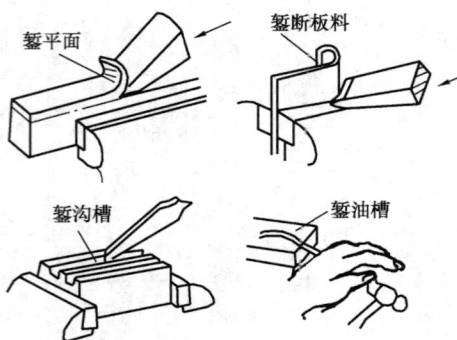

图 2-4-1 錾削的应用

用手锤锤击錾子，对金属工件进行切削加工或切割的操作称为錾削。錾削常用在不便于机械加工的场合，如錾削平面、分割板料、錾削沟槽、去除毛坯飞边、毛刺和凸缘等，见图 2-4-1。

另外，熟练的挥锤技能也是设备安装、检修过程中所必须掌握的基本操作技能。

课题一　錾削工具和挥锤动作要领

一、錾削工具

1. 手锤

手锤（见图 2-4-2）是錾削操作中的锤击工具。锤头用碳素工具钢制成后经淬火硬化。手锤规格按质量（不连柄）不同可分为 0.22、0.44、0.66、0.88、1.1kg 等几种。锤柄用坚韧的木料制成，0.66kg 手锤柄的长度约为 300～350mm，或以操作者小臂的长度确定（见图 2-4-3）。为了防止锤头松动脱落，应用楔子（见图 2-4-4）紧固。

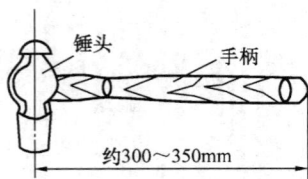

图 2-4-2　手锤　　　　图 2-4-3　锤柄长度的确定方法　　　　图 2-4-4　手锤楔子

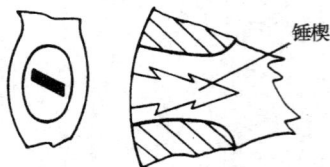

2. 錾子

錾子是錾削操作中的刀具，用碳素工具钢 T7A 或 T8A 锻制成形，经刃磨后淬火硬化。常用的錾子有扁錾、尖錾、油槽錾。扁錾又称平錾、阔錾，用于錾削平面，切断板料，去毛刺、飞边等；尖錾又称窄錾，用于开直槽；油槽錾用于錾削润滑油槽。常用錾子外形如图 2-4-5 所示。

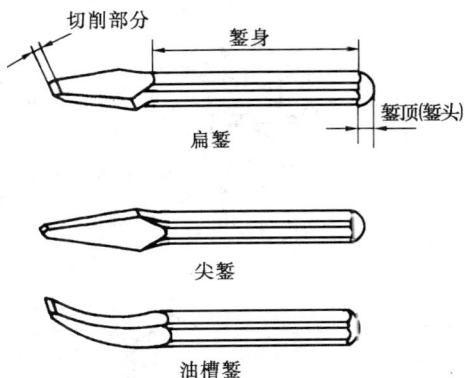

二、挥锤动作训练

1. 手锤的握法

手锤有紧握法和松握法两种，详见图 2-4-6。

2. 錾子的握法

錾子有正握法、反握法和立握法三种，如图 2-4-7 所示。

图 2-4-5 常用錾子

3. 站立位置和姿势

在台虎钳上錾削时，操作者面对台虎钳站立，两脚的位置如图 2-4-8（a）所示。前腿膝关节稍有弯曲，后腿伸直站稳，身体与台虎钳中心线约成 45°角。一般左手握錾，右手握锤，锤头与錾子成一直线，目视錾子刃口，如图 2-4-8（b）所示。

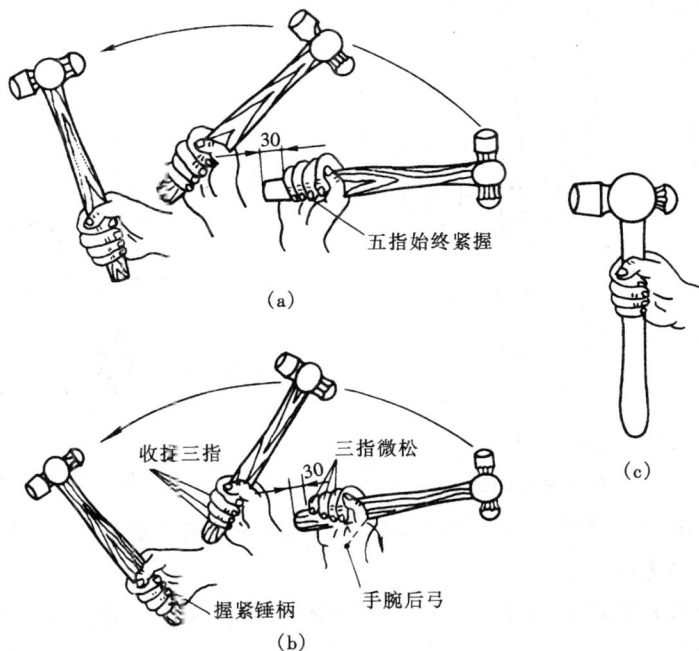

图 2-4-6 手锤的握法
（a）紧握法；（b）松握法；（c）错误握法

4. 挥锤方法

常见的挥锤方法有三种，即腕挥、肘挥和臂挥。

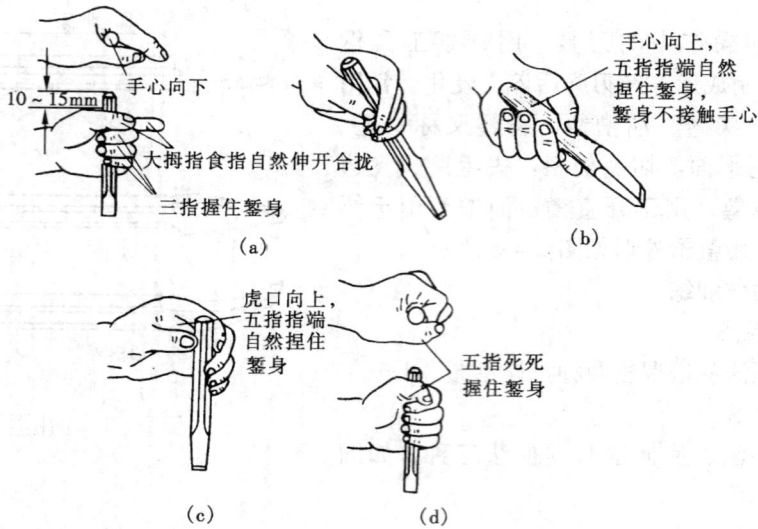

手心向下

10～15mm

大拇指食指自然伸开合拢

三指握住錾身

(a)

手心向上，
五指指端自然
握住錾身，
錾身不接触手心

(b)

虎口向上，
五指指端
自然握住
錾身

(c)

五指死死
握住錾身

(d)

图 2-4-7　錾子的握法

(a) 正握法；(b) 反握法；(c) 立握法；(d) 错误握法

（1）腕挥。腕挥主要靠手腕动作挥锤、锤击，如图 2-4-9 所示。其锤击力较小，适用于錾削量较小时或錾削的开始和结尾。

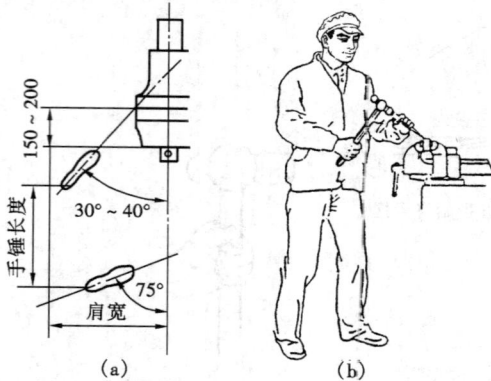

150～200

手锤长度

30°～40°

肩宽

75°

(a)

(b)

翻腕

肘中线

肘中线

迅速压腕

图 2-4-8　錾削时的站立位置和姿势

(a) 站立位置；(b) 錾削姿势

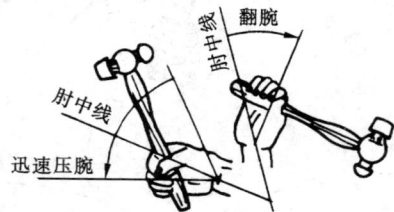

图 2-4-9　腕挥

（2）肘挥。肘挥主要靠手腕和小臂的配合动作挥捶锤击，如图 2-4-10 所示。其锤击力较大，是常用的一种挥锤方法。

（3）臂挥。臂挥靠手腕、小臂和大臂的联合动作挥锤锤击，如图 2-4-11 所示。其挥锤幅度大，适用于大力錾削操作，如錾切板料、条料或錾削余量较大的平面等。

5. 挥锤动作要领（以肘挥为例）

挥锤动作要领

肘收臂提，手腕后翻，举锤过肩，稍停瞬间。

锤走弧线，锤錾一线，锤落加速，手腕加力。

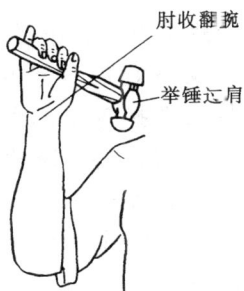

图 2-4-10 肘挥

图 2-4-11 臂挥

6. 挥锤速度与锤击速度

錾削时，要注意挥锤速度，挥锤动作要有节奏。一般腕挥时的速度为 50 次/min 左右，肘挥时的速度控制在 40 次/min 左右较为适宜。

锤击速度是指手锤在接触錾子时瞬间的冲击速度，其速度越快，则冲击的动能也越大。从公式 $W=mv^2/2$ 可以看出，冲击速度（v）增加 1 倍，其冲击动能（W）增加为原来的 4 倍。因此，在锤击时应力求增大锤击时的冲击速度。锤击力的大小，可以用测力仪器进行测量，一般肘挥的锤击力可达 10^4 N（约为 1000kgf）以上。

课题二 錾子的刃磨

一、錾子应具备的两个条件

錾子和其他刀具一样，要能切削金属，必须具备以下两个条件：

(1) 切削部分的材料硬度高于工件材料硬度；

(2) 切削部分成楔形。

二、錾子的切削部分与切削角度

1. 錾子的切削部分

錾子的切削部分由两个刀面和一条切削刃组成，如图 2-4-12（a）所示。錾削时，与切屑接触的刀面称为前刀面，与切削平面接触的刀面称为后刀面，两刀面的交线为切削刃。

2. 切削角度

錾削时，形成的切削角度有楔角、后角和前角，见图 2-4-12（b）。其中，楔角和后角的大小是影响錾削效率和錾削质量的主要因素。

（1）楔角 β_0 錾子两个刀面间的夹角称为楔角。从图 2-4-12（a）中可以看出，楔角愈大，切削部分的强度愈大，但切削阻力也愈大。因此，錾子楔角的大小

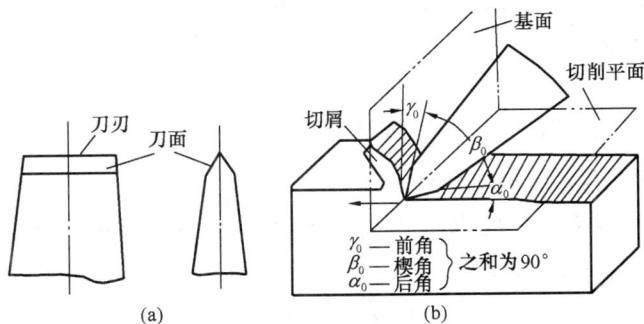

图 2-4-12 錾子的切削部分

(a) 刀面和刀刃；(b) 切削角度

图 2-4-13 錾子的后角

应根据工件材料的软硬进行合理选择。其选择的原则是：在保证足够强度的前提下，尽量选择较小的角度。对于不同的材料，楔角的选择数值可参阅表 2-4-1。

（2）后角 α_0　后刀面与切削面之间的夹角称为后角。錾削时，后角的大小应适宜，一般取 $5°\sim8°$。后角过大，会使錾子越切越深，造成錾削困难；后角过小，錾子易滑出工件表面（见图 2-4-13）。

表 2-4-1　　　　　**錾子楔角的选择**

工 件 材 料	楔角 β	工 件 材 料	楔角 β
硬钢、硬铸铁等	$65°\sim70°$	铜合金	$45°\sim60°$
钢、软铸铁	$60°$	铅、铝、锌	$35°$

三、錾子的刃磨

1. 扁錾的刃磨要求

錾子的两刀面与切削刃是在砂轮机上刃磨出来的。其要求如下（见图 2-4-14）：

（1）切削刃与錾子的中心线垂直；

（2）两刀面平整且对称；

（3）楔角大小适宜。

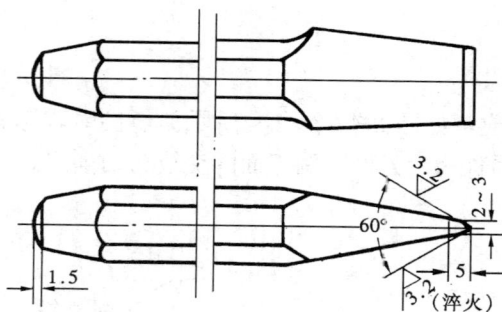

图 2-4-14　扁錾的刃磨要求

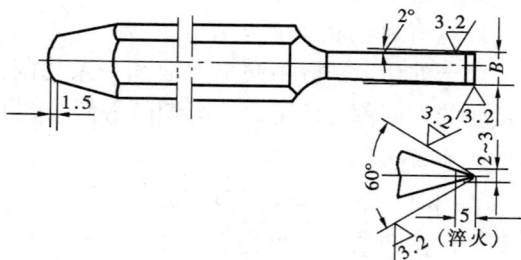

图 2-4-15　尖錾的刃磨要求

2. 尖錾的刃磨要求

刃磨扁錾的要求同样适用于尖錾，但因尖錾的构造及用途不同于扁錾，故尖錾有以下特殊要求（见图 2-4-15）：

（1）尖錾切削刃的宽度 B 按槽宽尺寸要求刃磨；

（2）两侧面的宽度应从切削刃起向柄部变窄，形成 $1°\sim3°$ 的副偏角，避免錾槽时被卡住。

刃磨时，两刀面与切削刃常出现的缺陷见图 2-4-16。

3. 刃磨时的站立位置及握錾方法

操作者应站在砂轮机的侧面。如果站在砂轮机的左侧,用右手大拇指和食指捏住錾子前端,左手捏住錾身。若站在砂轮机右侧,应交换两手的位置。

4. 刃磨方法

如图 2-4-17 所示,刃磨錾子的两刀面和切削刃时,应将錾子平放在高于砂轮中心的位置上轻加压力,左右平行移动,移动时要稳。并且要控制住錾子的磨削位置和方向。錾子楔角的大小可用角度样板检查,如图 2-4-18所示。

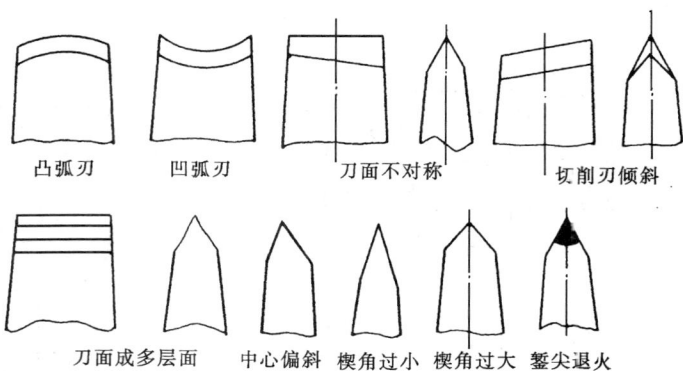

凸弧刃　　凹弧刃　　刀面不对称　　切削刃倾斜

刀面成多层面　中心偏斜　楔角过小　楔角过大　錾尖退火

图 2-4-16　刃磨时常出现的缺陷

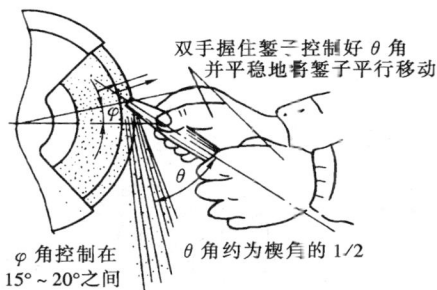

双手握住錾子控制好 θ 角并平稳地将錾子平行移动

φ 角控制在 15°～20° 之间

θ 角约为楔角的 1/2

图 2-4-17　刃磨方法

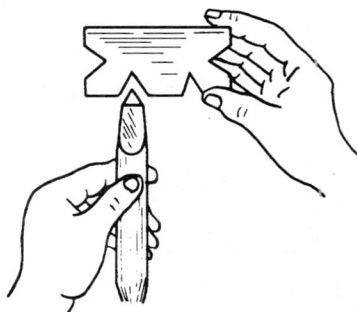

图 2-4-18　用样板检查楔角

课题三　錾 削 方 法

一、錾削平面

1. 工件夹持

錾削前,将工件牢固地夹持在台虎钳中间,其夹持方法和要求见图 2-4-19。

2. 起錾

起錾方法有尖角处起錾法和正面起錾法。操作时,可根据加工件的具体情况选用。

(1) 尖角处起錾法 (见图 2-4-20)。錾削方铁工件表面时,一般在工件的尖角处起錾。其操作方法是,将扁錾斜放在工件的尖角处,且与工件表面成一负角,用手锤沿錾子中心轴线方向敲击。当錾出一个三角形小斜面时,将錾子的切削刃放置在小平面上,再按正常的錾削角度逐渐向中间錾削。

(2) 正面起錾法 (见图 2-4-21)。开直槽时,应采用正面起錾法。起錾时,全部刃口贴住工件錾削位置的端面,且与工件形成一个负角,用手锤錾出一个斜面,然后按正常角度錾削。

3. 錾削平面操作要领

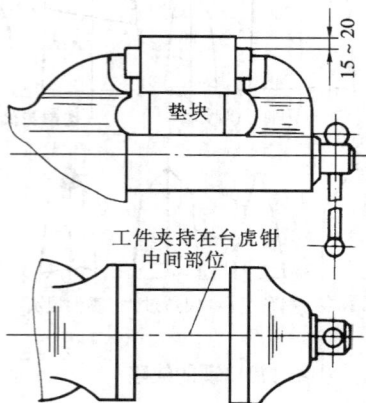

图 2-4-19　工件夹持的要求

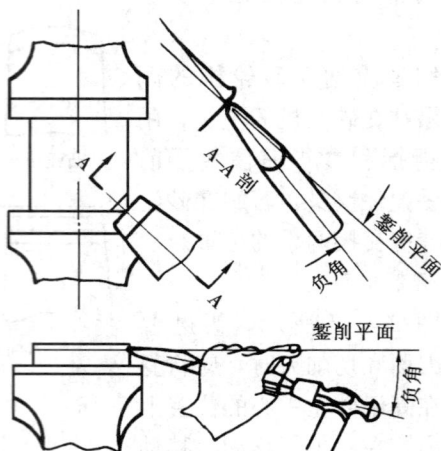

图 2-4-20　尖角处起錾法

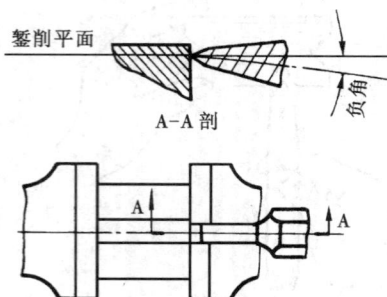

图 2-4-21　正面起錾法

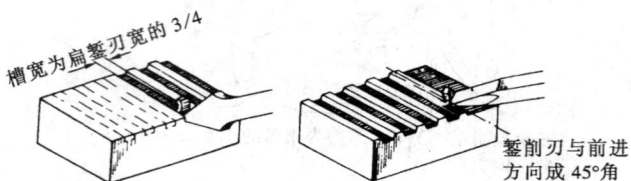

图 2-4-22　开槽錾削大平面的方法

（1）握錾平稳，后角不变。能否控制錾子，直接影响錾削平面的平直度。若握錾不平稳，后角忽大忽小，就会造成加工面凹凸不平。

（2）錾子前后移动。在錾削过程中，一般每击錾两三次后，应将錾子沿已錾削表面退回，观察錾削表面的平整情况。

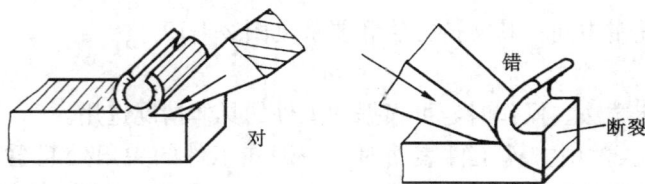

图 2-4-23　工件尽头的錾削方法

（3）分层錾削。錾削时，应根据加工余量分层錾削。若一次錾得过厚，不但消耗体力，而且也不易錾得平整；若一次錾得过薄，錾子又容易从工件表面上滑脱。

（4）开槽錾削大平面。在錾削较大的平面时，可先用尖錾开槽，然后用扁錾錾平，见图 2-4-22。

（5）工件尽头的錾法。在錾削过程中，当錾削到接近工件尽头 10～15mm 时，必须调头重新起錾錾削余下部分，见图 2-4-23。对于脆性材料，如铸铁、黄铜等，更应如此。否则，工件尽头会造成崩裂。

二、錾切板料、条料

1. 在台虎钳上錾切板料旳方法

一般 3mm 以下的板料可夹持在台虎钳上錾切，其操作方法见图 2-4-24。

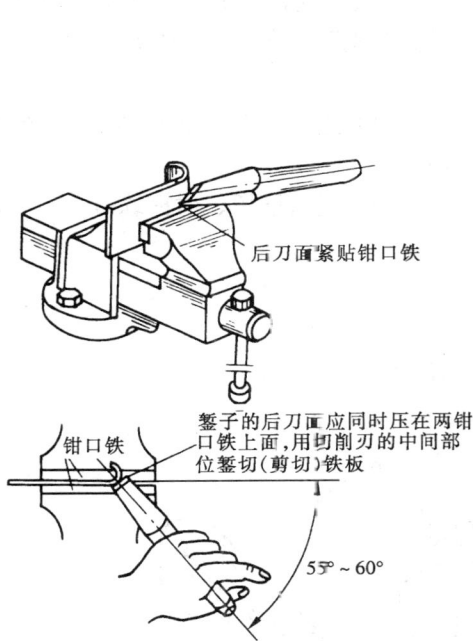

后刀面紧贴钳口铁

钳口铁

錾子的后刀面应同时压在两钳口铁上面，用切削刃的中间部位錾切（剪切）铁板

55°～60°

图 2-4-24　在台虎钳上錾切板料的方法

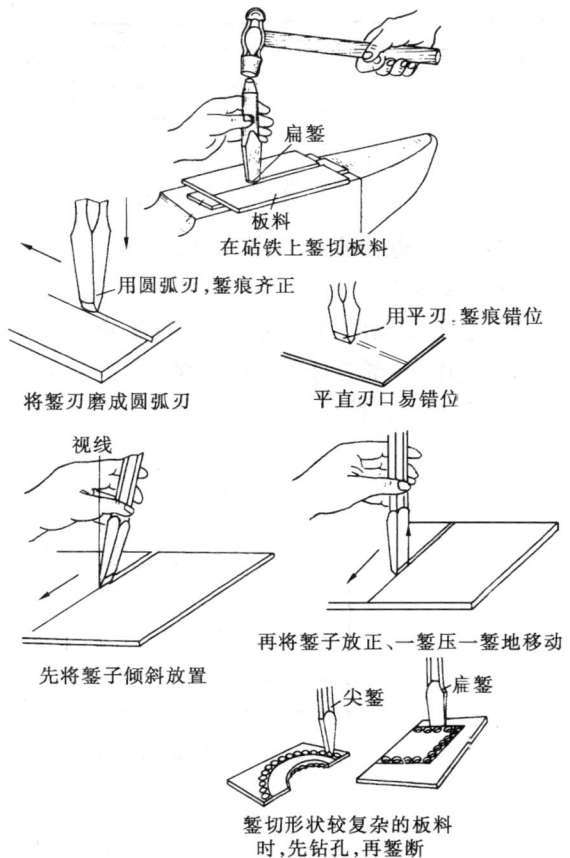

扁錾

板料

在砧铁上錾切板料

用圆弧刃,錾痕齐正　　　　用平刃,錾痕错位

将錾刃磨成圆弧刃　　　　平直刃口易错位

视线

先将錾子倾斜放置　　　　再将錾子放正、一錾压一錾地移动

尖錾　　扁錾

錾切形状较复杂的板料时,先钻孔,再錾断

图 2-4-25　在砧铁上錾切板料的方法

2. 在砧铁上錾切板料的方法

一般錾切 3mm 以上的板料或錾切曲线时，应在砧铁上进行，其操作方法见图 2-4-25。

操作训练 5　平面錾削与錾子刃磨练习

1. 训练要求

（1）掌握扁錾的刃磨方法。要求錾子移动平稳，能消除刃磨中出现的缺陷。

（2）掌握平面錾削时操作要领。工件夹持、起錾方法正确。

（3）独立完成作业，达到图样中的技术要求。

2. 设备、工具、量具及辅具

手锤、扁錾、外卡钳、钢直尺、角尺、划线工具和垫铁等。

3. 备料

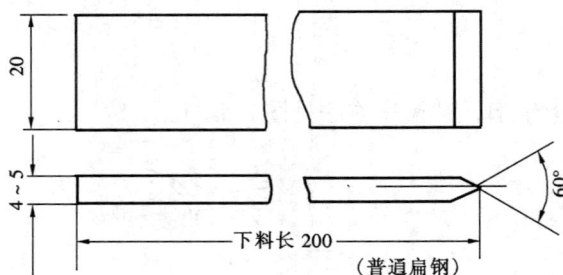

图 2-4-26　錾子刃磨练习件

$\phi 40 \times 110$mm（45 钢），由操作训练 4 转来。

200mm×20mm×4mm 扁铁。

4. 工件图（参考）

錾子刃磨练习件如图 2-4-26 所示。錾削圆钢工件图如图 2-4-27 所示。

5. 训练安排

（1）进行握錾、握锤及站立姿势练习。

（2）进行腕挥、肘挥练习。

（3）分组进行錾子刃磨练习。

（4）錾削圆钢：

1）錾削基准面 A，达到平面度要求；

2）錾削 A 面的对面，达到尺寸、平面度、平行度要求；

3）全面检查精修。

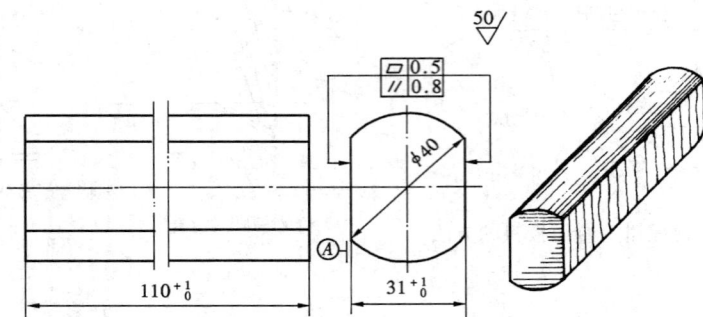

图 2-4-27　錾削圆钢

6. 注意事项

（1）练习时要认真，对不正确的动作要及时纠正，以免造成错误动作定型。

（2）练习前应检查锤头是否松动，木柄有无裂纹。

（3）严禁戴手套挥锤，以防手锤滑脱伤人。挥锤前应观察身旁是否有人。

复 习 题

一、判断题

1. 錾削时形成前角、后角、楔角，三个角度之和应为 90°。　　　　　　　　　　　（　　）

2. 錾削中等硬度材料时，楔角应取 30°～40°。　　　　　　　　　　　　　　　　（　　）

3. 錾削时为提高效率，每次錾削层厚度应大一些。　　　　　　　　　　　　　　（　　）

4. 錾削时为保证錾刃稳定，握錾力量应大些，后角应大些。　　　　　　　　　　（　　）

二、选择题

1. 錾子一般是用（　　）制成的，并经淬火硬化。

(1) 优质碳素结构钢；(2) 碳素工具钢；(3) 合金工具钢。

2. 錾子热处理时应加热到(　　)，呈樱桃红时从炉中取出。

(1) 400～440℃；(2) 500～550℃；(3) 750～780℃。

3. 一般(　　)以下的板料可夹持在台虎钳上錾切。

(1) 3mm；(2) 8mm；(3) 12mm。

4. 錾削铅、铝等软材料时，錾子的楔角可选择(　　)。

(1) 60°；(2) 50°；(3) 35°。

三、问答题

1. 刀具应具备的基本条件有哪些？

2. 分析錾子楔角大小对錾削的影响，如何选择錾子的楔角？

3. 简述扁錾和尖錾的刃磨要求。

4. 手锤的握法有哪些？錾子的握法有哪些？

锯　割 》》

学习训练目标　正确使用手锯，初步掌握锯割动作要领和锯割操作方法；知道锯条损坏的原因和防止方法。

用手锯对材料（或工件）进行切断或切槽的操作称为锯割。锯割的应用见图 2-5-1。

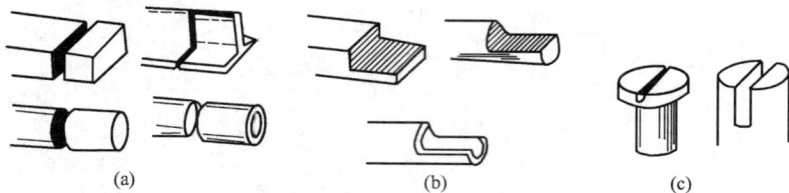

图 2-5-1　锯割的应用

（a）锯断材料；（b）去除材料；（c）锯槽

课题一　手锯和锯割动作要领

一、手锯

1. 锯弓

锯弓是用来安装和张紧锯条的弓架，有固定式和可调式两种，其构造见图 2-5-2。可调式锯弓可以调整弓架的长度，使用较方便。

2. 锯条

锯条一般用渗碳软钢冷轧而成，也可用碳素工具钢或合金钢制成，经热处理淬硬。锯条的长度以两端安装孔的中心距表示，常用的为 300mm。

3. 锯路

锯路就是锯条上的全部锯齿，按一定的规律左右错开排列成一定形状。常采用的锯路有交叉式和波

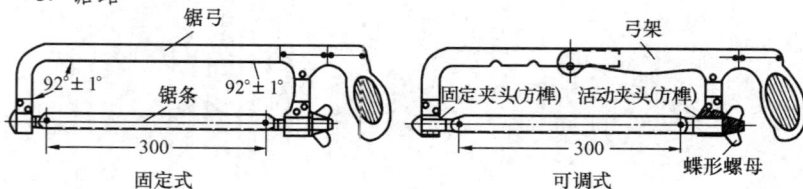

图 2-5-2　手锯

浪式两种，见图 2-5-3。锯路的作用是在锯割时增大锯缝的宽度，以减少锯缝对锯条的摩擦阻力，防止夹锯。

4. 锯条的选择

锯条的粗细规格是以锯条的齿距表示的，一般分粗、中、细三种，其应用场合见表2-5-1。

选择锯条时，主要根据工件的硬度、强度及锯割面的形状等条件进行选择。其选用原则是：材料软、切割面大的工作选用粗齿锯条；材料硬、切割面小的工件选用细齿锯条。

表 2-5-1　　锯条的粗细规格及应用场合

规格	齿距（mm）	应 用 场 合
粗	1.6	软钢、黄铜、铝、铸铁、紫铜等
中	1.2	中等硬度的铜、厚壁管子等
细	0.8	工具钢、薄壁管子等

二、锯割动作训练

1. 锯条的安装

安装锯条时，要求锯条的齿尖必须朝向前推方向，否则锯条不能进入切削状况。同时，锯条安装的松紧程度应适当（用蝶形螺母调整）。调得过紧，锯割时锯条张力过大易折断；过松，锯条会扭曲、摆动，使锯缝歪斜且易折断锯条，如图 2-5-4 所示。

2. 手锯的握法

常见的握锯方法是，右手（后手）满握锯柄，左手（前手）扶住锯弓前端，如图 2-5-5 所示。

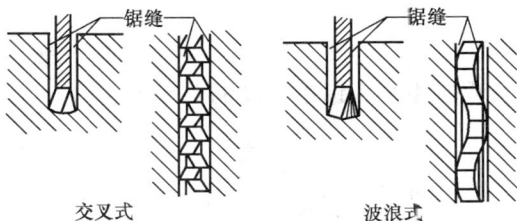

交叉式　　　　　波浪式

图 2-5-3　锯路的形式

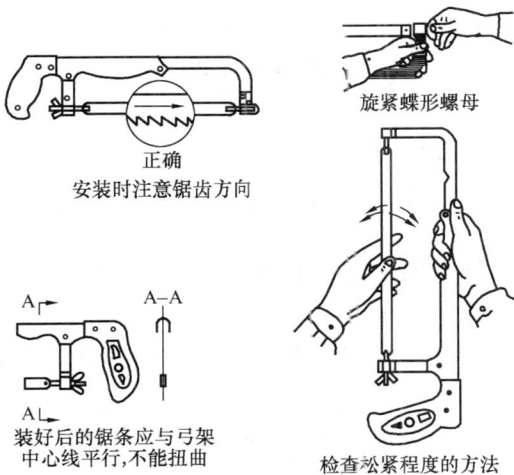

旋紧蝶形螺母

正确
安装时注意锯齿方向

装好后的锯条应与弓架
中心线平行，不能扭曲

检查松紧程度的方法

图 2-5-4　锯条的安装

3. 站立位置和姿势

在台虎钳上锯割时，操作者面对台虎钳，站在台虎钳中心线左侧。前腿微微弯曲，后腿伸直，两肩自然放平，两手握正锯弓，目视锯条，见图 2-5-6。

4. 锯割动作要领

锯割动作根据两手臂的运动形式分为直线往复式和小幅度摆动式两种，见图 2-5-7。

（1）直线往复式。锯割时，两手控制手锯作直线运动，其动作要领与锉削动作要领相同。一般锯割切割面较小或要求锯缝底面平直的工件，采用此方法。

（2）小幅度摆动式。身体的运动与直线往复式相同，但两手臂的动作不同。推锯时，前手臂上提，后手臂下压；回锯时，后手臂上提，前手臂向下，使锯弓形成小幅度摆动。

5. 压力、速度与行程

锯割时，推力和压力主要由右手（后手）控制，左手（前手）的作用是配合右手扶正锯弓，压力不要过大。推锯时为切割行程，应施加压力；向后回拉时为返回行程，不加压力；工件将要锯断时，压力要小。

锯割速度的快慢主要根据锯割材料的软硬来确定。锯割硬材料速度应慢些；锯割软材料速度可快些。一般锯割速度控制为 40～50 次/min 左右为宜。同时，拉回手锯的速度比推锯的速度应相对快一些。

锯割时，应充分利用锯条的有效长度。如锯割行程较短，不仅会降低锯条有效长度的利用率，更重要的是会因局部锯路磨损，造成锯条卡死折断。一般，往复行程应不小于锯条长度的 3/5。

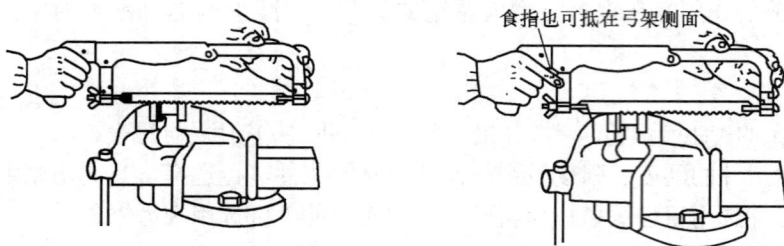

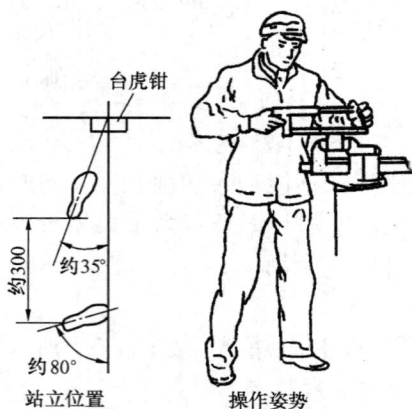

图 2-5-5 手锯的握法

图 2-5-6 站立位置和姿势

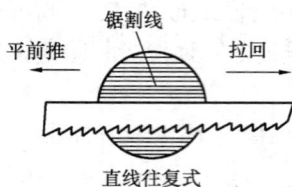

图 2-5-7 锯割动作要领

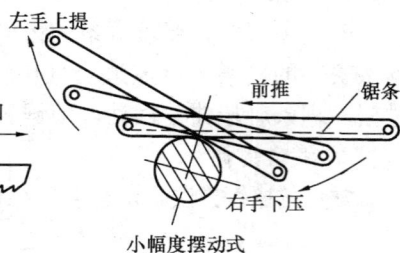

课题二 锯 割 方 法

一、工件夹持

工件一般夹持在台虎钳的左侧，锯割线与钳口端面平行，工件伸出部分尽量贴近钳口。

二、起锯

起锯的方法有远起锯和近起锯两种，如图 2-5-8 所示。起锯时，用左手拇指靠住锯条，

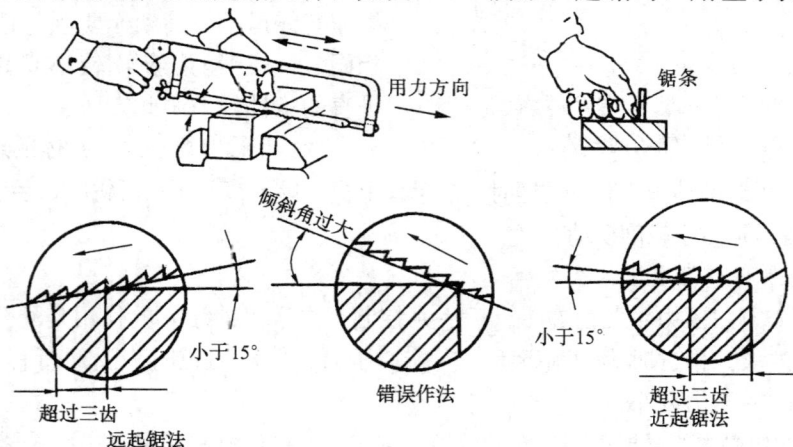

图 2-5-8 起锯的方法

起锯角度约为15°，要求最少有三个锯齿接触工件。一般多采用远起锯法，这种方法便于观察锯割线，且锯齿不易卡住。

起锯操作要点：行程短、压力小、速度慢，起锯角度正确。

三、不同材料的锯割方法

（1）条料（圆钢、扁钢）的锯割方法。如图2-5-9所示。其中，锯割尺寸较大的圆钢、方钢时，按图中顺序号锯割，省时、省力。直径较大的脆性棒料，锯一深缝和一浅缝后击断。

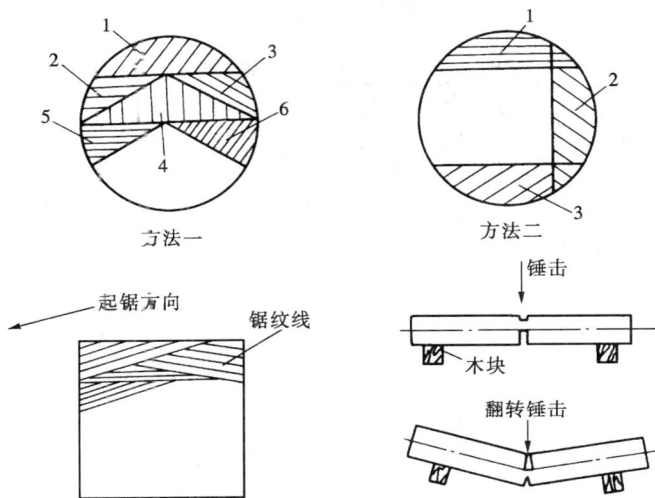

图2-5-9 锯割条料的方法

（2）管子的锯割方法。管子的锯割方法，见图2-5-10。

（3）板料的锯割方法。板料的锯割方法，见图2-5-11。

（4）型钢的锯割方法。型钢的锯割方法，见图2-5-12。

（5）深缝的锯割方法。所谓的深缝，即锯缝的深度超过锯条和弓架之间的宽度。其锯割方法见图2-5-13。

四、注意事项

（1）锯割时，不得用力过大、过猛，速度不易过快。

（2）工件应夹持牢固，以免掉下伤人。

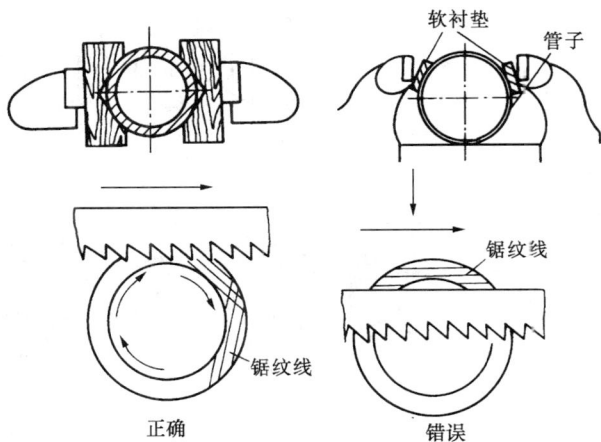

图2-5-10 锯割管子的方法

（3）工件要锯断时，应放慢速度，减小压力，用手扶住工件。

（4）更换新锯条后，需继续锯割时要重新起锯。

（5）发现崩齿现象后，应立即停止锯割进行处理。处理的方法见图2-5-14。

（6）防止锯条损坏。锯条损坏的类型及原因见表2-5-2。

五、废品分析

锯割时产生废品的类型及原因见表2-5-3。

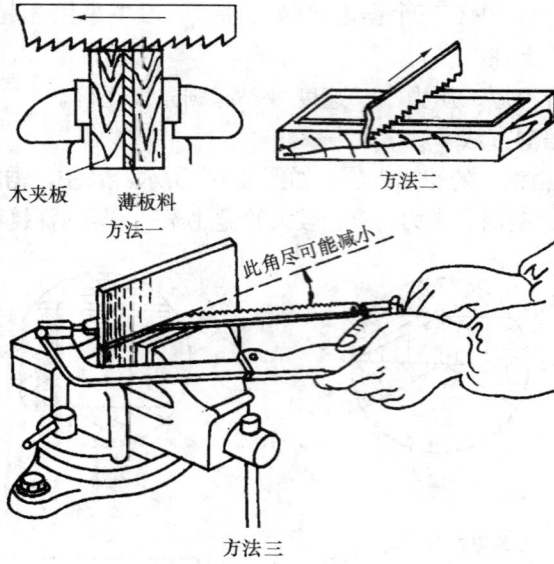

木夹板　薄板料
方法一

方法二

此角尽可能减小

方法三

图 2-5-11　锯割板料的方法

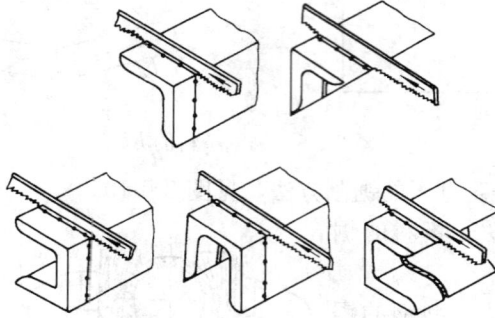

图 2-5-12　锯割型钢的方法

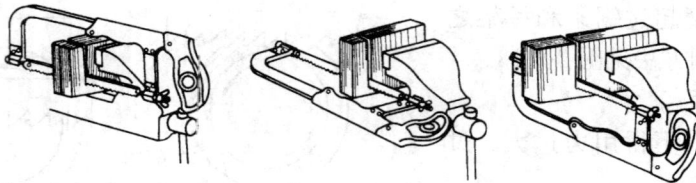

图 2-5-13　深缝锯割的方法

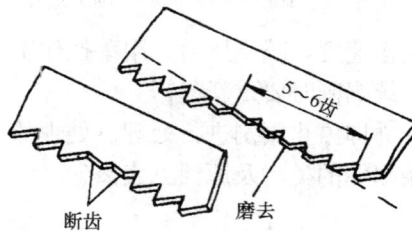

断齿　　磨去　　5~6齿

图 2-5-14　锯齿崩落后的处理方法

表 2-5-2 锯条损坏的类型及原因

类型	损坏的原因
锯条折断	1. 锯条装得过松或过紧； 2. 工件夹持不牢或抖动； 3. 锯缝歪斜，纠正过急； 4. 行程过短卡死锯条或旧锯缝中使用新锯条； 5. 操作不熟练或不慎
锯条崩齿	1. 锯齿粗细规格选择不当； 2. 起锯角度过大； 3. 锯割时角度突然变化； 4. 突然遇到硬杂质
锯条磨损	1. 锯割速度过快 2. 工件材料过硬 3. 行程过短（未充分利用锯条的全长）造成局部磨损加快； 4. 锯割时未加冷却液，造成锯齿退火

表 2-5-3 锯割时产生废品的类型及原因

废品类型	主要原因
尺寸锯小	1. 划线不准； 2. 未按加工线锯割
锯缝歪斜超出要求范围	1. 夹持工件时，锯割线与钳口侧面不平行； 2. 锯条安装过松或与锯弓平面扭曲； 3. 锯割压力过大； 4. 使用锯齿两侧磨损不均的锯条； 5. 锯割时，未扶正锯弓或用力歪斜
锯坏工件表面	1. 起锯时压力不均； 2. 起锯角度过小出现跑锯

操作训练6 锯 割 练 习

1. 训练要求

(1) 手锯的握法与站立姿势正确，锯条安装符合要求；

(2) 掌握锯割动作要领，要求动作协调、自然、速度适宜；

(3) 合理选用锯条；

(4) 掌握锯割方法，达到图样中的技术要求；

(5) 能处理锯割中发生的问题。

2. 工具、量具及辅具

手锯、划线工具、钢直尺、外卡钳、角尺等。

3. 备料

$\phi40 \times 31mm \times 110mm$（45钢），由操作训练5转来。

4. 工件图（参考）

锯割工件如图 2-5-15 所示。

5. 训练安排

(1) 锯条装卸和松紧调整练习；

(2) 按图 2-5-15 的要求划线后进行锯割。

6. 注意事项

(1) 安装锯条时，应注意锯齿方向。调整锯条松紧时常出现的问题是调整偏松。

(2) 锯割时，应做到一次锯穿，切忌多面起锯。

(3) 锯缝歪斜后，不能强行纠正，应缓慢

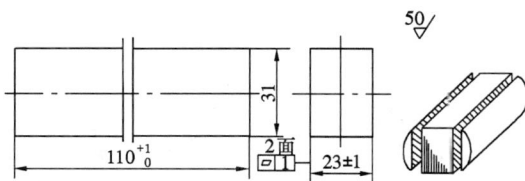

图 2-5-15 锯割工件图

逐渐纠正。

复 习 题

一、判断题

1. 锯条的长度是指两端安装孔之间的中心距，钳工常用的是 300mm 的锯条。　　　　　（　　）

2. 起锯时应做到：行程短，压力大，起锯角度正确。　　　　　（　　）

3. 锯割软材料应选用细齿锯条，锯割硬材料应选用粗齿锯条。　　　　　（　　）

4. 锯割时，工件通常应尽量夹持在钳口的中间。　　　　　（　　）

二、选择题

1. 锯割铸铁、黄铜、铝材等工件时，应选用（　　）锯条。

（1）细齿；（2）中齿；（3）粗齿。

2. 锯割速度一般应控制在（　　）次/min 左右为宜。

（1）20～30；（2）20～40；（3）30～50。

3. 起锯角度约为（　　），要求至少有 3 个锯齿接触工件。

（1）10°；（2）15°；（3）20°。

三、问答题

1. 什么叫锯路？有哪些形式？它的作用是什么？

2. 简述起锯的方法和起锯操作要点。

3. 分析锯条折断的原因。

模块六 ●●●●●●

锉　　　削 》》

学习训练目标　*正确使用和保养锉刀；初步掌握平面锉削动作要领和锉削平面的操作方法。*

用锉刀对工件表面进行切削加工，使其尺寸、形状、位置和表面粗糙度达到要求的操作称为锉削。锉削精度可高达 0.01mm，表面粗糙度可达 $Ra0.8\mu m$。

锉削的应用很广，如锉削平面、曲面、内外角度，以及各种复杂形状的表面和锉配等，见图 2-6-1。

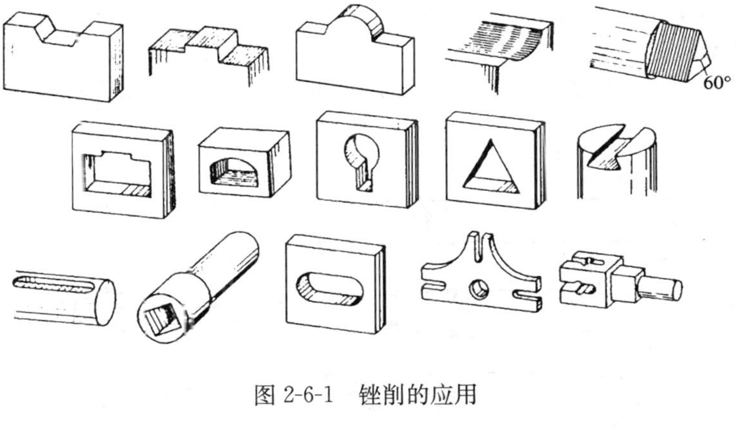

图 2-6-1　锉削的应用

课题一　锉刀和锉削动作要领

一、锉刀

1. 锉刀的构造

锉刀用碳素工具钢 T12 或 T13 制成，经热处理后切削部分的硬度可达 HRC62～67。锉刀的构造如图 2-6-2 所示。一般锉刀边一边有齿，一边无齿。无齿的边称为光边或安全边。

2. 锉刀面的齿纹

锉刀面上的齿纹有单齿纹和双齿纹两种。

在锉刀面上只有一个方向齿纹的锉刀称为单齿纹锉刀，见图 2-6-3。单齿纹锉刀，锉齿

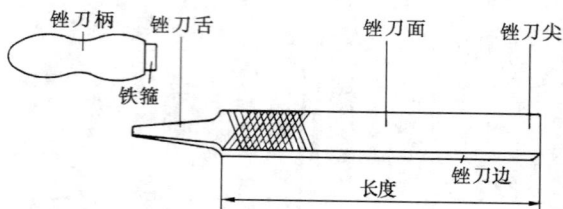

图 2-6-2　锉刀的构造

正前角切削，齿的强度弱，全齿宽参加切削，增大了切削阻力，切屑不易破碎，故多用于锉削软金属，如铝、铜等。

在锉刀面上排有两个方向齿纹的锉刀称为双齿纹锉刀，见图 2-6-4。双齿纹锉刀由面齿纹和底齿纹组成。面齿纹与底齿纹交叉成一定角度，形成许多前后交错排列的小齿和容屑槽。锉削时，切屑可碎断，故锉削省力。同时，由于每个齿的锉痕交错而不重叠，锉削面较光滑。锉齿具有负前角，齿的强度高，适用于锉削硬材料。

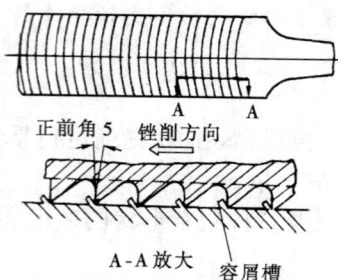

图 2-6-3　单齿纹锉刀

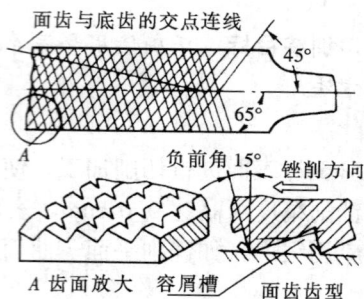

图 2-6-4　双齿纹锉刀

3. 锉刀的种类和规格

（1）锉刀的种类。根据锉刀的用途，一般将锉刀分为三类，即普通锉、整形锉和特种锉，见图 2-6-5 所示。

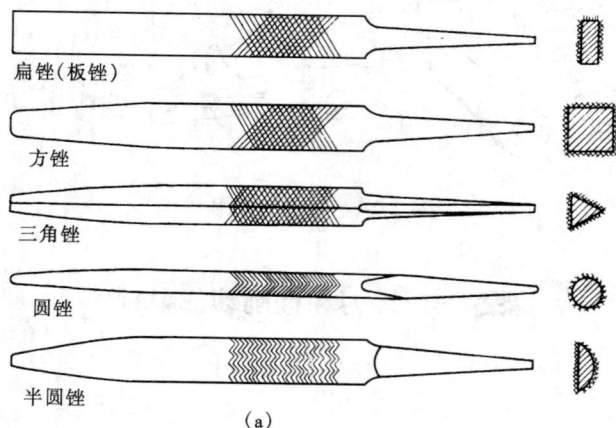

（a）

图 2-6-5　锉刀的种类（一）

（a）普通锉

（2）锉刀的规格。锉刀的规格分尺寸规格和粗细规格。

1）尺寸规格。圆锉以直径表示，方锉以边长表示，其余以锉刀长度表示。

2）粗细规格。按锉纹号分，一般分五个等级，见表2-6-1。

表 2-6-1 锉刀的粗细规格

锉纹号	1	2	3	4	5
习惯称呼	粗	中	细	双细	油光
齿距（mm）	2.3～0.8	0.77～0.42	0.33～0.25	0.25～0.2	0.2～0.16

4. 锉刀选用的原则

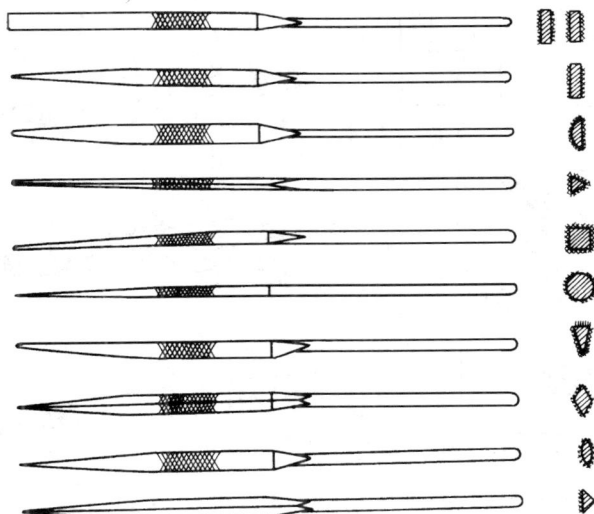

（b）

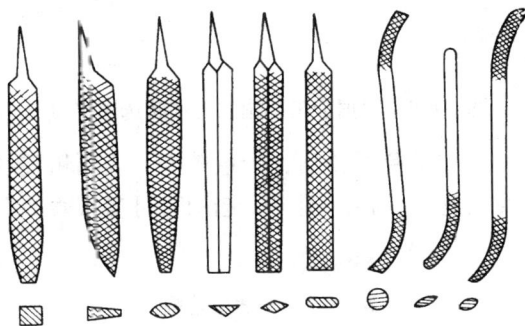

（c）

图 2-6-5 锉刀的种类（二）

（b）整形锉（什锦锉、组锉）；（c）特种锉

（1）选定锉刀的长度尺寸。锉刀长度尺寸的选定，决定于工件的加工面积和加工余量。一般加工面积较大、余量较多的工件，选用较长的锉刀。

（2）选定锉刀的断面形状。锉刀断面形状的选定，决定于工件加工部位的几何形状，如图2-6-6所示。

（3）选定锉齿的粗细。锉齿粗细的选定，决定于工件的加工精度、加工余量、表面粗糙

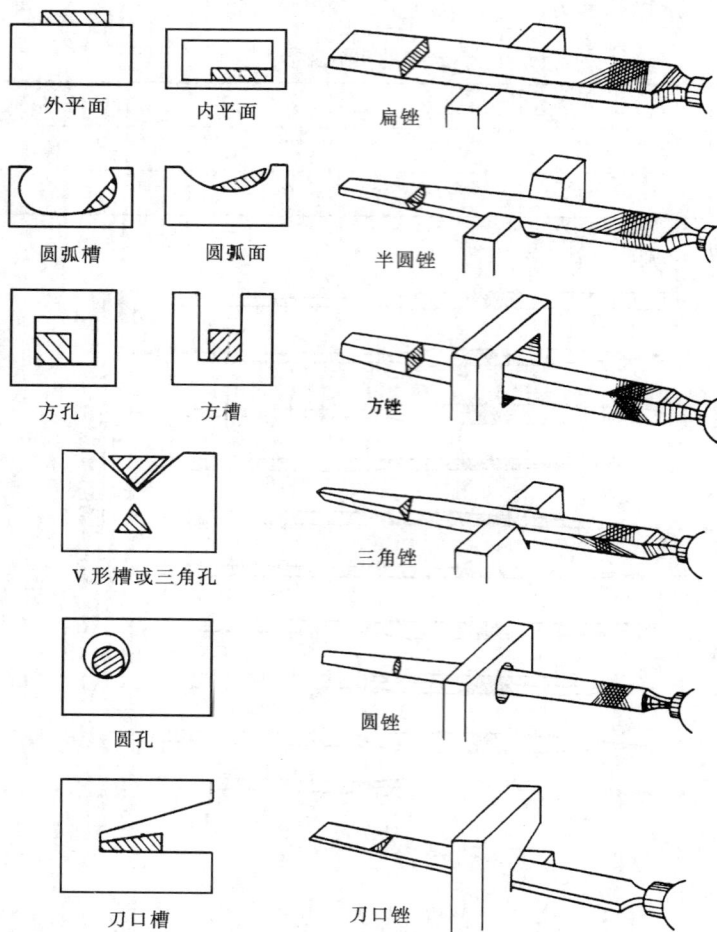

图 2-6-6　根据加工部位几何形状选用锉刀

度的要求和材料的软硬。一般加工精度较高、余量较少、表面粗糙度值较小、材料较硬的工件时，选用较细的锉刀；反之选用较粗的锉刀。选用时可参阅表 2-6-2。

5. 锉刀的保养

表 2-6-2　　　　　　　　　　常用锉刀的适用范围

锉　刀	加工余量（mm）	尺寸精度（mm）	表面粗糙度（μm）
粗　齿	0.5～1	0.2～0.5	$Ra100～25$
中　齿	0.2～0.5	0.05～0.2	$Ra12.5～6.3$
细　齿	0.05～0.2	0.01～0.05	$Ra6.3～3.2$

为了延长锉刀的使用寿命，应严格按照下列规则使用和保养锉刀。

（1）不用新锉刀锉削锻、铸工件表面和淬过火的工件。如需要锉削锻、铸件，应先用錾子或旧锉刀去掉硬皮。

（2）使用新锉刀时，应作上记号，先使用一面，锉钝后再用另一面。

（3）锉刀严禁接触水或油。锉削时不许用手摸锉刀面。

（4）锉刀放置应稳当、整齐、不能叠放，也不能同其他工具堆放。

二、锉削动作训练

1. 锉刀柄及其装卸方法

锉削时，为了控制锉刀更于用力，锉刀尾部必须要装锉刀柄。如图 2-6-7 所示，锉刀柄的规格分大、中、小三号，可根据锉刀的长度规格进行选用。一般 300mm 以上的锉刀选用大号，200mm 和 250mm 的锉刀选用中号，100mm 和 150mm 的锉刀选用小号较为适宜。锉刀柄的装卸方法如图 2-6-8 所示。

2. 锉刀的握法

锉削时，一般右手握住锉刀柄，左手握住（或压住）锉刀。右手的握法如图 2-6-9 所示；左手的握锉方法较多，具体采用哪一种握法，应根据锉刀的长短规格、锉削时行程的长短、锉削余量的多少和使用的场合选择。大中型锉刀左手（前手）的握法如图 2-6-10 所示，中小型锉刀常见的握法如图 2-6-11 所示，整形锉的握法如图 2-6-12 所示。

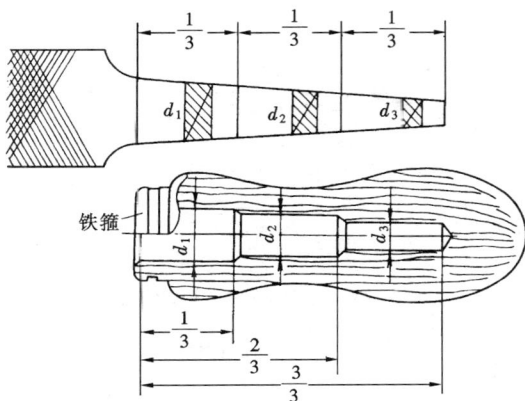

图 2-6-7　锉刀柄

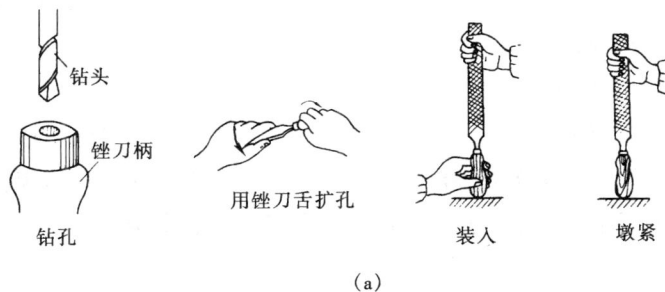

（a）

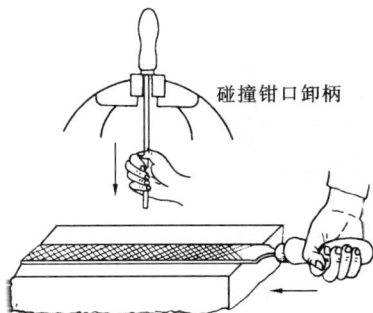

（b）

图 2-6-8　锉刀柄的装卸方法
（a）装法；（b）卸法

锉柄尾部抵住手掌后部肌肉

拇指放在柄上面,四指自然握住柄

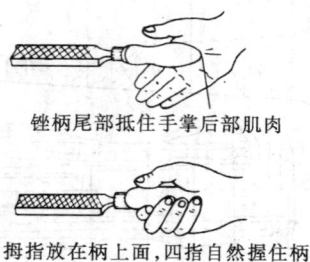

图 2-6-9　右手握锉的方法

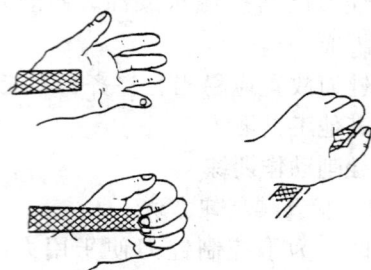

图 2-6-10　大中型
锉刀左手的握法

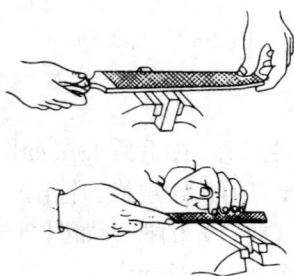

图 2-6-11　中小型
锉刀的握法

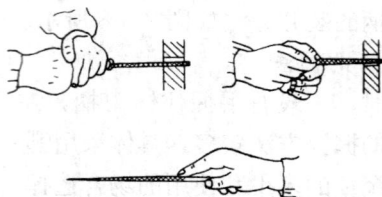

图 2-6-12　整形锉刀的握法

3. 锉削站立姿势

在台虎钳上锉削时,操作者面对台虎钳,站立在台虎钳中心线的左侧,两脚的站立位置如图 2-6-13 所示。锉削站立姿势见图 2-6-14。站立时两肩自然放平,目视锉削面。右小臂同锉刀呈一直线,并与锉削面平行;左臂弯曲,左小臂与锉削面基本保持平行。

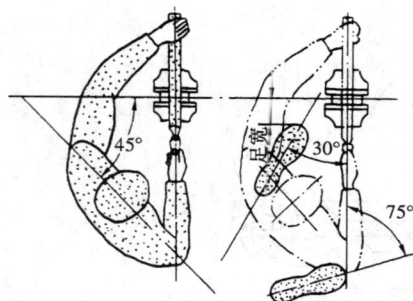

图 2-6-13　锉削站立位置

图 2-6-14　锉削姿势

4. 锉削动作要领

锉削一般包括推锉和回锉两个连续动作。其动作要领是:两脚站稳,身体稍向前倾,重心放在左脚上。身体靠左膝屈伸做前后往复运动，两臂协调配合。如图 2-6-15 所示，锉削动作如下：

（1）预备动作①～②。操作者面对台虎钳站立，将锉刀放在工件面上①；按站立位置的要求做好预备姿势②。

（2）推锉②～③～④。身体与锉刀同步向前运动，左膝弯曲度增大；当锉刀推进约 3/4 行程时，身体后移（左膝弯曲度减小），左臂逐渐伸开，两手继续推锉。

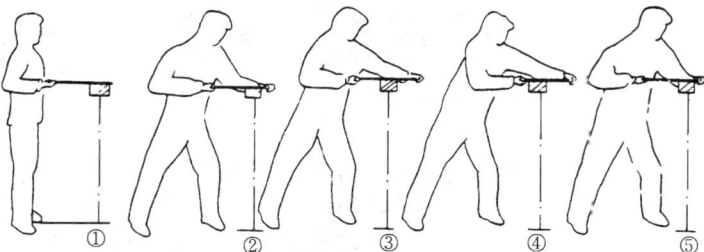

图 2-6-15 锉削动作要领

（3）回锉④～⑤。当锉刀锉完最后 1/4 行程时，两手顺势将锉刀收回；当回锉将要结束时，身体前倾准备作第二次推锉动作。

5. 锉削力的运用

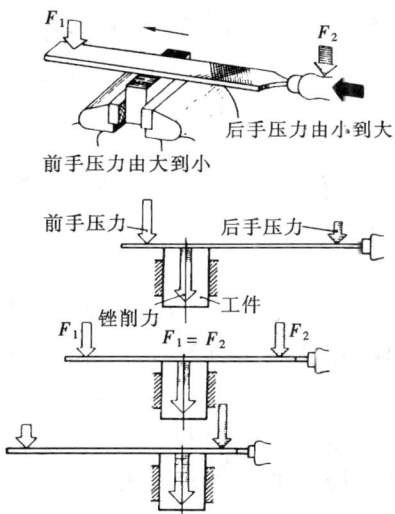

后手压力由小到大
前手压力由大到小

图 2-6-16 锉削力的运用

在锉削平面时，要锉出平整的平面，必须在推锉过程中保证锉刀平稳而不上下摆动，始终保持平直运动。要做到这一点，在锉削过程中两手的用力应随锉刀位置的改变进行相应的调整。两手压力调整变化的情况是，随锉刀的推进，后手压力逐渐增加，前手压力逐渐减小，见图 2-6-16。回锉时，两手不加压力，以减少锉齿的磨损，见图 2-6-17。

6. 锉削速度

前后手不加压力

图 2-6-17 回锉

锉削速度过快，直接影响锉刀的使用寿命和锉削质量；过慢，则效率不高。一般锉削速度控制在 40 次/min 左右较为适宜。同时，要求推锉时的速度稍慢，回锉时的速度可稍快些。

课题二 锉 削 方 法

一、工件的夹持
锉销时，不同工件的夹持方法见图 2-6-18，其具体要求是：

（1）工件应夹持在钳口中间部位；

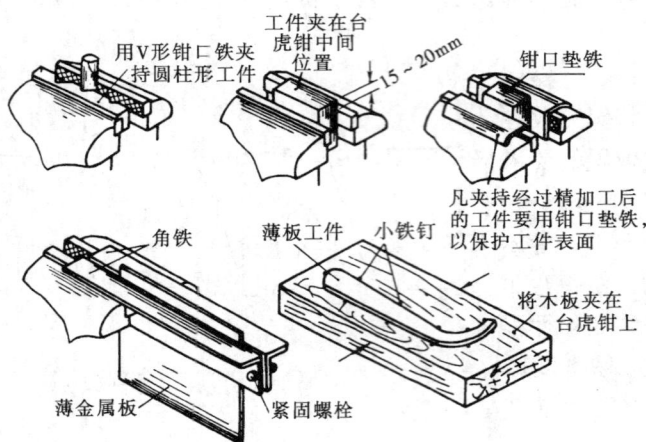

图 2-6-18　锉削工件的夹持方法

（2）工件夹持应牢固，但不能使其变形；

（3）工件伸出钳口部分不易过高或过低，伸出过高工件易振动，过低易伤手；

（4）夹持精加工表面时，必须使用钳口垫铁（铁板、紫铜板或铝板制成），以防夹伤工件表面。

二、平面锉削方法

1. 顺向锉法

顺向锉法是基本的锉削方法，见图 2-6-19。锉削时，锉刀始终沿一个方向锉削。推锉的同时应均匀地做横向运动。

2. 交叉锉法

交叉锉法是在顺向锉法的基础上，交叉变换锉削方向，见图 2-6-20。在锉削较大平面时，无论采用顺向锉法，还是交叉锉法，锉刀应均匀地做横向运动，每次移动 5～10mm。

3. 推锉法

推锉法就是两手横握锉刀（手不要离工件太远），沿工件表面平稳地做推、拉运动，见图 2-6-21。推锉法主要用于修整工件表面锉纹，以降低表面粗糙度值。此外，狭长工件上有凸台不便于用其他方法锉削时，也可采用推锉法。

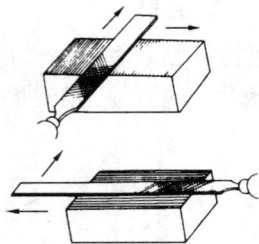

图 2-6-19　顺向锉法

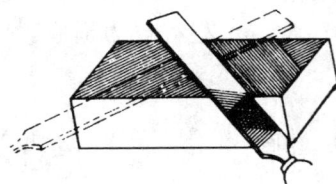

图 2-6-20　交叉锉法

三、曲面锉削方法

1. 外曲面的锉削方法

锉削外曲面的方法有以下两种：

（1）沿圆弧面摆动锉法，见图 2-6-22（a）。这种锉削方法锉出的外曲面圆滑、光洁，但锉削效率较低。一般在加工余量较小及精锉时使用此方法。

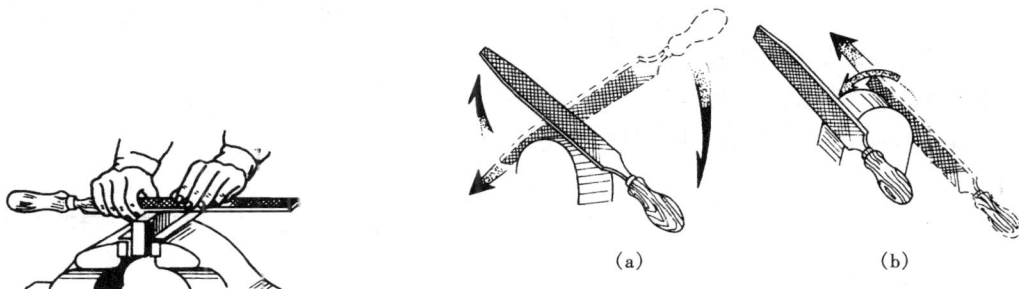

图 2-6-21 推锉法

图 2-6-22 外曲面的锉削方法
（a）沿圆弧面摆动锉法；（b）沿圆弧面顺向锉法

（2）沿圆弧面顺向锉法，见图 2-6-22（b）。此方法易掌握且加工效率高，但只能锉削成近似圆弧面的多棱形面。在加工余量较大及粗锉时使用此方法。

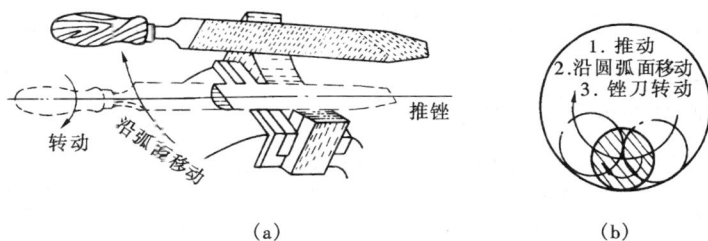

图 2-6-23 内曲面的锉削方法
（a）锉削内曲面；（b）锉削圆孔

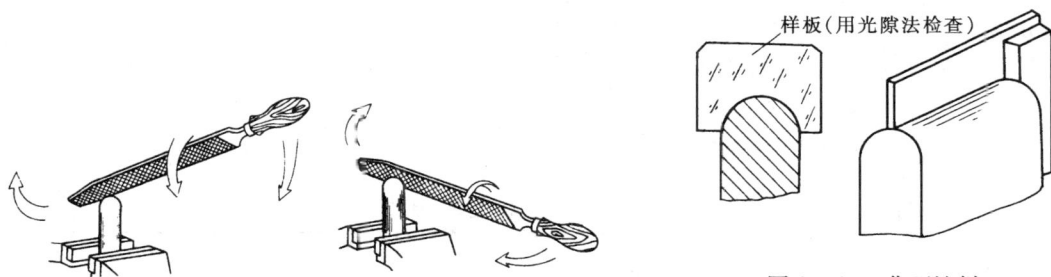

图 2-6-24 球面的锉削方法

图 2-6-25 曲面锉削
的质量检查方法

2. 内曲面的锉削方法

锉削内曲面的动作要领是，在推锉时锉刀向前运动，同时控制锉刀完成沿圆弧面向左或向右的移动，而且右手手腕作同步的转动动作。以上三个动作要求同时完成。回锉时，两手将锉刀稍微提起放回原来位置，见图 2-6-23（a）。锉削圆孔的方法与上述方法相同，见图2-6-23（b）。

3. 球面的锉削方法

锉削圆柱形工件端部的球面时，要结合采用锉削外曲面时的两种锉法，如图 2-6-24 所示。

4. 曲面锉削的质量检查

外曲面轮廓度的检查，可制作曲面样板，通过光隙法检查。单向内、外曲面与邻面的垂直度用角尺检查，见图 2-6-25。

四、锉削面不平的类型及原因

锉削平面时，锉削面常出现的缺陷及原因见表 2-6-3。

表 2-6-3 锉削面不平的类型及原因

类 型	主 要 原 因
平面中凸	(1) 未掌握锉削动作要领； (2) 两手用力不当，锉刀摆动； (3) 锉刀本身中凹
对角钮曲	(1) 左手或右手施加压力时，重心偏向锉刀的一侧； (2) 工件夹持歪斜； (3) 锉刀面本身扭曲
平面横向中凸或中凹	锉削时，锉刀左右移动不均匀

五、锉削废品分析

锉削时产生废品的类型及原因见表 2-6-4。

表 2-6-4 锉削时产生废品的类型及原因

废品类型	产 生 原 因
工件夹坏	夹持方法不正确或紧力过大
尺寸超差	(1) 划线时产生错误； (2) 操作不熟练，超出加工线； (3) 测量、检查不及时，方法不正确
表面粗糙度不符合要求	(1) 锉刀选用不当； (2) 粗锉时，锉纹太深； (3) 锉屑嵌在锉纹中未清除
锉伤了不应锉的表面	(1) 锉刀选用不当； (2) 锉刀打滑把邻近平面锉伤

安全注意事项：

(1) 不准使用无柄、无箍或破损的锉刀；

(2) 使用小规格锉刀时，用力不可过大；

(3) 清除工件上的锉屑应使用毛刷，不准用嘴吹，也不准用手清除；

(4) 清除锉刀上的锉屑应使用钢丝刷，见图 2-6-26；

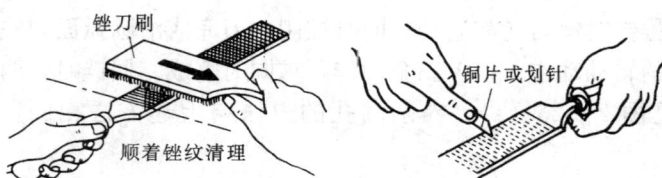

图 2-6-26 清除锉屑的方法

(5) 严禁用锉刀代替手锤或

撬杠进行使用；

（6）锉刀放置应稳妥，不准伸出工作台边。

课题三 锉 配

一、锉配及其应用

所谓锉配，是指利用锉削加工的方法，完成两个或两个以上零件相互结合并达到规定技术要求的操作。锉配加工广泛地应用在机器装配、工模具制作和电厂设备检修中，如配键和锉配汽轮机叶片根部等工作，如图 2-6-27 所示。

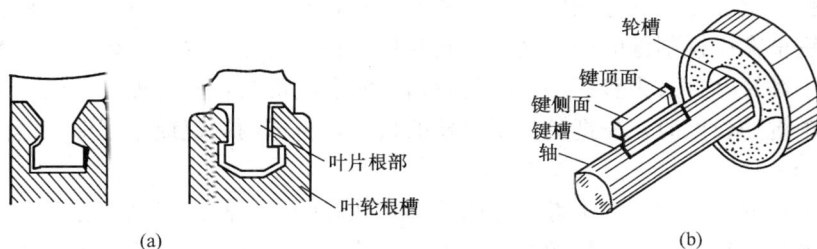

图 2-6-27 锉配实例

（a）锉配汽轮机叶片；（b）锉配平键

二、锉配的种类和方法

1. 锉配的种类

按照配合件的结构分，可分为封闭式锉配（见图 2-6-28）和开放式锉配（见图 2-6-29）；按照配合件的加工工艺分，又可分为试配锉配和不试配锉配（盲配）。通常，在设备检修中试配锉配应用较多，如配键、锉配汽轮机叶片等均属试配锉配。

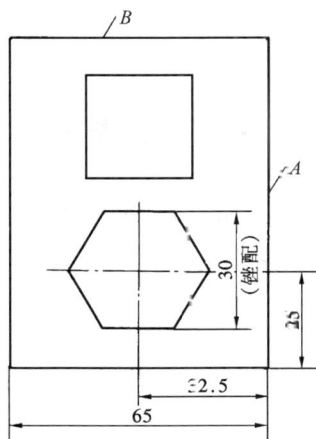

图 2-6-28 封闭式锉配

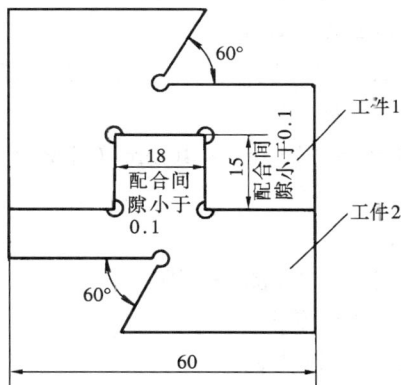

图 2-6-29 开放式锉配

2. 试配锉配的基本方法

先把相配合的两个零件中的一件加工到符合图样要求，然后根据已锉好的零件来锉配另一件。

在锉配时，由于外表面比内表面容易加工，便于测量，易获得较高的加工精度，故一般先加工凸件，再锉削凹件。在锉削凹件外表面时，为了控制加工精度，一般选择凹件的有关外形表面为测量基准。

所以，在加工内表面前应对凹件的外形基准面进行加工，并达到较高精度要求。在进行配合时，可采用透光法或涂色研点法检查凸凹件的配合情况，确定锉削部位和加工余量，使其逐步达到配合要求。

三、锉配实例——锉配平键

平键的锉配方法及要求如下［见图 2-6-27（b）］：

（1）去掉轴槽和轮槽的毛刺后，测量两槽尺寸，若槽宽不同，应修整一致。

（2）按键槽宽度锉削键的两侧面，使其互相平行且与底面垂直。键与轴槽配合时，其松紧程度以用手锤轻轻打入为宜；一般键与轮槽的配合比键与轴槽的配合稍松。

（3）锉削键的长度时，先把键锉到需要的长度，再把两端锉成半圆形。键的长度应比轴槽长度小 0.1mm。

（4）锉削键的厚度时，要求键与轮槽顶部之间有明显的间隙（其间隙值查机械手册）。

（5）将键打入轴槽，再与轮槽试配。若键与轮槽配合过紧，可修锉轮槽两侧面发亮的部位，直至达到配合要求。

操作训练 7　平面锉削练习

1. 训练要求

（1）正确选用锉刀；

（2）锉削姿势（包括站立位置、握锉方法）正确规范，动作协调、自然；

（3）根据不同的锉削方法，控制锉削速度；

（4）推锉时两手平稳，能正确运用锉削力；

（5）达到图样技术要求。

2. 工具、量具、辅具

扁锉、角尺、刀口尺、钢直尺、游标卡尺、外径百分尺、划线工具和垫铁等。

3. 备料

71mm×71mm×10mm（Q235）。110mm×31mm×23mm（45 钢），由操作训练 6 转来。

4. 工件图

锉削工件如图 2-6-30 所示。

5. 训练安排

（1）锉削方钢。

1）锉削大平面：①锉削基准面 A，达到平面度要求；②锉削 A 面的对面，达到平面度、平行度及尺寸要求。

2）锉削窄平面：①锉削 B 面，达到平面度、垂直度要求；②锉削 B 面的对面，达到平面度、平行度、垂直度及尺寸要求；③锉削 C 面，达到平面度、垂直度要求；④锉削 C 面

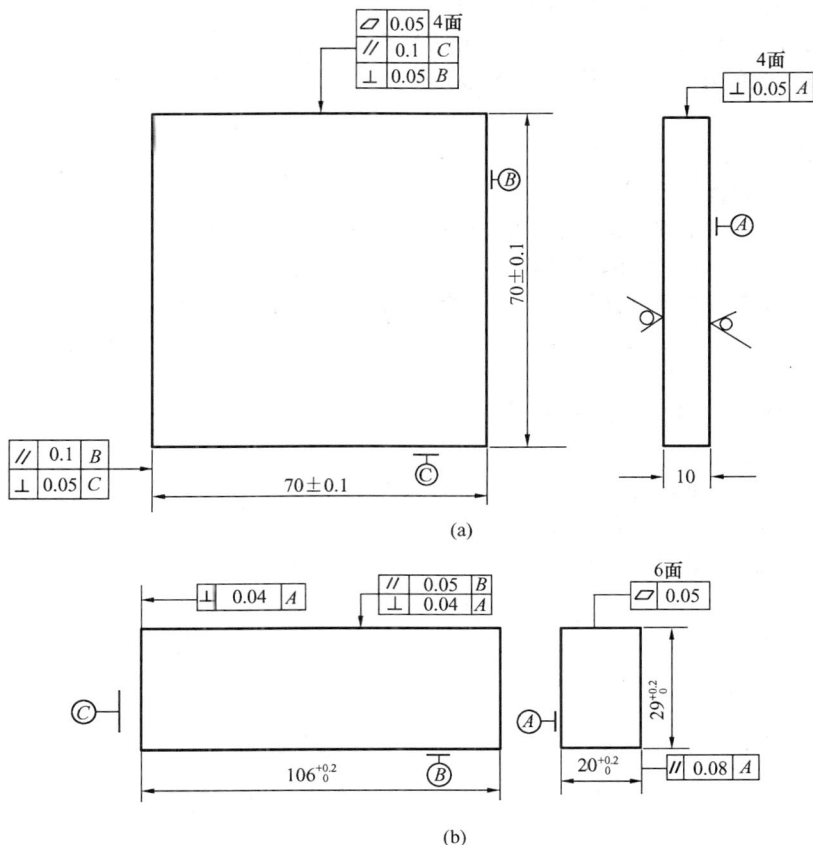

图 2-6-30 平面锉削工件图

(a) 锉削钢板；(b) 锉削方钢

的对面，达到平面度、平行度、垂直度要求。

3）精修 6 面。

按上述加工顺序全面检查精修。

表面粗糙度目测检查，并要求锉纹顺向一致；平行度两大面检测五点，两组窄平面各检测三点；平面度、垂直度通过万口尺、角尺目测检查。

（2）锉削钢板。

锉削钢板的步骤和方法与锉削方钢相同（两大平面不加工）。

复 习 题

一、判断题

1. 圆锉、方锉的尺寸规格是以锉身长度来表示的。（　　）

2. 双齿纹锉刀面齿纹与底齿纹角度一样，齿距相同，锉削时锉痕交错，锉面光滑。（　　）

3. 除什锦锉刀以外的锉刀都应该加装锉刀柄后方可使用。（　　）

4. 锉削时，一般锉削速度控制在 70 次/min 左右较为适宜。（　　）

5. 锉削精度可高达 0.01mm，表面粗糙度可达 $Ra0.8\mu m$。　　　　　　　　（　　）

6. 当加工余量在 1mm 以上时，应采用中齿锉刀进行加工。　　　　　　　　（　　）

7. 试配锉配时，如果没有特殊要求，基本加工顺序是先加工凸件，后加工凹件。　（　　）

二、选择题

1. 锉削软材料时应使用（　　）锉刀。

（1）粗齿；（2）细齿；（3）双细。

2. 锉削工件时，应注意锉刀的平衡，在前进（切削）过程中，后手的压力应（　　）。

（1）逐渐加大；（2）逐渐减小；（3）保持不变。

3. 锉刀通常是用碳素工具钢制成，并经热处理，常用的锉刀材料牌号是（　　）。

（1）T7；（2）T10；（3）T12。

三、问答题

1. 什么叫锉削？锉削用于哪些场合？

2. 简述锉刀的选用原则。

3. 锉削时，工件的夹持有哪些要求？

4. 简述使用锉刀时的安全注意事项。

5. 简述试配锉配的基本加工方法。

钻孔、扩孔、锪孔与铰孔 》》

学习训练目标 知道常用的钻孔、扩孔、锪孔、铰孔工具和设备；初步掌握钻孔、锪孔、铰孔技能；知道钻孔、铰孔可能出现的问题及原因；熟知钻孔的安全注意事项。

课题一 钻 孔

一、钻孔及其应用

用钻头在实体材料上加工出孔的操作称为钻孔。钻孔时，一般是工件固定，钻头作旋转运动（主运动），并沿钻床主轴轴线作直线运动（进给运动），使切削得以连续进行，如图2-7-1所示。

钻孔可达到的尺寸精度为 IT11～IT10，表面粗糙度为 $Ra50～Ra12.5\mu m$。因此，钻孔属于孔的粗加工，只能加工精度要求不高的孔。钻孔的应用如图 2-7-2 所示。

二、钻头

钻头是钻孔用的切削刀具。钻头的种类较多，其中以麻花钻应用最为普遍。

1. 麻花钻及其各部分的名称和作用

麻花钻（见图 2-7-3）一般用高速钢（W18Cr4V 或 W9Cr4V2）制成，其各部分的名称和作用如下：

（1）柄部。柄部是钻头的装夹部位，起传递动力的作用。钻头有圆柱柄（简称直柄）和圆锥柄（简称锥柄）两种。其中，直柄钻头传递的扭矩力较小，一般用于直径小于 13mm 的钻头；锥柄钻头可传递较大的扭矩力，用于直径大于 13mm 的钻头。

（2）颈部。颈部位于工作部分与柄部之间，是在制造钻头时起退刀作用的。在颈部标有钻头的规格、材料和商标。

（3）工作部分。工作部分包括导向部分和切削部分。

导向部分由两条对称的螺旋槽（排屑槽）和棱边（刃带）

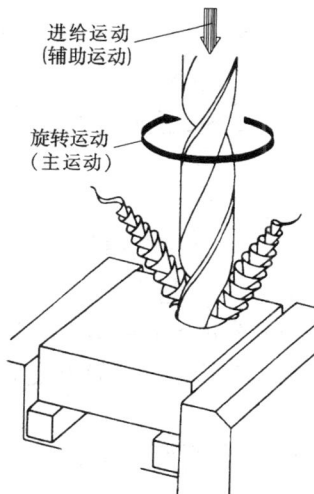

进给运动
（辅助运动）

旋转运动
（主运动）

图 2-7-1 钻孔

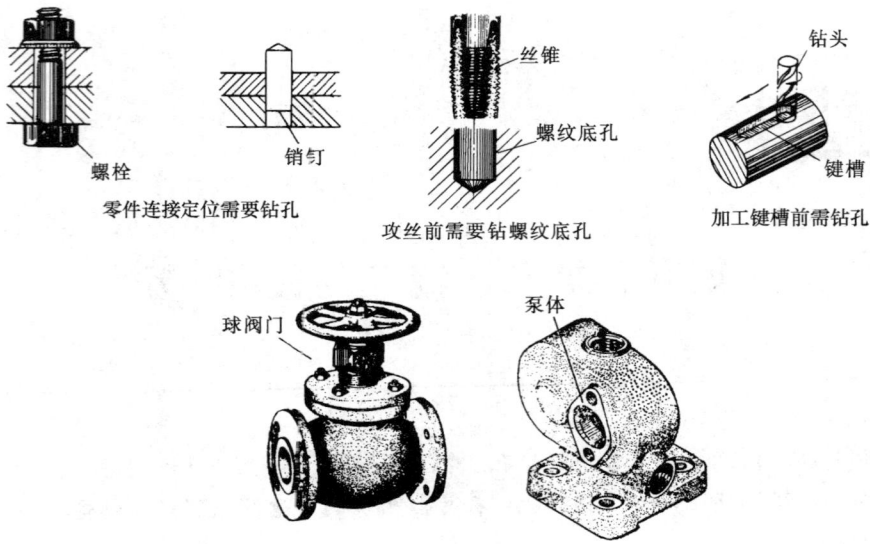

图 2-7-2　钻孔的应用

组成。螺旋槽的作用是使钻头形成切削刃；排除钻屑和输送冷却润滑液。棱边的作用是在钻孔过程中引导方向，修光孔壁。为了减少钻头与孔壁间的摩擦，钻头导向部分的直径略有倒锥，一般倒锥量为（0.03～0.12）mm/100mm。

麻花钻的切削部分主要由两个前刀面、两个后刀面、两条主切削刃和一条横刃组成，见图 2-7-4，其作用是担负主要切削工作。

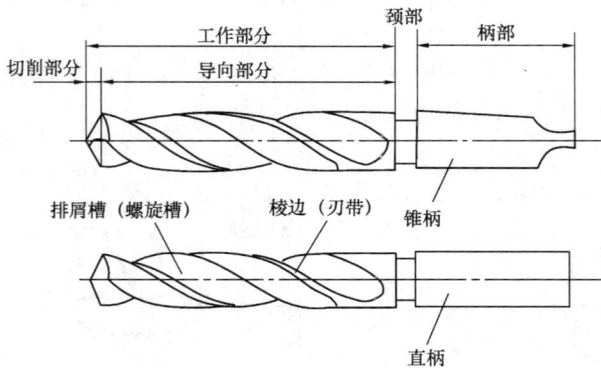

图 2-7-3　麻花钻

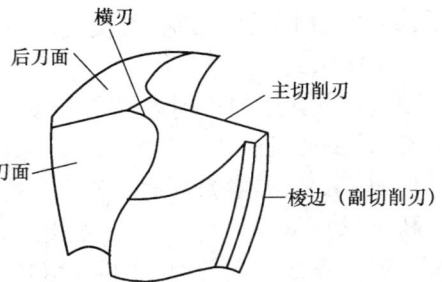

图 2-7-4　麻花钻的切削部分

2. 标准麻花钻头的三个辅助平面与主要几何角度

（1）标准麻花钻的三个辅助平面。

为了较清楚地了解麻花钻的主要几何角度，必须建立三个空间位置的辅助平面（见图 2-7-5）：

1）切削平面。在主切削刃上任意一点的切削平面是通过该点并与工件加工表面相切的平面。

2）基面。主切削刃上任意一点的基面是通过该点并垂直于该点切削速度（v）方向的平面。

3）主截面。通过主切削刃上的任意一点，并与主切削刃在基面上的投影相垂直的平面。

由于主切削刃不在钻头的径向线上，因此切削刃上各点切削速度的方向不同，故各点的基面也各不相同（见图 2-7-6）。

（2）主要几何角度。

1）顶角 2φ。顶角又称为锋角，是两条主切削刃在与其平行且通过钻心的平面上投影的夹角。顶角 2φ 应根据不同材料进行合理选择，并在钻头刃磨时磨出。出厂时，标准麻花钻的顶角为 $118°\pm2°$（见图 2-7-7）。

2）前角 γ。在主截面 N-N 内，前刀面与基面之间的夹角即前角（见图 2-7-8）。在主切削刃上，各点的前角大小不同。钻头外缘处的前角最大（30°左右），越靠近钻心越小，在接近横刃处 $\gamma = -30°$。前角与螺旋角有关，螺旋角越大，前角也越大。

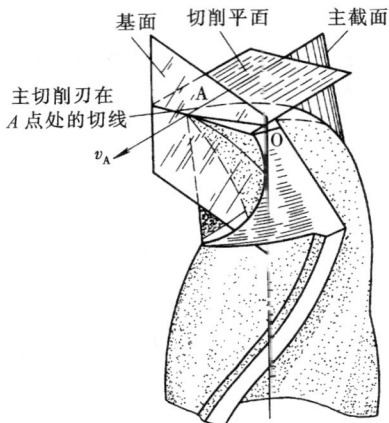

图 2-7-5　麻花钻的辅助平面

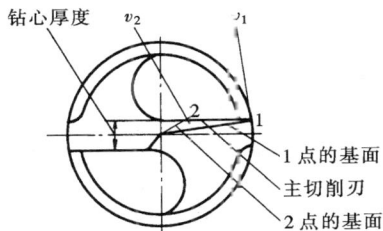

图 2-7-6　切削刃上不同点的基面

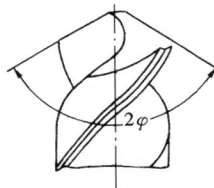

图 2-7-7　顶角

前角的大小决定着切除材料的难易程度和切屑在前刀面的摩擦阻力大小。前角越大，切削越省力，但刃口强度降低，易发生扎刀。前角减小，刃口强度增加，但增大了切削力（见图2-7-9）。

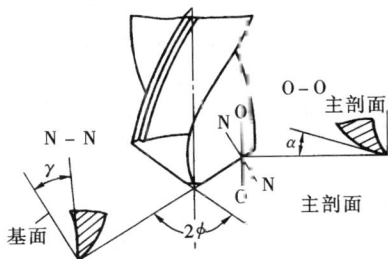

图 2-7-8　前角

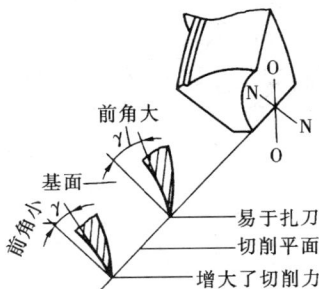

图 2-7-9　前角对切削的影响

3）后角 α_0（见图 2-7-10）。切削刃上各点的后角，是钻头后刀面与切削平面之间的夹角。切削刃上各点的后角不相等，即外小内大。通常所说的后角是指麻花钻外缘处的后角。刃磨后角时，应根据不同的材料和钻头直径的大小确定后磨出。一般直径小于 15mm 的钻头，$\alpha_0 = 10° \sim 14°$；直径为 15～30mm 的钻头，$\alpha_0 = 9° \sim 12°$。

4）横刃斜角 ψ（见图 2-7-11）。横刃斜角是横刃与主切削刃在钻头端面投影的夹角。横刃斜角的大小与后角和顶角的大小有关。后角刃磨正确的标准麻花钻 $\psi = 50° \sim 55°$。

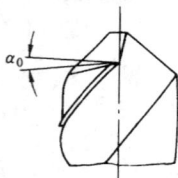

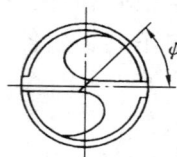

图 2-7-10　后角　　　　　　　　　　　　图 2-7-11　横刃斜角

3. 标准麻花钻头刃磨

（1）刃磨的目的：

1）将用钝的钻头磨削锋利；

2）使损坏的切削部分恢复正确的几何角度；

3）针对标准麻花钻结构上的缺点进行修磨。

（2）刃磨后的麻花钻应达到以下要求：

1）顶角 2ψ、后角 α_0 和横刃斜角 ψ 准确、合理。钻削不同材料时，顶角和后角的选择见表 2-7-1。

表 2-7-1　　　　　　　　　　　　麻花钻头顶角和后角的选择

钻孔材料	顶角 2ψ	后角 α_0	钻孔材料	顶角 2ψ	后角 α_0
一般钢铁材料	116°～118°	12°～15°	软铸铁	90°～118°	12°～15°
一般韧性钢铁材料	116°～118°	6°～9°	硬铸铁	118°～135°	5°～7°
铜和铜合金	110°～130°	10°～15°	高速钢	135°	5°～7°
铝合金	90°～120°	12°	木材	70°	12°

2）两主切削刃长度相等且对称。

3）两后刀面光滑。

（3）刃磨方法：

刃磨标准麻花钻时，钻头的刃磨部位主要是两个后刀面。其刃磨方法如图 2-7-12 所示，右手握住钻头前端缓慢地绕其轴线转动，并施加适当的刃磨压力；左手握住钻头柄部，配合右手缓慢地作上下摆动。

刃磨要领

钻刃水平轮面靠，钻体左斜出顶角。

由刃向背磨后面，上下摆动尾别翘。

（4）注意的问题：

1）左手向上或向下摆动的速度及幅度，应根据所需要的后角大小和钻头直径的大小而变化。

2）两手动作的配合要协调。若钻头的切削刃先触及

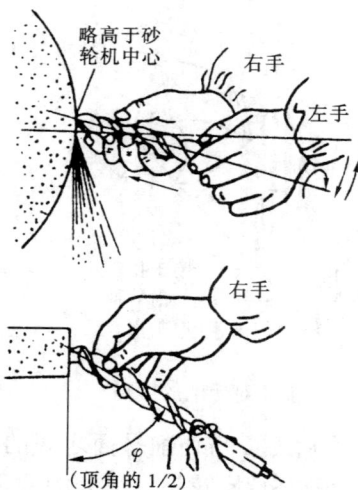

图 2-7-12　麻花钻头的刃磨方法

砂轮，那么右手向上转动，左手向下摆动；若钻头后刀面的下部先触及砂轮，则右手向下转动，左手向上摆动。

3）刃磨时压力不要过大，并要经常蘸水冷却，以防切削刃退火。

（5）刃磨后的检验方法有三种：

1）采用样板检验。采用样板检验的方法见图2-7-13。

2）采用目测检验。采用目测检验的具体方法是：把钻头切削部分向上竖立，两眼平视，观察两主切削刃是否对称。观察时，由于两主切削刃一前一后会产生视差（感到左刃高，右刃低），因此，应将钻头旋转180°后反复观察几次。若每次观察的结果相同，则说明两主切削刃是对称的。钻头外缘处后角的检验，可直接目测外缘处靠近刃口部分后刀面的倾斜情况。

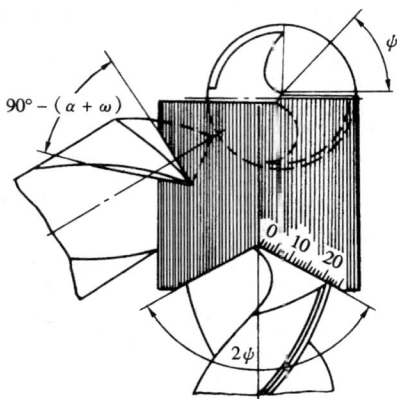

图2-7-13　样板检验法

3）通过试钻检验。通过试钻试验的方法及要求见图2-7-14。

4. 标准麻花钻头的缺点

（1）横刃较长，横刃处前角为负值。在切削过程中，横刃处于挤刮状态，钻头轴向力大，易抖动，定心不良。同时，产生的热量大。

（2）主切削刃上各点的前角不一样，致使各点的切削性能不同。由于靠近钻心处的前角是负前角，故切削性能差，易磨损。

（3）棱边上副后角为零，棱边与孔壁直接摩擦，易发热、磨损。

（4）主切削刃长、切屑较宽。因此，切屑卷曲后所占的空间就大，容易堵塞排屑槽。

5. 标准麻花钻头的修磨

针对标准麻花钻存在的缺点、对钻头进行修磨，可以大大提高其切削性能。

（1）修磨前刀面。将螺旋槽外缘处前刀面磨去一块，见图2-7-15（a）中阴影部分，使此处前角减小，以提高刃口强度。加工软材料时，可将靠近横刃处的前角磨大，见图2-7-15（b）阴影部分，可使此处刀刃锋利。

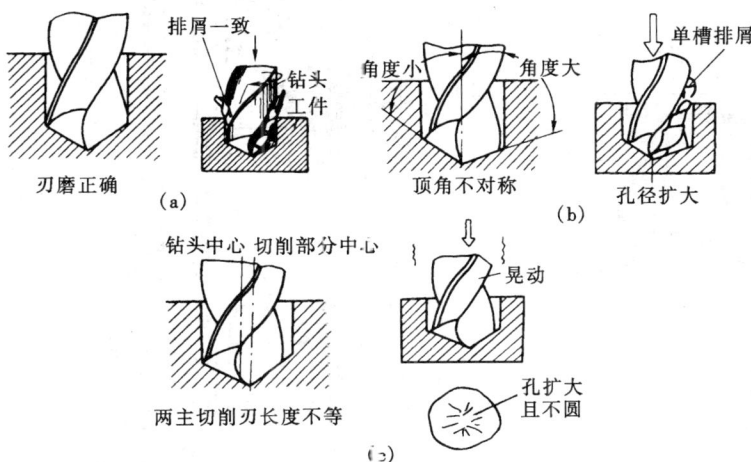

图2-7-14　试钻检验法

(a) 刃磨正确；(b) 顶角不对称；(c) 切削中心偏离钻头中心

（2）修磨主切削刃（见图2-7-16）。修磨主切削刃的方法是磨出第二顶角$2\varphi_0$，即在外缘处磨出过渡刃。这样可以增加切削刃的总长度和刀尖角ε，从而增加刀齿强度，改善散热条件，使切削刃与棱边交角处的抗磨性高，延长了钻头的使用寿命，同时也有利于降低孔壁的表面粗糙度。一般 $2\varphi_0 = 70° \sim 75°$，$f_0 = 0.2D$。

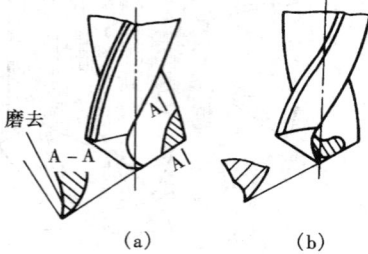

图 2-7-15　修磨前刀面　　　　　图 2-7-16　修磨主切削刃　　　　图 2-7-17　修磨横刃

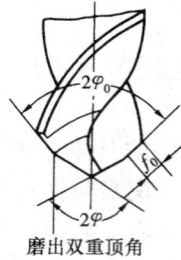

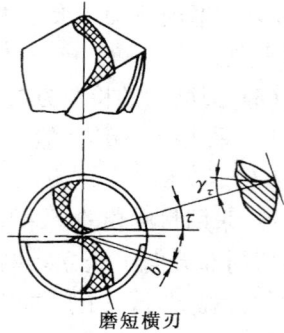

（3）修磨横刃。为了减小轴向抗力，提高钻头的定心作用和切削的稳定性，改善切削性能，可将钻头的横刃磨短。一般修磨后的横刃长度 b 为原来横刃长度的 $1/5 \sim 1/3$，其修磨后的形状见图 2-7-17。

三、钻孔机具

1. 常用钻孔机具

钳工经常使用的钻孔机具有台式钻床、立式钻床、摇臂钻床和手电钻等。

（1）台式钻床。台式钻床简称台钻，是安放在台案上的小型钻床。其结构如图 2-7-18 所示。

（2）立式钻床。立式钻床简称立钻，按其钻孔最大直径分为 18、25、35、40 和

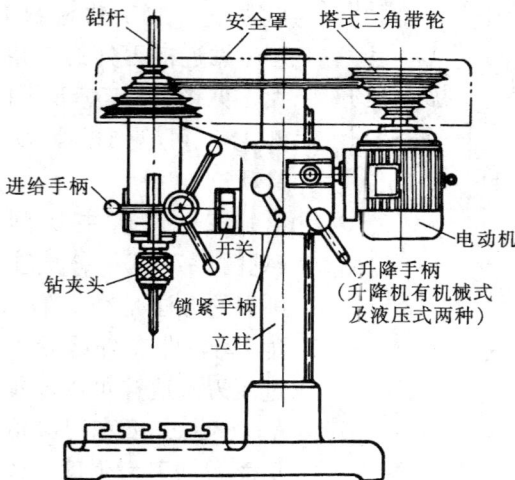

图 2-7-18　台式钻床

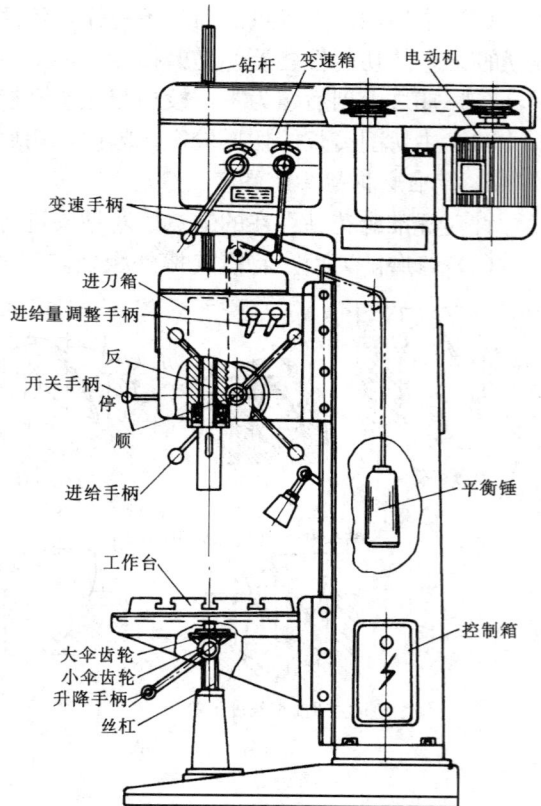

图 2-7-19　立式钻床

50mm 几种。立钻的结构如图 2-7-19 所示。

（3）摇臂钻床。摇臂钻末简称摇臂钻。摇臂钻适用于加工大型工件和多孔工件，其结构如图 2-7-20 所示。

（4）手电钻。手电钻（见图 2-7-21）常用在不便于使用钻床钻孔的地方。其优点是携带方便，使用灵活，操作简单。手电钻有单相（电压为 220V）和三相（电压为 380V）两种。

2. 台钻和立钻的一般使用方法

（1）开关的操纵控制。钻床上的启动开关能使电动机启动或停止。钻孔时主轴应正转（顺时针方向转动），否则钻头不起切削作用。

（2）主轴变速机构的调整。台钻的转速是通过装在电动机及钻床主轴上的塔轮和三角带改变的。因此，调整三角带在塔轮上的位置即可调整台钻的转速。立钻和摇臂钻床的转速是通过主轴变速箱中的齿轮改变的。调整时，按照机床的变速标牌调整手柄的位置，就能得到不同的转速。调整主轴变速机构时，必须先停车，后变速。

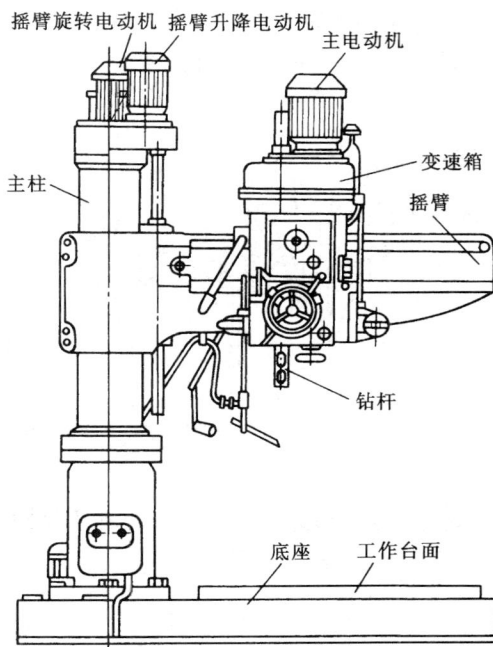

图 2-7-20 摇臂钻床

（3）进给机构的操纵。一般简易钻床主轴的进给运动由手操纵进给手柄控制。装有自动进给装置的钻床，只要调整进给手柄即可自动进给。这类钻床既可以手动进给，也可以机动进给。

（4）台钻头架的升降。目前台钻头架的升降有机械（丝杆、牙条）升降装置与液压升降装置两种，其升降方法详见产品说明书。对无升降装置的头架作升降调整时，应在松开锁紧装置前，将头架做好支承，以防滑落发生事故。

（5）立钻工作台的升降。工作台的升降只需摇动升降手柄即可调整工作台的高低位置，见图2-7-19。

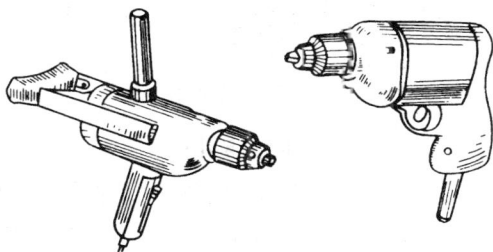

图 2-7-21 手电钻

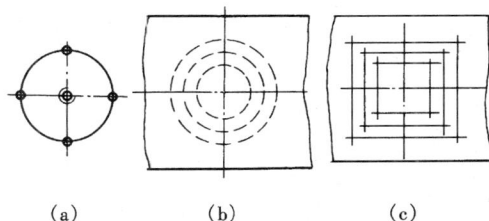

图 2-7-22 钻孔前的划线
（a）划线步骤；（b）检查圆；（c）检查方格

四、钻孔步骤和方法

钻孔方法一般有划线钻孔、配钻钻孔和模具钻孔三种。本章主要介绍划线钻孔的方法。

1. 工件划线

钻孔前对工件划线的步骤［见图 2-7-22（a）］如下：

（1）划出孔径的十字中心线；

（2）打上中心样冲眼；

（3）按孔径划圆并打上样冲眼；

（4）将中心样冲眼重打（加大），便于落钻定心。

如钻直径较大的孔时，可同时划出几个大小不等的同心圆或方格，便

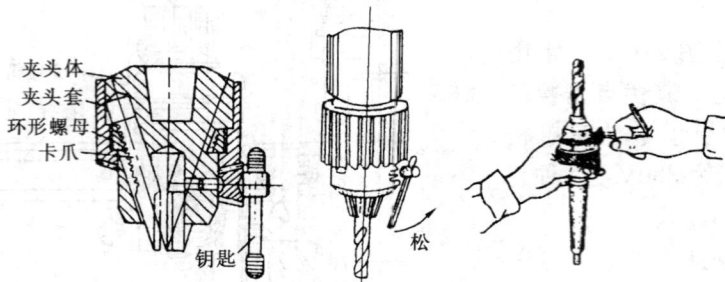

图 2-7-23　钻夹头的结构及使用

于在试钻时及时纠正偏心。这些圆又称检查圆，方格称为检查方格，划线方法如图 2-7-22（b）和（c）所示。

2. 钻头的装夹

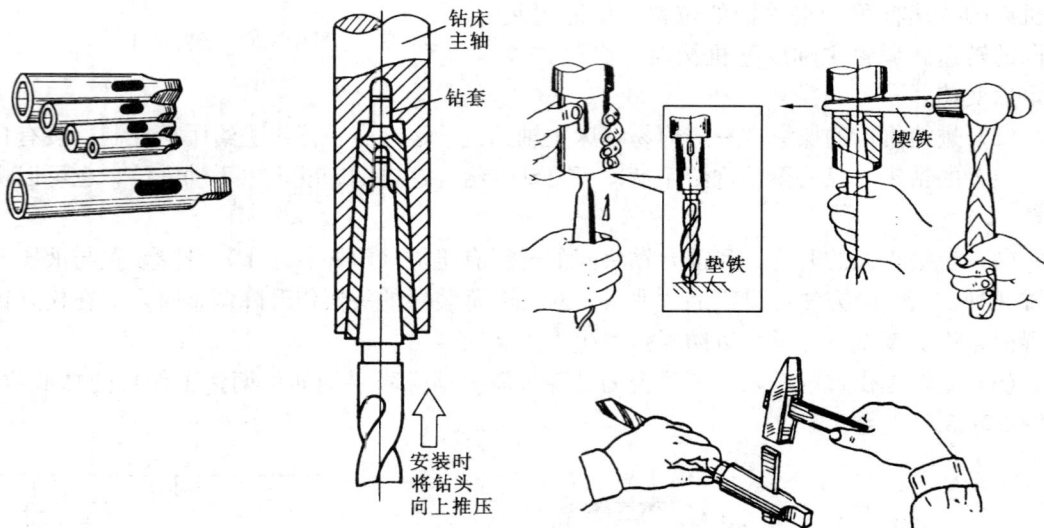

图 2-7-24　钻套

图 2-7-25　钻套的使用方法

钻头是通过专用工具钻夹头或钻套（也称钻库）安装在钻床主轴锥孔内。钻夹头是用来夹持直柄钻头的夹具，其结构和使用方法见图 2-7-23。钻套则是专门用来套装锥柄钻头的夹具，见图 2-7-24。钻套的规格及其应用见表 2-7-2。钻套的使用方法见图 2-7-25。钻套装好后，在钻头下面放一垫铁，然后用力下压进给手柄，将钻头装紧，方可起钻。

3. 工件的夹持

为了保证钻孔质量和钻孔工作的安全，应采用合理的方法夹持工件。常用的夹具和夹持方法如图 2-7-26 所示。

表 2-7-2　　　　　　　　　　　　　　钻套的规格及其应用

套　筒	内 锥 孔	外 锥 圆	适用钻头直径（mm）
1 号	1 号莫氏锥度	2 号莫氏锥度	≤15.5
2 号	2 号莫氏锥度	3 号莫氏锥度	15.6～23.5
3 号	3 号莫氏锥度	4 号莫氏锥度	23.6～32.5
4 号	4 号莫氏锥度	5 号莫氏锥度	32.5～49.5
5 号	5 号莫氏锥度	6 号莫氏锥度	49.6～65

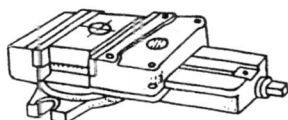

平口虎钳是钻床的配套附件，属通用型夹具，可满足一般小型工件的夹持。钻通孔时，应在工件下面垫上垫铁，以防钻坏虎钳。钻孔直径大于 12mm 时需用螺栓将虎钳固定在工作台上

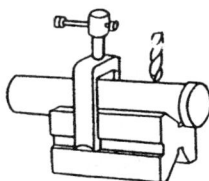

圆柱形工件用 V 形铁进行夹持

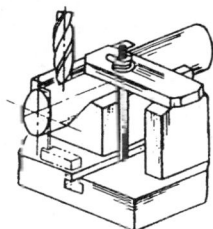

钻孔直径大于 10mm 时，要用压板压紧工件。钻孔前用角尺对工件进行找正

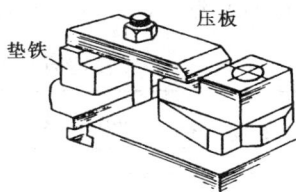

异形工件，较大的工件及钻大孔的工件，须将工件用螺栓压在工作台上。压紧螺栓尽量靠近工件，垫铁高度应比工件稍高，以保证压板对工件有较大的紧力

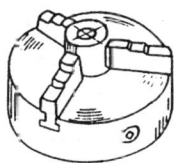

在圆柱端面钻孔，可用三爪卡盘夹持

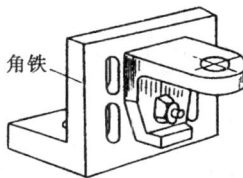

加工基面在侧面的异形工件，可用角铁进行装夹，角铁须用螺栓紧固在工件台上

在小工件或薄板上钻孔时，须用手虎钳夹持进行钻孔，并在工件下面垫上垫木（钻穿孔）垫木应用虎钳夹持

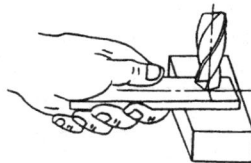

错误做法　严禁用手拿持工件进行钻孔作业，这样操作非常危险，极易发人身事故

图 2-7-26　工件的夹持方法

4. 钻床转速的选定

钻床主轴转速（即钻床转速）和进给量与钻孔切削用量有关（切削用量包括切削速度、进给量和切削深度三要素）。钻孔实践证明，切削用量的大小应根据工件材料、钻头直径和钻头材料合理选定。其选定的一般原则是：钻小孔时，转速高些，进给量小些；钻大孔时，转速低些，进给量适当大些。钻孔工件材料硬时，转速低些，进给量小些；工件材料软时，转速可高些，进给量可大些。应注意的是，在硬材料上钻小孔时，应适当减低转速。

通常，确定钻床速度的方法有以下三种。

（1）公式计算法。钻床转速可由式（2-7-1）得出，即

$$v = \frac{\pi D n}{1000} \tag{2-7-1}$$

$$n = \frac{1000v}{\pi D}$$

式中　v——切削速度，m/min；

　　　D——钻头直径，mm；

　　　n——钻床主轴转速，r/min。

式中的切削速度 v 是钻孔时钻头主切削刃外缘上一点的线速度，可查阅表 2-7-3。

表 2-7-3　　　　　　　　　　　高速钢标准麻花钻的切削速度

加工材料	硬度 HB	切削速度 v (m/min)	加工材料	硬度 HB	切削速度 v (m/min)
低碳钢	100～125	27	可锻铸铁	110～160	42
	125～175	24		160～200	25
	175～225	21		200～240	20
				240～280	12
中、高碳钢	125～175	22	球墨铸铁	140～190	30
	175～225	20		190～225	21
	225～275	15		225～260	17
	275～325	12		260～300	12
合金钢	175～225	18	铸钢	低碳	24
	225～275	15		中碳	18～24
	275～325	12		高碳	15
	325～375	10			
灰铸铁	100～140	33	铝合金、镁合金		75～90
	140～190	27	铜合金		20～48
	190～220	21	高速钢	200～250	13
	220～260	15			
	260～320	9			

（2）查曲线图法。图 2-7-27 是根据工件材料的硬度值绘制的钻头直径与转速关系的曲线图。在钻头直径和工件材料确定以后，即可在曲线图上查出钻床转速。

（3）查表法。有切削手册中通过查阅钻孔切削用量表，可直接查出钻床转速。

5. 进给量的选定

进给量也是切削用量之一，它是指钻头每转一周向下移动的轴向距离（mm/r）。选择切削用量的目的是在保证加工精度、表面粗糙度及钻头耐用度的前提下，尽量选取较大的切削用量，使生产效率提高。选择高速钢标准麻花钻的进给量时可参阅表2-7-4。

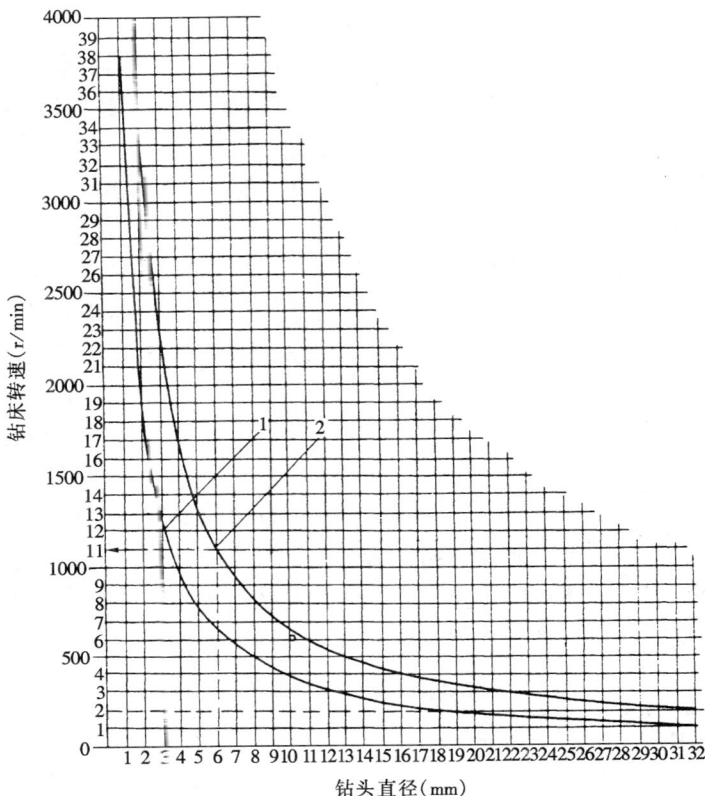

图 2-7-27　钻头直径与转速关系曲线

注　1　该曲线适用于手进给。

2　使用的钻头为高速钢标准麻花钻。

3　钻钢件时，必须用冷却液。

曲线 1：切削速度为 12m/min，适用于硬度值为 HB240～300 的钢材、生铁铸件。

曲线 2：切削速度为 21m/min，适用于硬度值为 HB170～220 的钢材、铜材、生铁铸件。

例 1：钻孔直径 $\phi6$，工件为灰口铸铁（HB175）。查曲线图，$\phi6$ 与曲线 2 的交点，相对应的转速为 1100r/min。

例 2：钻孔直径 $\phi18$，工件为中碳钢（HB250）。查曲线图，$\phi18$ 与曲线 1 的交点，相对应的转速为 200r/min。

表 2-7-4　　　　　　　　　　　　高速钢标准麻花钻的进给量

钻头直径 D（mm）	<3	3～6	6～12	12～25	>25
进给量 S（mm/r）	0.025～0.05	0.05～0.10	0.10～0.18	0.18～0.38	0.38～0.62

6.试钻

钻孔时，先将钻头对准中心样冲眼钻一浅窝（约为孔径的 1/4），然后观察所钻浅窝是否与划线圆同心。如发现偏心，应及时借正。常用的借正方法有以下几种：

(1) 用小钻头试钻时若发生了偏心，可用样冲重新冲出中心眼（中心眼要冲大）。

(2) 用大钻头试钻时若发生了偏心，应采用锪钻借正，或用尖錾将偏心多余部分剔去后，再用样冲重新冲出中心眼，见图 2-7-28。

(3) 钻出的锥窝不深且偏心程度轻微时，可用手在钻削的同时（不进钻），将工件向偏

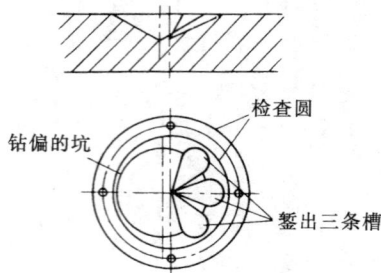

图 2-7-28　孔钻偏时的借正方法

心的方向推移，达到逐步借正。

无论采用何种方法借正，都必须在试钻的浅窝未达到钻孔直径前完成借正工作，满足孔的位置要求。

7. 手进给操作

试钻以后，便可进行钻孔。用手进给的操作要领是：

（1）用手进给时，进给力不可过大，否则会造成钻头弯曲、孔径歪斜或钻头折断。

（2）钻小孔或深孔时，要及时退钻排屑，以免切屑堵塞折断钻头。一般每当钻头钻进深度约达孔径的三倍时，应退钻排屑一次。

（3）孔将要钻穿时，必须减小进给力，以防钻头折断或使工件转动造成事故。

8. 冷却润滑液的使用

钻头在切削过程中会发生大量的切削热，使钻头的温度升高，造成切削刃损坏，甚至退火，从而降低或丧失切削能力。所以，钻孔时应向钻头工作部分注入冷却润滑液，延长其使用寿命。同时，冷却润滑液还可以冲走切屑，润滑孔壁，提高钻孔质量和工作效率。冷却润滑液的使用应根据钻孔材料选择。选用时可参阅表 2-7-5。

表 2-7-5　　　　　　　　　　钻孔冷却润滑液的选用

钻孔工件的材料	冷 却 润 滑 液
各类结构钢	3%～5%乳化液或 7%硫化乳化液
不锈钢、耐热钢	3%肥皂加 2%亚麻油水溶液或硫化切削油
铸　铁	不用或 5%～8%乳化液或煤油
紫铜、黄铜、青铜	不用或 5%～8%乳化液
铝及铝合金	不用或 5%～8%浮化液或煤油
有机玻璃	5%～8%乳化液或煤油

9. 几种钻孔方法介绍

（1）钻半圆孔。钻半圆孔的方法见图 2-7-29。

（2）在斜面上钻孔。在斜面上钻孔的方法见图 2-7-30。先錾出或铣出一个与钻头相垂直的平面后再钻孔，见图 2-7-30（a）；用中心钻钻一锥坑后再钻孔，见图 2-7-30（b）；先将工件置于水平位置，装夹后在孔中心钻一浅坑，然后去掉垫铁，再钻孔，见图 2-7-30（c）。

（3）在薄板上钻孔。用标准麻花钻头在薄板上钻孔时，钻头易失去定心控制，钻出多边形的孔，若进给量大，还出现"扎刀"或折断钻头。因此，在薄板上钻孔时应将标准麻花钻修磨成薄板钻后再钻孔，见图 2-7-31。

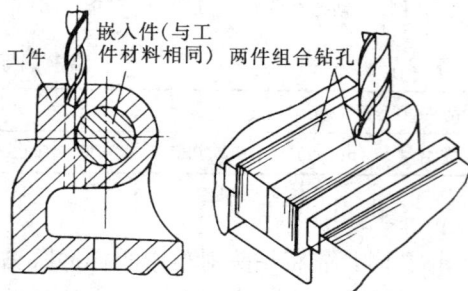

图 2-7-29　钻半圆孔

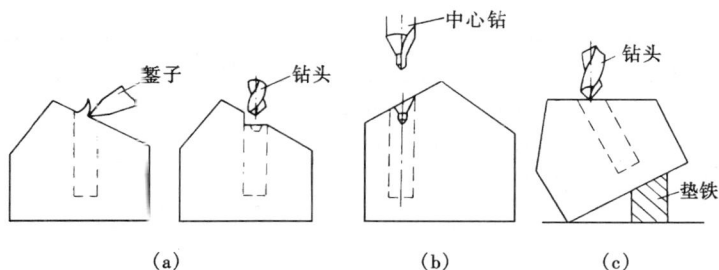

图 2-7-30 在斜面上钻孔

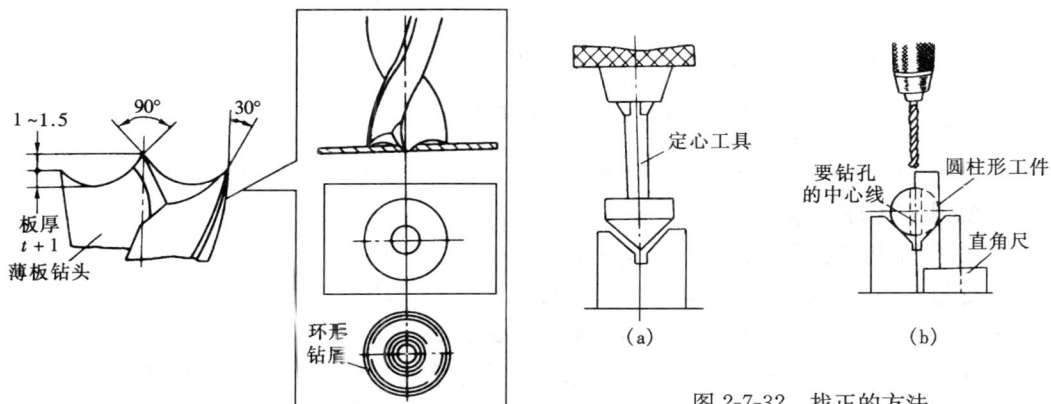

图 2-7-31 在薄板上钻孔

图 2-7-32 找正的方法
(a) 用定心工具找正；(b) 用直角尺找正

(4) 在圆柱件上钻孔。在圆柱件上钻孔时，若要求所钻的孔通过圆柱轴心线时，应将工件放置在 V 形铁上经找正后再进行钻孔。找正的方法见图 2-7-32。

五、钻孔时可能产生的问题

钻孔时可能产生的问题及原因见表 2-7-6。

表 2-7-6　　　　　　　　　　钻孔可能出现的问题及原因

出现问题	产 生 原 因
孔呈多角形	(1) 钻头后角过大； (2) 两切削刃长度不等，角度不对称
孔径扩大	(1) 钻头两切削刃长度不等，顶角不对称； (2) 钻头摆动
孔壁粗糙	(1) 钻头不锋利； (2) 进给量太大； (3) 后角太大； (4) 冷却润滑不充分
钻孔偏移	(1) 划线或样冲眼中心不准； (2) 工件装夹不稳固； (3) 钻头横刃太长； (4) 钻孔开始阶段未找正

续表

出现问题	产 生 原 因
钻孔歪斜	(1) 钻头与工件表面不垂直； (2) 进给量太大，钻头弯曲； (3) 横刃太长定心不良
钻头折断	(1) 用钝钻头钻孔； (2) 进给量太大； (3) 切屑在螺旋槽中塞住； (4) 孔刚钻穿时，进给量突然增大； (5) 工件松动； (6) 钻薄板或铜料时钻头未修磨； (7) 钻孔已歪而继续钻削
钻头磨损过快	(1) 切削速度太高，而冷却润滑又不充分； (2) 钻头刃磨不适应工件材料

六、钻孔安全注意事项

(1) 钻孔时应严格遵守钻床安全操作规程（见附录三）。

(2) 钻孔时，工作服的袖口要扎紧，戴好工作帽，严禁戴手套。

(3) 工件要夹持牢固，不可直接用手拿工件钻孔。

(4) 清理钻屑应用毛刷或铁钩，严禁用手或棉纱清理，更不能用嘴吹铁屑。

(5) 钻通孔时，工件底面应放置垫块，以防钻坏工作台或平口虎钳。

(6) 手动进刀时，进刀不能过猛，孔快要钻通时，要减小进刀压力、以防损坏钻头或出现其他事故。

操作训练8 钻孔练习

1. 训练要求

(1) 正确使用钻孔夹具。

(2) 掌握钻孔的手进给操作要领。

(3) 掌握划线钻孔的操作步骤和方法。

(4) 按工件图样要求，独立完成作业。

2. 设备、工具、量具及辅具

钻床、划线工具和钻头等。

3. 备料

70mm×70mm×10mm（Q235），由操作训练7转来。

4. 工件图（参考）

钻孔练习工件如图2-7-33所示。

5. 训练安排

(1) 钻头装夹练习。

(2) 根据图样要求划线、钻孔。

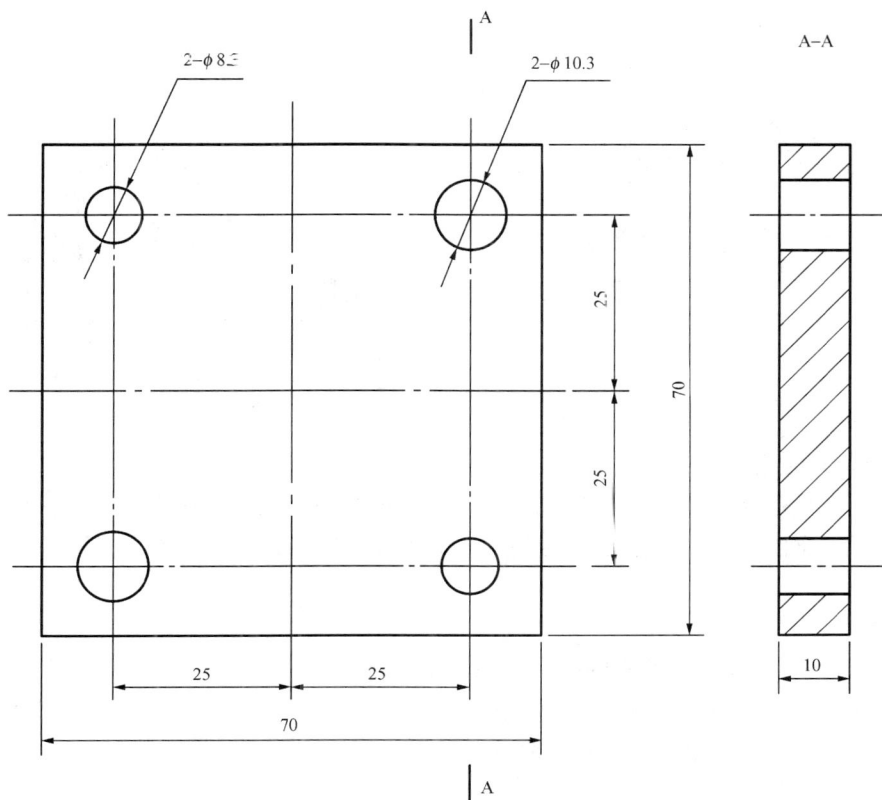

图 2-7-33　钻孔练习工件图

课题二　扩孔、锪孔和铰孔

一、扩孔

扩孔是用扩孔钻对工件上已有孔进行扩大加工。扩孔时切削深度 t（mm）则按式（2-7-2）计算（见图 2-7-35），即

$$t=(D-d)/2 \qquad (2-7-2)$$

式中　D——扩孔后直径，mm；

　　　d——预加工孔直径，mm。

由此可见，扩孔加工有以下特点：

（1）切削深度 t 较钻孔时大大减小，切削阻力小，切削条件大大改善。

（2）避免了横刃切削所引起的不良影响。

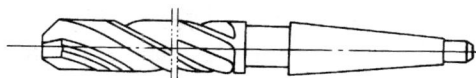

图 2-7-34　扩孔钻

（3）产生切屑体积小，排屑容易，图 2-7-34 为扩孔钻。

实际生产中，一般用麻花钻代替扩孔钻使用。扩孔钻多用于成批大量生产。

二、锪孔

1. 锪孔及其应用

（1）锪孔的概念。用锪钻（或改制的麻花钻头）加工孔口形面的操作称为锪孔。锪钻和锪孔的形式见图 2-7-36。

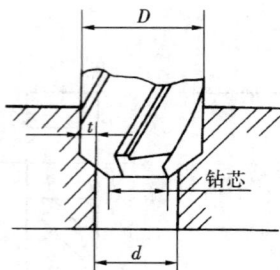

图 2-7-35 扩孔时
的切削深度

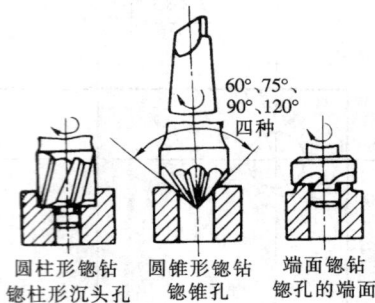

图 2-7-36 锪钻及锪孔形式

（2）锪孔的应用。

1）用沉头螺钉（或铆钉）连接零件时，用锪钻在连接孔端锪出柱形或锥形沉头孔；

2）为了使连接螺栓（或螺母）的端面与连接件保持良好的接触，用锪钻将孔口端面锪平。

2. 锪钻

常用的锪钻有圆柱形锪钻、圆锥形锪钻和端面锪钻。

（1）圆柱形锪钻。圆柱形锪钻主要用来锪柱形沉头孔。常用的圆柱形锪钻由专业厂家生产（见图 2-7-37），也可用标准麻花钻改制（见图 2-7-38）。

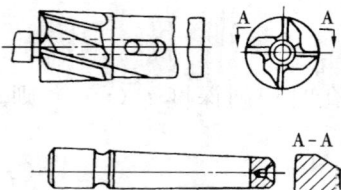

图 2-7-37 圆柱形锪钻

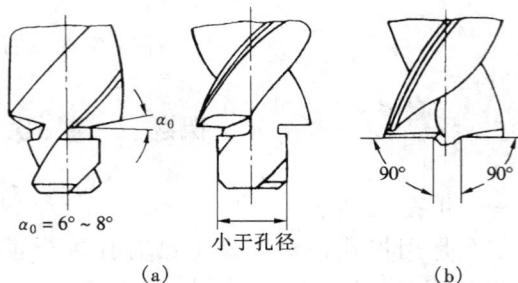

图 2-7-38 用麻花钻改制的圆柱形锪钻
（a）带导柱的圆柱形锪钻；（b）不带导柱的圆柱形锪钻

（2）圆锥形锪钻。圆锥形锪钻主要用来锪锥形沉头孔和倒角。圆锥形锪钻的顶角有60°、75°、90°和120°四种，其中最常用的是90°锪钻。圆锥形锪钻除专业厂家生产的外，也可用标准麻花钻改制（见图 2-7-39）。锪锥孔顶角可根据需要磨削。

（3）端面锪钻。端面锪钻主要用来锪孔的上下端面。生产厂家生产的端面锪钻为多齿锪钻。钳工也可自制简单端面锪钻（见图 2-7-40）。

3. 锪孔方法和操作要点

（1）锪孔方法。锪孔的操作方法与钻孔的操作方法基本相同。

（2）操作要点及注意事项。

1）锪圆柱形沉头孔前，应先用相同直径的麻花钻头扩孔，其深度稍小于沉头孔深度，然后再用圆柱形锪钻锪孔，见图 2-7-41。

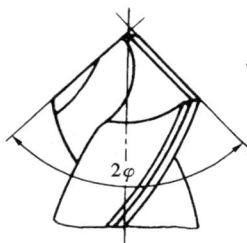

图 2-7-39 用麻花钻
改制的圆锥形锪钻

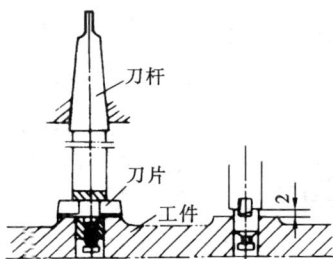

图 2-7-40 简单端面锪钻

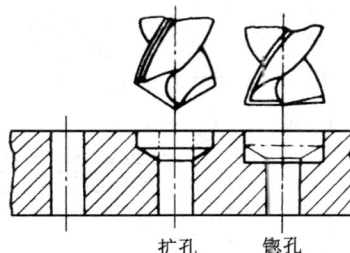

图 2-7-41 锪沉头孔前的扩孔

2）尽量用较短的麻花钻头改制锪孔钻，钻头的后角小一些（$\alpha_0 = 6° \sim 16°$），并注意修磨前刀面。

3）锪孔时，钻床主轴转速应是钻孔转速的 $1/3 \sim 1/2$，也可采用手盘动钻床主轴进行操作，精锪时，可利用停车后主轴的旋转惯性锪孔，以减少振动而获得光滑的加工表面。

表 2-7-7 锪孔时常见缺陷及产生原因

缺陷形式	主要原因
锥孔、柱孔面呈波浪面	（1）前角太大； （2）转速太高； （3）工件夹持不牢； （4）切削刃不对称
平面呈凸凹形	刃磨角度不正确
表面粗糙度不符合要求	（1）刃磨角度不正确； （2）钢件未用润滑液； （3）钻头磨损

4）锪钢件时，应在导柱和切削表面加机油或黄油润滑。

4. 锪孔时常见缺陷及产生原因

锪孔时常见缺陷及产生原因见表 2-7-7。

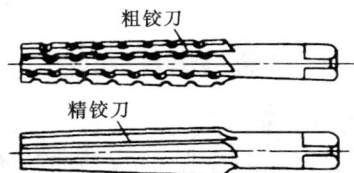

图 2-7-42 成套铰刀

三、铰孔

1. 铰孔及其应用

用铰刀对已经粗加工的孔进行精加工的操作称为铰孔。通过铰孔可以提高孔的精度，降低孔壁的表面粗糙度（$Ra < 3.2 \mu m$）。机床设备上的定位销孔（圆柱销孔和圆锥销孔）均要通过配钻铰孔进行精加工。

2. 铰刀

铰孔用的刀具是多刃切削刀具，其特点是导向性好，切削阻力小，尺寸精度高。常用的铰刀分机用铰刀和手用铰刀两类，本课题主要介绍手用铰刀。

（1）圆锥手用铰刀。常用的圆锥手用铰刀有四种，见表2-7-8。

由于 1：10 圆锥铰刀和莫氏圆锥铰刀的锥度大，铰削时切削量大，费力，因此这两种铰刀制成 2～3 把一套，见图 2-7-42。

（2）螺旋槽手用铰刀。螺旋槽手用铰刀铰削时易保持平衡，适用于铰削有键槽的孔，见图 2-7-43。

表 2-7-8 常用圆锥铰刀及其应用

名 称	图 示	应 用
1:10圆锥铰刀	1:10	多用于铰削联轴器的锥孔
莫氏圆锥铰刀		铰削0~6号莫氏锥度的锥孔（锥度近似为1:20）
1:30圆锥铰刀		铰削套式刀具上的锥孔
1:50圆锥铰刀	1:50	铰削锥形定位销孔

（3）可调式手用铰刀。可调式手用铰刀由刀体、刀条和调节螺母等组成，见图2-7-44。标准可调式手用铰刀的直径范围为6~54mm，适用于修配、单件生产以及工件尺寸特殊的情况下铰削通孔。

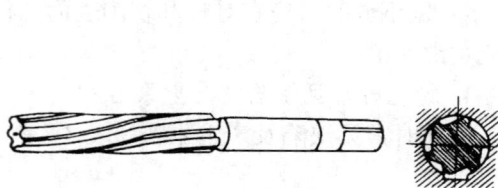

图 2-7-43 螺旋槽手用铰刀

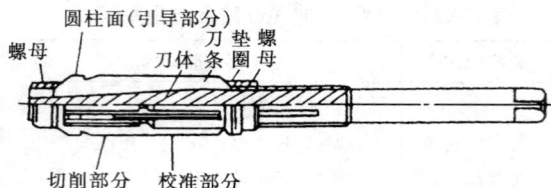

图 2-7-44 可调式手用铰刀

3. 铰削余量

铰孔是对孔进行精加工，前道工序留下的铰削余量应适当。如余量过大，不但孔铰不光，而且铰刀易磨损；如余量过小，则不能去掉上道工序留下的刀痕，也达不到所要求的表面粗糙度。选择铰削余量时可参阅表2-7-9。

表 2-7-9 铰孔余量的选择 (mm)

孔基本直径	<5	5~20	21~32	33~50	51~70
加工余量	0.1~0.2	0.2~0.3	0.3	0.5	0.8

4. 铰孔的步骤和操作方法

（1）铰孔的步骤。手铰圆柱孔的步骤见图2-7-45。手铰尺寸较小的圆锥孔时，应先按圆锥孔小端直径钻孔后，再铰孔；手铰尺寸较大的圆锥孔时，应钻阶梯孔后，进行铰孔，见图2-7-46。一般铰削1:50的锥孔前钻二阶梯孔，铰削1:10和1:30的锥孔应钻三阶梯孔。

（2）手铰操作方法和注意事项：

1）铰孔前，工件要夹正、夹牢，但要防止工件被夹变形。

2）要用角尺检查铰刀与孔端面的垂直度。

3）铰削中，两手要平衡，用力要均匀，不能有侧向压力。

4）转动铰刀的速度要均匀，并要变化铰刀每次停顿的位置。

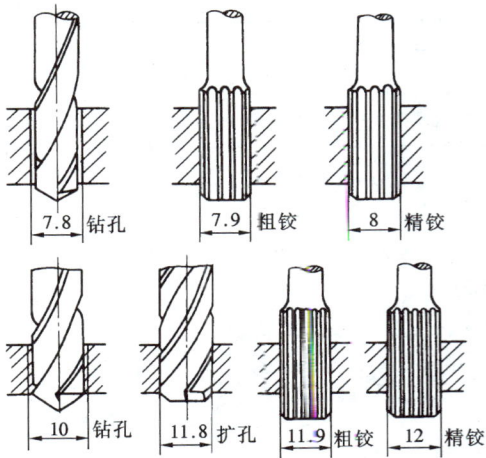

图 2-7-45　手铰圆柱孔的步骤　　　　　图 2-7-46　钻阶梯孔

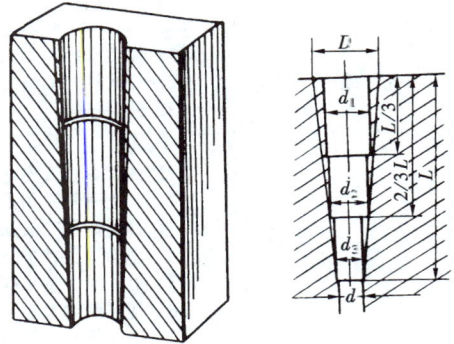

5）铰刀进给时，要随铰刀的旋转轻轻施加压力。

6）进刀和退刀时，均要顺时针旋转，严禁反转。

7）铰钢料时，要经常清除刀刃上的铰屑。铰通孔时，铰刀修光部分不能全部出头，否则会使孔的出口损坏，且铰刀也不易退出。

8）铰孔结束后，应将铰刀清理干净，涂油后放入专用盒内。

5. 铰孔时的冷却与润滑

铰孔时，铰刀与孔壁的摩擦严重。由于摩擦生热，铰刀尺寸胀大，影响铰孔精度。因此，切削过程中，应使用冷却润滑液，以减少摩擦和发热。选用时，可参阅表 2-7-10。

6. 铰孔时可能出现的问题和产生的原因

铰孔时，常见的问题和产生的主要原因见表 2-7-11。

表 2-7-10　　　　　　　　　　铰孔时冷却润滑液的选用

加工材料	冷 却 润 滑 液
钢	（1）10%～20%乳化液； （2）工业植物油； （3）30%工业植物油加 70%浓度为 3%～5%的乳化液
铸铁	（1）不用； （2）3%～5%乳化液； （3）煤油（但会引起孔径缩小，最大缩小量达 0.02～0.04mm）
铝	煤油、松节油
铜	5%～8%乳化液

表 2-7-11　　　　　　　　　铰孔时可能出现的问题和产生的原因

出 现 问 题	产 生 原 因
加工表面 粗糙度大	（1）铰孔余量太大或太小； （2）铰刀的切削刃不锋利，刃口崩裂或有缺口； （3）不用冷却润滑液，或用不适当的冷却润滑液； （4）铰刀退出时反转，手铰时铰刀旋转不平稳； （5）切削速度太高产生刀瘤，或刀刃上粘有切屑； （6）容屑槽内切屑堵塞

续表

出 现 问 题	产 生 原 因
孔呈多角形	(1) 铰削量太大，铰刀振动； (2) 铰孔前钻孔不圆，铰刀发生弹跳现象
孔径缩小	(1) 铰刀磨损； (2) 铰铸铁时加煤油； (3) 铰刀已钝
孔径扩大	(1) 铰刀中心线与钻孔中心线不同心； (2) 铰孔时两手用力不均匀； (3) 铰削钢件时没加润滑液； (4) 进给量与铰削余量过大； (5) 机铰时，钻轴摆动太大； (6) 切削速度太高，铰刀热膨胀； (7) 操作粗心，铰刀直径大于要求尺寸； (8) 铰锥孔时没及时用锥销检查

操作训练 9　锪孔、铰孔练习

1. 训练要求

(1) 掌握锪孔、铰孔的操作方法；

(2) 达到图样中的技术要求；

(3) 遵守安全操作规程。

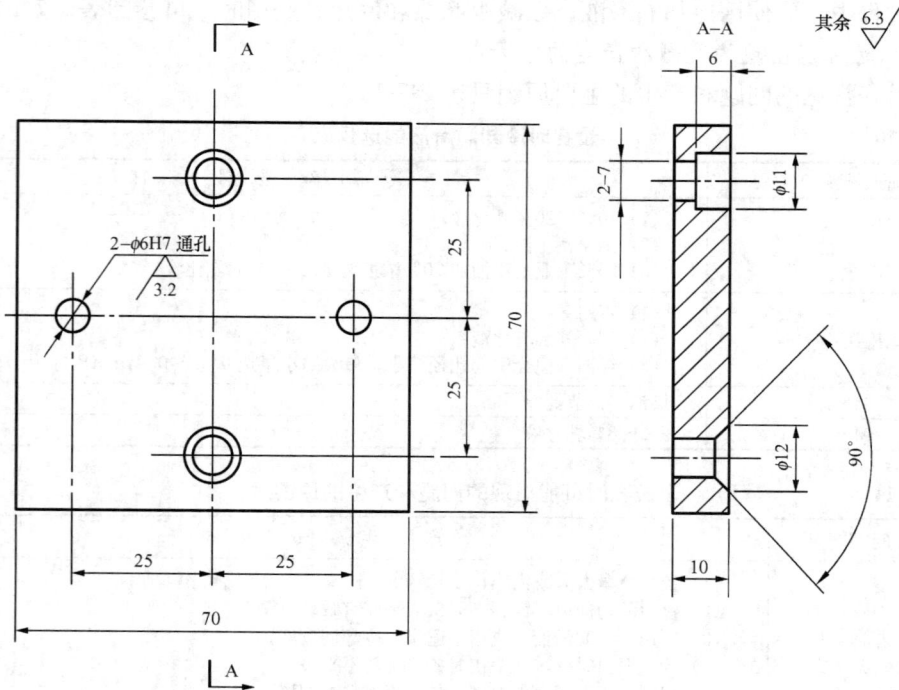

图 2-7-47　锪孔、铰孔工件图

2. 设备、工具、量具及辅具

钻床、划线工具、钻头、锪钻、铰刀等。

3. 备料

70mm×70mm×10mm（Q235），由操作训练 8 转来。

4. 工件图（参考）

锪孔、铰孔练习工件图如图 2-7-47 所示。

5. 训练安排

（1）根据图样要求划线、钻孔，锪圆柱形沉头孔和圆锥形沉头孔。

（2）根据图样要求划线、钻孔、铰孔。

复 习 题

一、判断题

1. 麻花钻主切削刀上，各点的前角大小是不相等的。　　　　　　　　　（　　）

2. 钻孔时，冷却润滑的目的应以润滑为主。　　　　　　　　　　　　　（　　）

3. 扩孔是用扩孔钻对工件上已有的孔进行精加工。　　　　　　　　　　（　　）

4. 当孔将要钻穿时，必须减小进给量。　　　　　　　　　　　　　　　（　　）

5. 切削用量是切削速度、进给量和切削深度的总称。　　　　　　　　　（　　）

6. 钻削速度是指每分钟钻头的转数。　　　　　　　　　　　　　　　　（　　）

7. 圆柱形锪钻外缘上的切削刃为主切削刃，起主要切削作用。　　　　　（　　）

8. 虽然钻削加工难度较高，但钻削加工仍然属于粗加工。　　　　　　　（　　）

9. 标准麻花钻头主切削刃上各点的前角由外缘向钻心逐渐增大。　　　　（　　）

10. 标准麻花钻头主切削刃上各点的后角由外缘向钻心逐渐增大。　　　　（　　）

二、选择题

1. 用 φ8 的麻花钻头钻孔时，应选用的装夹工具是（　　　）。

（1）钻套；（2）钻夹头；（3）钻套或钻夹头。

2. 麻花钻主截面中，测量的基面与前刀面之间的夹角叫（　　　）。

（1）螺旋角；（2）前角；（3）顶角。

3. 钻头直径大于 13mm 时，柄部一般作成（　　　）。

（1）直柄；（2）莫氏锥柄；（3）直柄或锥柄。

4. 孔的精度要求较高和表面粗糙度值要求较小时，应选用主要起（　　　）。

（1）润滑作用的冷却润油液；（2）冷却作用的冷却润滑液；（3）冷却和润滑作用的冷却润滑液。

5. 扩孔加工属孔的（　　　）。

（1）粗加工；（2）半精加工；（3）精加工。

6. 锥形锪钻按其锥角大小可分 60°、75°、90°和 120°四种，其中（　　　）使用最多。

（1）60°；（2）75°；（3）90°；（4）120°。

7. 可调节手铰刀主要用来铰削（　　　）的孔。

（1）非标准；（2）标准系列；（3）英制系列。

8. 铰孔结束后，铰刀应（　　　）退出。

（1）正转；（2）反转；（3）正反转均可。

9. 标准麻花钻头外缘处的前角一般为（　　　）。

（1）-30°；（2）30°；（3）45°。

三、问答题

1. 何谓钻孔？钻孔由哪两种运动组成？

2. 简述标准麻花钻切削部分的组成和主要作用。

3. 简述标准麻花钻的三个辅助平面。

4. 简述标准麻花钻头刃磨的目的和要求。

5. 简述标准麻花钻的主要缺点。

6. 为什么铰削余量不能过大或过小？

模块八 ●●●●●

攻 螺 纹 和 套 螺 纹 》》

学习训练目标 *知道常用的攻螺纹、套螺纹工具；初步掌握攻螺纹、套螺纹操作技能；知道攻螺纹、套螺纹产生废品的原因及防止方法。*

用丝锥在孔的内表面切削出内螺纹的操作称为攻螺纹，俗称攻丝。

用板牙在圆杆外表面切削出外螺纹的操作称为套螺纹，俗称套丝。

钳工用手工工具加工出的螺纹是三角形螺纹，即粗牙、细牙普通螺纹（牙型代号用 M 表示）和英寸制管螺纹（牙型代号用 G 表示）。本模块主要介绍加工粗牙、细牙普通螺纹的工具和方法。

课题一 攻 螺 纹

一、攻螺纹的工具

1. 丝锥

（1）丝锥的构造。丝锥是加工内螺纹的工具。一般用合金工具钢或高速钢制成，并经淬火硬化。其构造见图 2-8-1。

丝锥各部分的名称及作用如下：

1）切削部分。丝锥的切削部分呈圆锥形，有锋利的切削刃，起主要切削作用。

2）导向校准部分。该部分具有完整的牙型，其作用是修光和校准已切出的螺纹，并引导丝锥沿轴向运动。

3）容屑槽。容屑槽具有容纳、排除切屑和形成刀刃的作用。常用丝锥有 3～4 条容屑槽，并制成直槽形，一些专用丝锥的容屑槽为了控制排屑方向制成螺旋形，见图 2-8-2。

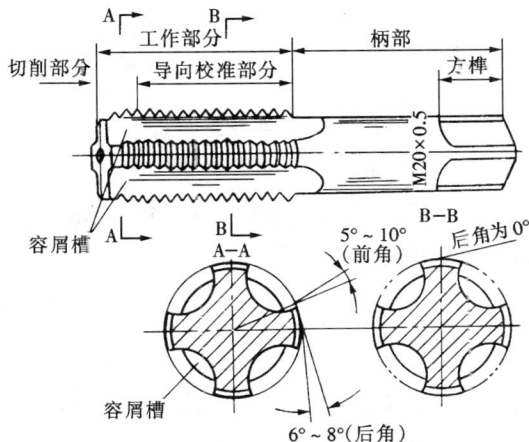

图 2-8-1 丝锥的构造

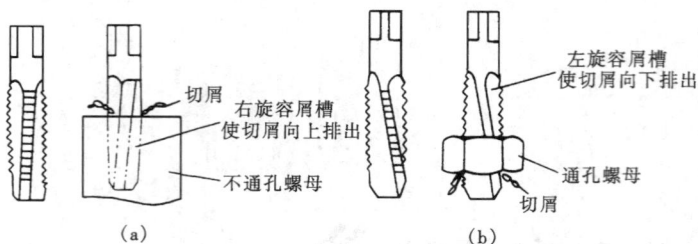

图 2-8-2　螺旋容屑槽

(a) 右旋；(b) 左旋

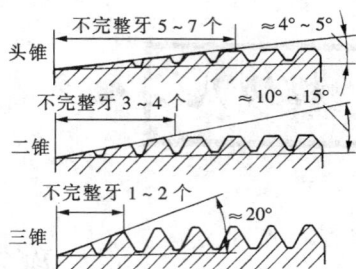

图 2-8-3　等径丝锥的识别

4) 柄部。柄部有方榫与丝锥扳手连接，用以夹持和传递力矩。

(2) 丝锥的种类。丝锥一般分手用丝锥和机用丝锥两种。本课题主要介绍手用丝锥。

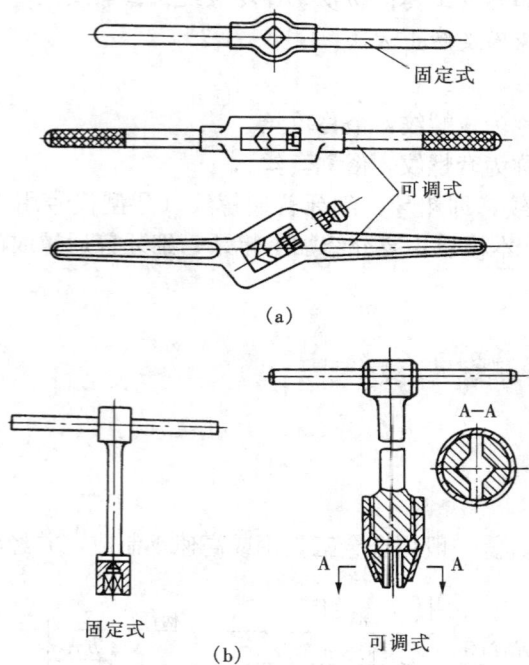

图 2-8-4　丝锥扳手

(a) 普通扳手；(b) T 形扳手

手用丝锥有粗牙、细牙之分，由二支或三支组成一套。通常 M6～M24 的丝锥一套有两支；M6 以下、M24 以上的，一套有三支。细牙丝锥均为两支一套。成套丝锥又分为等径丝锥和不等径丝锥两种。M12 以下的手用丝锥制成等径丝锥，M12 或 M12 以上的手用丝锥制成不等径丝锥。不等径丝锥的切削量分配合理，丝锥磨损均匀，攻丝时省力。识别等径丝锥头锥、二锥、三锥的方法见图2-8-3。识别不等径丝锥头锥、二锥的方法可根据丝锥柄部的圆环数或顺序号进行区分。头锥一条圆环，二锥两条圆环或顺序号为Ⅰ、Ⅱ。

2. 丝锥扳手

丝锥扳手（也称铰杠）是用来夹持和扳动丝锥的工具。分普通扳手和 T 形扳手两类，见图 2-8-4。每类丝锥扳手中均有固定式和可调式两种。其中，T 形丝锥扳手适用于机体内和凸台旁螺孔攻丝。

丝锥扳手的长度有一定的规格，应根据丝锥尺寸的大小合理选用，以便控制一定的攻丝扭矩。选用时可参阅表 2-8-1。

表 2-8-1　　　　　　　　　　　　　丝锥扳手的长度选择　　　　　　　　　　　(mm)

丝锥直径	≤6	8～10	12～14	≥16
扳手长度	150～200	200～250	250～300	400～450

二、螺纹底孔直径的确定

攻丝时，丝锥主要是切削金属，但也有挤压作用，使金属扩张。工件材料塑性越好，挤压变形越显著。如攻螺纹底孔直径等于螺纹小径，将因挤压变形卡住丝锥，造成丝锥崩牙或折断；如攻螺纹底孔过大，又会造成螺纹的牙型高度不够，降低强度。因此，攻螺纹前螺纹底孔直径应根据工件的材料性质和螺纹直径的大小通过查表法或用经验公式计算法确定。

1. 查表法

普通螺纹攻螺纹前底孔直径的确定见表 2-8-2。

表 2-8-2   **普通螺纹攻螺纹前钻底孔的钻头直径**   （mm）

螺纹公称直径 D	螺 距 P	钻头直径 $D_钻$	
		铸铁、青铜、黄铜	钢、可锻铸铁、紫铜、层压板
2	0.4	1.6	1.6
	0.25	1.75	1.75
2.5	0.45	2.05	2.05
	0.35	2.15	2.15
3	0.5	2.5	2.5
	0.35	2.65	2.65
4	0.7	3.3	3.3
	0.5	3.5	3.5
5	0.8	4.1	4.2
	0.5	4.5	4.5
6	1	4.9	5
	0.75	5.2	5.2
8	1.25	6.6	6.7
	1	6.9	7
	0.75	7.1	7.2
10	1.5	8.4	8.5
	1.25	8.6	8.7
	1	8.9	9
	0.75	9.1	9.2
12	1.75	10.1	10.2
	1.5	10.4	10.5
	1.25	10.6	10.7
	1	10.9	11
14	2	11.8	12
	1.5	12.4	12.5
	1	12.9	13
16	2	13.8	14
	1.5	14.4	14.5
	1	14.9	15
18	2.5	15.3	15.5
	2	15.8	16
	1.5	16.4	16.5
	1	16.9	17
20	2.5	17.3	17.5
	2	17.8	18
	1.5	18.4	18.5
	1	18.9	19

续表

螺纹公称直径 D	螺 距 P	钻头直径 $D_钻$	
		铸铁、青铜、黄铜	钢、可锻铸铁、紫铜、层压板
22	2.5	19.3	19.5
	2	19.8	20
	1.5	20.4	20.5
	1	20.9	21
24	3	20.7	21
	2	21.8	22
	1.5	22.4	22.5
	1	22.9	23

2. 经验公式计算法

普通螺纹攻螺纹前底孔直径的确定。确定普通螺纹底孔直径的公式为

韧性材料　　　　　　　　　　$D_钻 = D - P$　　　　　　　　　　(2-8-1)

脆性材料　　　　　　$D_钻 = D - (1.05\sim1.1) P$　　　　　　(2-8-2)

式中　$D_钻$——钻底孔的钻头直径，mm；

　　　D——螺纹大径，mm；

　　　P——螺距，mm。

例　分别在中碳钢和铸铁工件上攻 M12×1.75 的螺孔，求攻螺纹底孔直径。

解　中碳钢属韧性材料，故攻螺纹底孔直径为

$$D_钻 = D - P = 12 - 1.75 \approx 10.2 \ (mm)$$

铸铁为脆性材料，故攻螺纹底孔直径为

$$D_钻 = D - 1.1P = 12 - 1.1 \times 1.75 \approx 10.1 \ (mm)$$

三、不通孔螺纹钻孔深度的确定

攻不通孔（盲孔）螺纹时，由于丝锥切削部分切不出完整的牙形，所以钻孔深度应超过所需要的螺孔深度。钻孔深度可按下式计算，即

$$钻孔深度 = 需要的螺纹长度 + 0.7D$$　　　　　　(2-8-3)

式中　D——螺纹大径，mm。

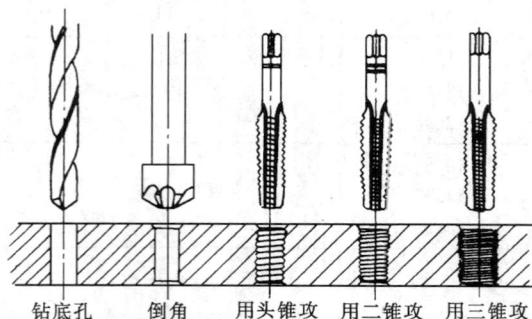

图 2-8-5　攻螺纹步骤

（钻底孔　倒角　用头锥攻　用二锥攻　用三锥攻）

四、攻螺纹的方法

1. 攻螺纹的步骤

攻螺纹的步骤见图 2-8-5。

2. 操作要点及注意事项

（1）操作要点。用头锥起扣是攻螺纹的关键，其操作方法见图 2-8-6。用右手握住扳手中部并下压，同时左手缓慢转动扳手，如图 2-8-6（a）所示。当头锥攻入 1～2 圈后，应从前后、左右两个方向目测，或用小角尺检查丝锥与工件的垂直度，见图 2-8-6（b）。

为了保证头锥起扣的垂直度，可利用标准螺母或专用工具导向，见图 2-8-7。

起扣后，两手不再施加压力，用平衡均匀的旋转力扳动铰杠，每转动 1/2～1 圈后，应倒转 1/4～1/2 圈，见图 2-8-8。当头锥攻完后，按顺序换二锥、三锥攻削。

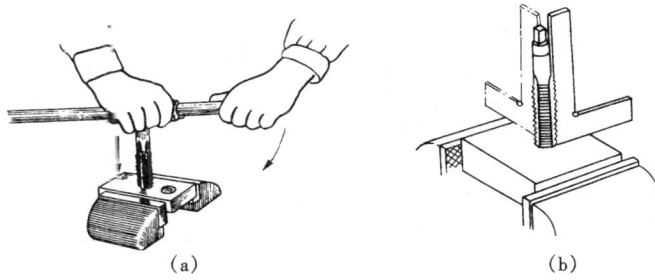

图 2-8-6　起扣方法

（a）起扣；（b）检查垂直度

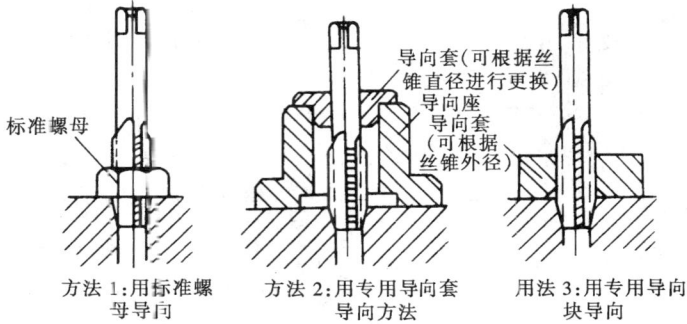

图 2-8-7　保证起扣垂直度的方法

在工件上攻螺纹时须用机油冷却润滑；在钢件上攻螺纹时用柴油较适宜；在铸铁件上攻螺纹时可不使用冷却油；在铝合金或紫铜件上攻螺纹时可用煤油。

（2）注意事项。

1）用丝锥扳手夹持丝锥时，应夹持丝锥方榫部位。

2）在较硬材料上攻螺纹时，如感到很费力，则不可强行转动，应将头锥、二锥轮换交替攻削（用头锥攻几圈后，换二锥攻几圈，再用头锥攻几圈、依次交替攻削）。

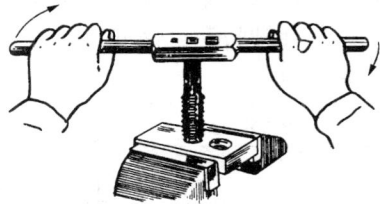

图 2-8-8　攻螺纹操作要领

（3）攻螺纹废品分析。

攻螺纹时，产生废品的类型及原因见表 2-8-3，丝锥损坏的形式和原因见表 2-8-4。

表 2-8-3　　　　　　　　　　　攻螺纹时产生废品的原因

废品类型	产　生　的　原　因
烂牙	（1）螺纹底孔直径太小，丝锥不易切入，孔口烂牙； （2）换用二锥时与已切出的螺纹没有旋合好就强行攻削； （3）头锥攻螺纹不正，用二锥时强行纠正； （4）攻韧性材料未加润滑剂或丝锥不经常倒转，把已切出的螺纹啃伤； （5）丝锥磨钝或刀刃粘屑； （6）丝锥扳手掌握不稳，攻铜合金等强度低的材料时容易烂牙
滑牙	（1）攻不通孔螺纹时，丝锥已到底仍继续扳转； （2）在强度低的材料上攻较小螺孔时，丝锥已切出螺纹仍然继续加压力

续表

废品类型	产 生 的 原 因
螺孔攻歪	(1) 丝锥与工件平面不垂直； (2) 攻螺纹时两手用力不均衡，倾向于一侧
螺纹高度不够	(1) 攻螺纹底孔直径太大； (2) 丝锥磨损

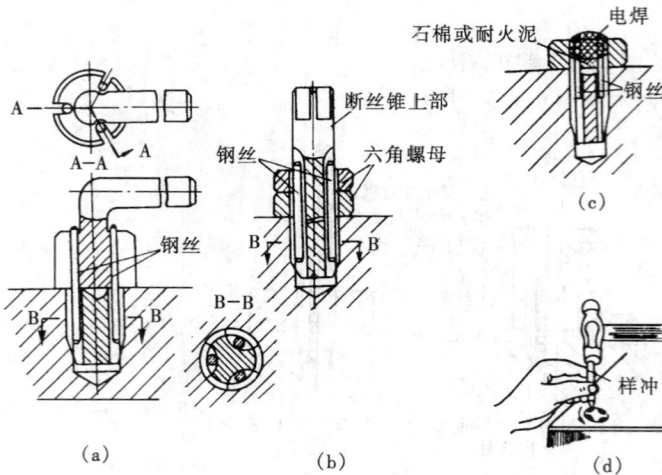

图 2-8-9　取出断丝锥的方法

(a) 方法 1；(b) 方法 2；(c) 方法 3；(d) 方法 4

(4) 丝锥被折断后取出的方法。

丝锥如被折断在孔中，应根据折断情况，采用不同的方法将其从孔中取出。常用的方法如图 2-8-9 所示。方法 1：将钢丝插入断丝锥容屑槽内，用专用工具卡住钢丝，沿退出方向旋转把手，将断丝锥取出。方法 2：插入钢丝后，在断丝锥的上部戴上两个六角螺母，并紧后，再用扳手退出断丝锥。方法 3：插入钢丝后，套上六角螺母，在螺母孔底垫上一层石棉或耐火泥（保护工作）再施焊，将钢丝与螺母焊牢，然后扳动螺母，退出断丝锥。方法 4：小直径丝锥，当断得不深时，可用样冲将断丝锥冲出。

表 2-8-4　　　　　　　　　　　丝锥损坏的形式及原因

损坏形式	主 要 原 因
丝锥折断	(1) 工件材料中夹有硬物； (2) 断屑、排屑不良，产生切屑堵塞现象； (3) 丝锥位置不正，单边受力太大或强行纠正； (4) 两手用力不均； (5) 丝锥磨钝，切削阻力太大； (6) 底孔直径太小； (7) 攻不通孔螺纹时，丝锥已到底，仍然继续扳转； (8) 攻螺纹时用力过猛或丝锥扳手过长
丝锥崩牙	(1) 工件材料中夹有硬物； (2) 丝锥位置不正，单边受力太大或强行纠正； (3) 两手用力不均

丝锥被折断在孔中后，尽管有取出断丝锥的办法，但并不是所有断丝锥都能从孔中取出，尤其是直径较小的丝锥。因断丝锥不能取出而造成工件报废的现象时有发生，故在攻螺纹时，如何防止丝锥折断是最为重要的。

课题二　套　螺　纹

一、套螺纹的工具

套螺纹工具有板牙和板牙架。

1. 板牙

板牙是加工外螺纹的工具，用合金工具钢或高速钢制成。常用的板牙有圆板牙和活络管子板牙，如图 2-8-10 所示。本课题只介绍圆板牙及其使用方法。

圆板牙像一个圆螺母，由于端面上钻有几个排屑槽而形成了刀刃。圆板牙两端的锥角部分是切削部分，起主要切削作用；中间一段是校准部分，也是套丝时的导向部分。圆板牙外圆上有几个锥坑和一条 V 形槽，用来将板牙固定于板牙架上。

2. 板牙架

板牙架是装夹板牙的工具。常用的板牙架有固定式圆板牙架、可调式圆板牙架和管子板牙架，如图 2-8-11 所示。使用时，将板牙装入架内，板牙上的锥坑与架上的紧固螺钉对正，然后紧固；装夹可调式板牙时，先将板牙直径尺寸调整合适（使其与圆杆直径尺寸相近），然后装入架内固定。

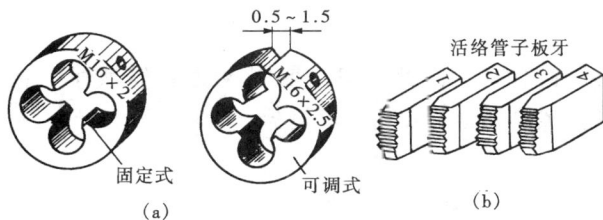

图 2-8-11　板牙架
(a) 固定式圆板牙架；(b) 可调式圆板牙架；
(c) 管子板牙架

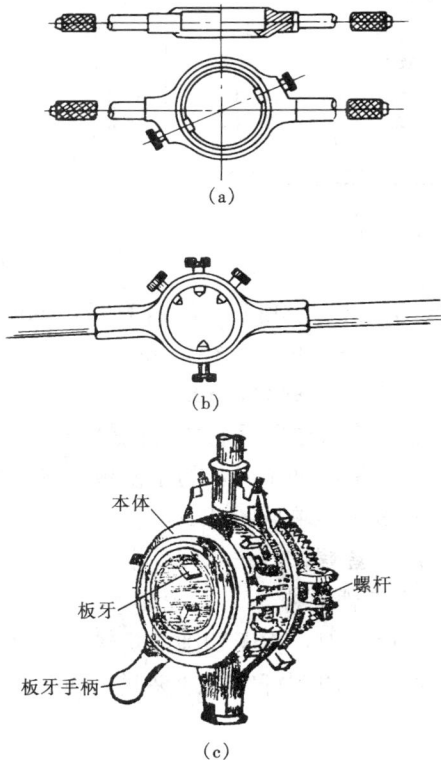

图 2-8-10　板牙
(a) 圆板牙；(b) 活络管子板牙

二、圆杆直径的确定

圆杆直径在理论上应等于螺纹公称直径。但在套螺纹过程中，由于材料受到挤压产生变形，使牙顶增高，易损坏板牙。因此，圆杆直径应小于螺纹公称直径。确定圆杆直径时，可用经验公式计算得出，也可查阅表 2-8-5。

表 2-8-5　　　　　　　　　　　　　板牙套螺纹时圆杆的直径　　　　　　　　　　　　　(mm)

粗　牙　普　通　螺　纹			英　寸　制　管　螺　纹		
螺纹公称直径	螺　距	螺杆直径		螺纹公称直径	管子外径	
		最小直径	最大直径	(in)	最小直径	最大直径
M6	1	5.8	5.9	1/8	9.4	9.5
M8	1.25	7.8	7.9	1/4	12.7	13

续表

粗 牙 普 通 螺 纹				英 寸 制 管 螺 纹		
螺纹公称直径	螺 距	螺杆直径		螺纹公称直径	管子外径	
		最小直径	最大直径	(in)	最小直径	最大直径
M10	1.5	9.75	9.85	3/8	16.2	16.5
M12	1.75	11.75	11.9	1/2	20.5	20.8
M14	2	13.7	13.85	5/8	22.5	22.8
M16	2	15.7	15.85	3/4	26	26.3
M18	2.5	17.7	17.85	7/8	29.8	30.1
M20	2.5	19.7	19.85	1	32.8	33.1
M22	2.5	21.7	21.85	1⅛	37.4	37.7
M24	3	23.65	23.8	1¼	41.4	41.7
M27	3	26.65	26.6	1⅜	43.8	44.1
M30	3.5	29.6	29.8	1½	47.3	47.6

经验公式为

$$d_{\text{杆}}=d-0.13P \tag{2-8-4}$$

式中　$d_{\text{杆}}$——套螺纹前圆杆直径，mm；

　　　d——螺纹大径，mm；

　　　P——螺距，mm。

三、套螺纹前圆杆端部的倒角

在套螺纹开始时，为了使板牙顺利套入工件和正确导向，套螺纹前应对圆杆端部进行倒角。其倒角要求见图 2-8-12。

四、套螺纹方法

1. 工件夹持

套螺纹时，由于切削力矩较大，且工件为圆柱形，因此钳口处要用 V 形垫铁或厚软金属板衬垫，将圆杆牢固地夹紧。同时，圆杆套螺纹部分不要离钳口过长。

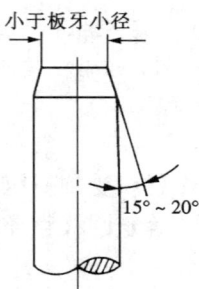

图 2-8-12　倒角要求

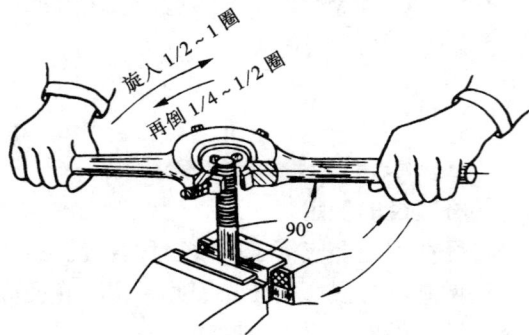

图 2-8-13　套螺纹操作要领

2. 套螺纹操作要领

套螺纹过程中，板牙端面应始终与圆杆轴心线保持垂直。开始套螺纹时，右手握住板牙架中部，沿圆杆轴向施加压力，并与左手配合按顺时针方向旋转，或两手握住板牙架手柄（两手应靠近中间握持），边加压力，边旋转，见图 2-8-13。当板牙旋入圆杆切出螺纹后，两手只用旋转力即可将螺杆套出。

五、套螺纹废品分析

套螺纹时产生废品的类型和原因见表 2-8-6。

表 2-8-6 套螺纹时产生废品的原因

废品类型	产 生 的 原 因
烂 牙	(1) 未进行必要的润滑,板牙将工件螺纹粘去一部分; (2) 板牙一直不倒转,切屑堵塞把螺纹啃坏; (3) 圆杆直径太大; (4) 板牙歪斜太多,找正时造成烂牙
螺纹歪斜	(1) 圆杆端部倒角不良,切入时板牙歪斜; (2) 两手用力不均,板牙位置歪斜
螺纹齿形瘦小	(1) 板牙架经常摆动和借正,使螺纹切去过多; (2) 板牙已切入,仍继续加压力
螺纹太浅	圆杆直径太小

操作训练 10 攻螺纹、套螺纹练习

1. 训练要求

(1) 掌握攻螺纹底孔直径的计算方法和套螺纹圆杆直径的确定方法;

(2) 掌握攻螺纹、套螺纹操作方法和要领。

2. 工具、量具及辅具

丝锥、丝锥扳手、圆板牙、板牙架、扁锉、角尺、游标卡尺等。

3. 备料

70mm×70mm×10mm(Q235)一件,由操作训练 9 转来;套螺纹材料 ϕ12×150mm(Q235)两件。

4. 工件图 (参考)

攻螺纹工件如图 2-8-14 所示,套螺纹工件如图 2-8-15 所示。

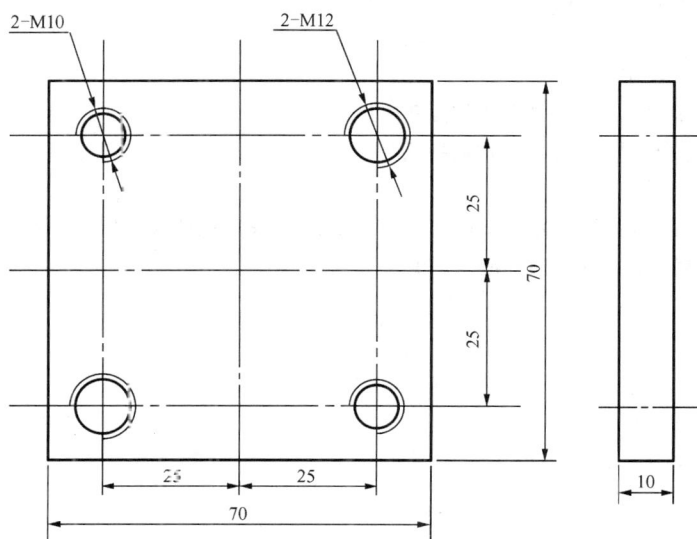

图 2-8-14 攻螺纹工件图

其余 $\sqrt{\dfrac{12.5}{}}$

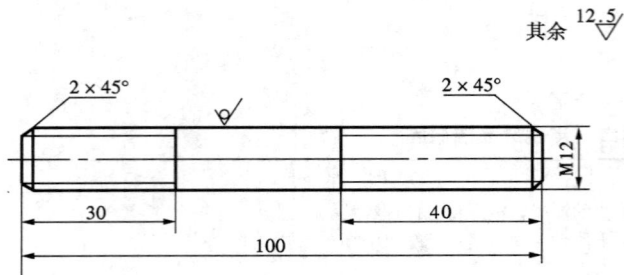

图 2-8-15　套螺纹工作图

5. 训练安排

(1) 攻螺纹练习。

1) 对攻螺纹底孔孔口倒角；

2) 依次攻出 2-M10、2-M12 螺孔，并用 M10、M12 螺栓配检（检验螺栓长 60mm）。

(2) 套螺纹练习。

1) 检查备料尺寸；

2) 按图样尺寸要求，锉削圆杆两端面，且对圆杆端部倒角；

3) 完成两件 M12 双头螺栓的套螺纹工作。

复 习 题

一、判断题

1. M16×1 含义是细牙普通螺纹，大径 16mm，螺距 1mm。　　　　　　　　　（　　）

2. 米制普通螺纹，牙型角为 60°。　　　　　　　　　（　　）

3. 手用丝锥 $\alpha_0 = 10° \sim 12°$。　　　　　　　　　（　　）

4. 板牙只在单面制成切削部分，故板牙只能单面使用。　　　　　　　　　（　　）

5. 攻螺纹前的底孔直径必须大于螺纹标准中规定的螺纹小径。　　　　　　　　　（　　）

6. 套螺纹时，圆杆顶端应倒角至 15°～20°。　　　　　　　　　（　　）

二、选择题

1. 加工不通孔螺纹，使切屑向上排出，丝锥的容屑槽做成（　　　）。

(1) 左旋槽；(2) 右旋槽；(3) 直槽。

2. 在钢件和铸铁工件上加工同样直径的内螺纹，钢件底孔直径比铸铁的底孔直径（　　　）。

(1) 稍大；(2) 稍小；(3) 相等。

三、问答题

1. 丝锥由哪几部分构成？

2. 攻螺纹前底孔直径为什么要略大于螺纹孔内径？

3. 常见的套螺纹废品类型有哪些？造成的原因是什么？

四、计算题

1. 在钢件上攻 M18×2，深度为 35mm 的不通孔螺纹，求钻底孔的直径和钻孔深度。

2. 套 M16×1.5 螺纹时，圆杆直径应为多少？

平 面 刮 削 》

学习训练目标 了解刮削的原理和作用；初步掌握平面刮削技能；知道刮削质量的检查方法；熟知刮削的安全注意事项。

课题一 概 述

用刮刀从已加工表面上刮去一层薄金属，以提高工件的加工精度，降低工件表面粗糙度的操作称为刮削。其原理是在工件或校准工具上涂一层显示剂，经过对研，使工件较高的部位显示出来，然后用刮刀刮去较高部位的金属层。经过反复的显示和刮削，工件表面的接触点不断增加。这样，工件的加工精度和表面粗糙度就可以达到预期的要求。

根据加工表面的形状不同，刮削分为平面刮削和曲面刮削（见图2-9-1）。本模块主要介绍平面刮削。

图 2-9-1 刮削
(a) 平面刮削；(b) 曲面刮削

一、刮削的特点及应用

（1）刮削属于精加工，具有切削力小、切削量小、切削热少和切削变形小等特点。不存在机械加工中的热变形现象，所以能获得较高的尺寸精度、形状位置精度、传动精度和很小的表面粗糙度值。

（2）刮削时，刮刀对工件反复挤压，使工件表面紧密，从而提高其耐磨性能。

（3）刮削后的工件表面形成了许多均匀分布的微浅凹坑，提供了良好的储油条件，改善了机构相对运动的润滑情况。

（4）刮削时工件表面在光线反射下显示出层次分明、明暗对比丰富的花纹，使工件外形美观。

因此，机床导轨的滑行面，滑动轴承的内表面，工具、量具的接触面，设备的密封表面，以及需要得到美观的工件表面，在机械加工之后常用刮削的方法加工。

二、刮削余量

刮削是一项精细的手工操作，每次只能刮去一层很薄的金属，其劳动强度很大。所以，工件在机械加工后留下的刮削余量不宜太大。一般为 0.05～0.4mm。刮削余量可参阅表2-9-1确定。

表 2-9-1　　　　　　　　　　　平面刮削余量　　　　　　　　　　　（mm）

平面宽度	平 面 长 度				
	100～500	500～1000	1000～2000	2000～4000	4000～6000
100 以下	0.10	0.15	0.20	0.25	0.30
100～500	0.15	0.20	0.25	0.30	0.40

三、显示剂

显示剂就是在刮削中，为了清楚地显示工件误差的位置和大小所使用的一种涂料。

对显示剂的要求是：使用显示剂经对研后，应保证显点光泽、明显，点子清晰；不磨损、不腐蚀工件；不损害人体健康。

1. 常用显示剂的特点及应用

常用显示剂的特点及应用见表2-9-2。

表 2-9-2　　　　　　　　　　常用显示剂的特点及应用

名　称	特 点 及 应 用
红丹粉	红褐色，颗粒细，显示清晰，不反光，价格低廉，与机油调合使用，是最常用的显示剂
普鲁士蓝油	深蓝色，对研后点小，清楚，价格昂贵，与蓖麻油及适量机油调合而成，应用于精密工件、有色金属工件和合金工件

2. 显示剂的使用方法和要求

显示剂的使用要求和方法，以红丹粉为例，见图 2-9-2。红丹粉与机油的调合浓度应适当。粗刮时，调得稍稀些；精刮时，调得稍干些。显示剂应涂抹得薄而均匀。涂得过厚，研点易模糊成团。

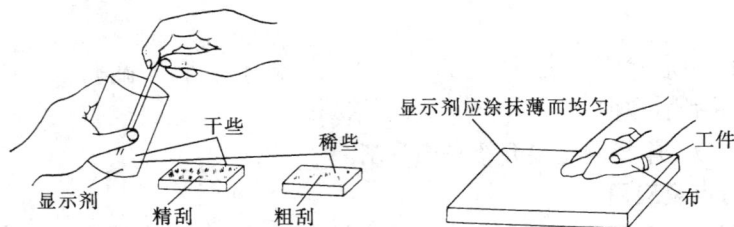

图 2-9-2　显示剂的使用要求和方法

课题二　平面刮削工具及操作

一、刮削工具

1. 平面刮刀

平面刮刀是平面刮削工作中的主要工具，用来刮削平面或刮花，见图 2-9-3。平面刮刀的刀头要有足够的硬度，刃口锋利，刀身有一定的弹性。通常使用的刮刀用 T10A 或 T12A 钢锻制成形，经刃磨后刀头需淬火硬化。当工件表面较硬时，可焊接高速钢或硬质合金刀头。

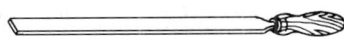

手刮式刮刀

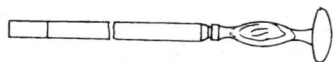

挺刮式刮刀

活头刮刀

图 2-9-3 平面乱刀

平面刮刀按刮削平面的精度要求分，有粗刮刀、细刮刀和精刮刀。刮刀头部形状如图 2-9-4 所示，其尺寸规格见表 2-9-3。

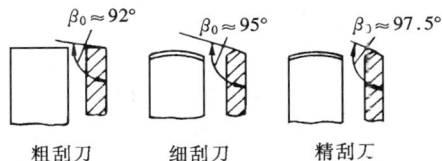

粗刮刀 $\quad$ 细刮刀 $\quad$ 精刮刀

图 2-9-4 刮刀头部形状

表 2-9-3 平 面 刮 刀 规 格 （mm）

种类 尺寸	全长 L	宽度 B	厚度 t
粗刮刀	450～600	25～30	3～4
细刮刀	400～500	15～20	2～3
精刮刀	400～500	10～12	1.5～2

2. 基准工具（研具）

基准工具是用来推磨研点和检查刮削平面准确性的工具。常用的有标准平板、工形平尺、桥形平尺、角度平尺和直角板等如图 2-9-5 所示。

二、平面刮刀的刃磨

1. 粗磨

锻制成形后的刮刀毛坯，在淬火前应先在砂轮上进行粗磨。

（1）将刮刀平面轻轻接触砂轮片边缘，再慢慢平贴在砂轮片侧面，见图 2-9-6（a）；

（2）前后移动刮刀，两面均磨平整，目视无明显厚薄差别为止，见图 2-9-6（b）；

（3）磨端面时先倾斜一定角度，再逐步移到水平位置，若将刮刀直接在水平位置接触砂轮，会将刮刀弹出，见图 2-9-6（c）。

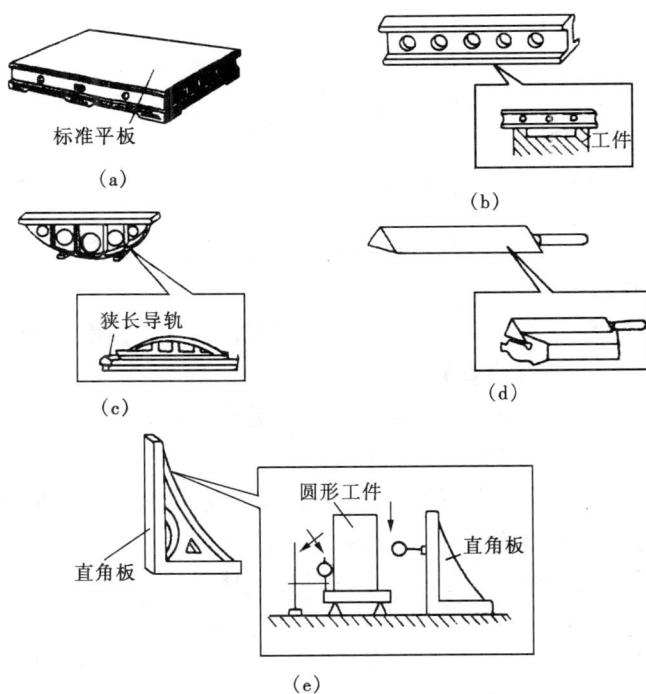

标准平板

（a）

工件

（b）

狭长导轨

（c）

（d）

直角板

圆形工件

直角板

（e）

图 2-9-5 基准工具

（a）标准平板；（b）工形平尺；（c）桥形平尺；（d）角度平尺；（e）直角板

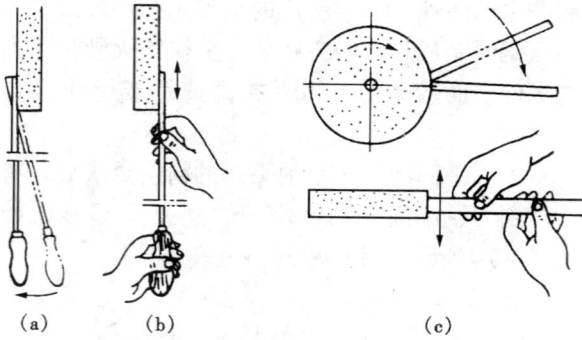

图 2-9-6 刮刀的粗磨方法

(a)、(b) 磨刮刀平面；(c) 磨刮刀端面

粗磨后刮刀应符合以下要求：

（1）刮刀的厚度及宽度应符合要求，基本上除掉刀身上的氧化皮。

（2）刀头部分的两大平面，基本平整且平行。其端部与刮刀中心线垂直。

（3）刮刀切削部分的几何角度正确。

2. 细磨

刮刀的细磨工作，在淬火前和淬火后分别进行。其刃磨部位是刀头的两大平面和刀头的端面。如图 2-9-7 所示，两大平面的刃磨方法为：后手端平刮刀，前手压紧刀尖，使刮刀刃磨平面与油石面完全接触，作横向往复运动。端面的刃磨方法见图 2-9-8。

方法一［见图 2-9-8（a）］：刃磨时，由前至后拉动刮刀，拉到油石后部后，将刮刀提起移至油石前部，再往后拉动（磨时应加机油）。方法二［见图 2-9-8（b）］：刮刀直立或前倾（前倾角根据刮刀 β 角确定）。刃磨时，刮刀向前推动，拉回时刀身略微提起。

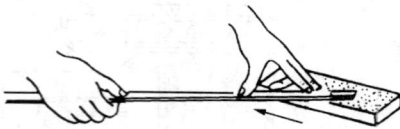

图 2-9-7 刮刀两大平面的磨法

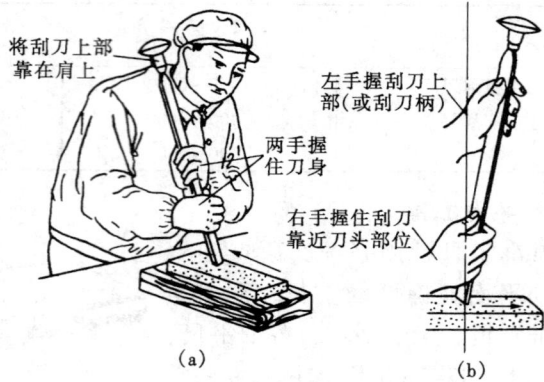

图 2-9-8 刮刀端面的刃磨方法

(a) 方法一；(b) 方法二

淬火前细磨时，应在粒度较粗的油石上进行。淬火后细磨时，应选用粒度较细的油石刃磨端面。

刮刀细磨后，要求平面平整光洁，几何角度正确，刃口锋利，无缺陷。

3. 刮刀的修磨

在刮削过程中，刮刀刃变钝后要及时修磨。修磨的方法与淬火后的细磨方法相同。

4. 注意事项

（1）新油石使用前，应先用机油浸泡几天后再使用。使用中应保持清洁、平整。如发现金属屑嵌入油石表面，应用煤油洗净；若磨出凹槽，应在砂轮上或磨床上修平。使用后，应浸入油盘中。油石的使用和保养见图 2-9-9。

（2）淬火后，第二次细磨刮刀时，如发现刮刀刃口上有缺口，应在细砂轮

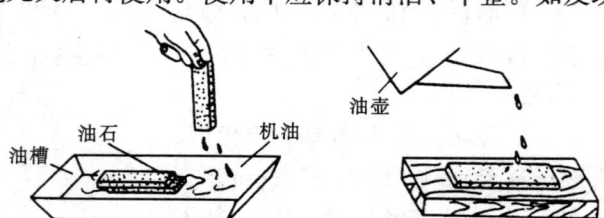

图 2-9-9 油石的使用和保养

片上磨去缺口（注意蘸水冷却）。如发现裂纹，应将裂纹部分去掉，磨后重新淬火。

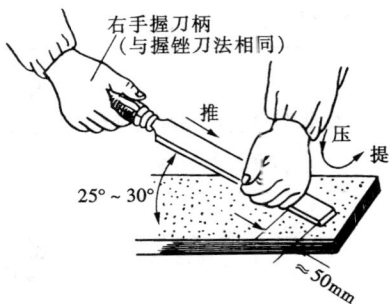

图 2-9-10 手刮式刮削

三、平面刮削的操作姿势和动作要领

1. 操作姿势

常用的操作姿势有手刮式和挺刮式两种。

（1）手刮式。手刮式的操作姿势如图 2-9-10 所示，其优点是：操作方便，动作灵活，适应性强，可在各种工作位置上进行，对刮刀长度要求不太严格。其缺点是手易疲劳，不适于加工余量较大的场合。

（2）挺刮式。挺刮式的尤点是刮削力量大，工作效率较高，适合加工余量较大的场合。挺刮式的操作姿势如图 2-9-11 所示。两手动作和握刀方法如图 2-9-12 所示。

2. 动作要领

刮削平面时，无论采用手刮式还是挺刮式，均由下压、前推和上提三个有机动作组成，并且三个动作是协调配合完成的。

下面以挺刮式为例，简述其动作要领。

如图 2-9-13 所示，开始刮削时，刮刀刃口接触被刮削平面，落刀的角度为 $15°\sim25°$ 为宜。落刀时的部位由右手控制，且要求落刀平稳，将刮刀轻轻放下。落刀后两手用力下压（下压动作主要由左手完成），与此同时，通过腰部和左腿完成前推运动，紧接着右手迅速提刀。

图 2-9-11 挺刮式刮削

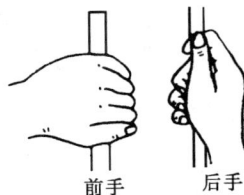

图 2-9-12 挺刮式两手的握刀方法

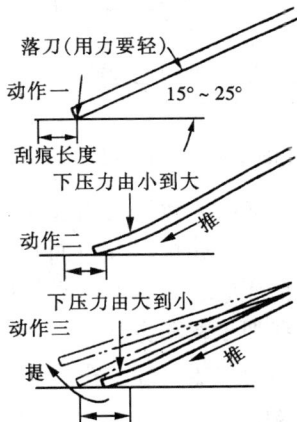

图 2-9-13 挺刮式动作要领

在下压、前推和上提三个动作中，左手的压力，腰、腿的前挺与右手的提刀相配合，控

制刀迹的深浅、长短和形状。

挺刮式动作要领

双脚要站稳，弯腰身前倾。双手握刀前，小腹（右下）抵刀柄。

右手控制刀，落刀平又轻。左手向下压，腰腿向前挺。右手迅速提，瞬间即完成。

课题三　平面刮削方法

一、刮削前的准备工作

（1）刮削工量具的准备。根据刮削要求，准备好所需要的刮刀、校准工具和量具等。

（2）刮削场地和工件安放。刮削场地的光线和室温应适宜。刮削平板时，应将平板平稳地安放在刮削工作台上。刮削工作台的高度要根据操作者的身高和工件确定。通常，用挺刮式操作时，刮刀柄所处的位置距刮削平面约150mm为宜。刮削时，工作台必须稳固，不能有晃动现象。

（3）工件的准备。刮削前，先用锉刀倒掉刮削面棱边上的锐边和毛刺，以防划伤手指或对研时划伤刮削面。然后，再将刮削面擦拭干净。

（4）显示剂的准备。将红丹粉与机油调匀后，放入盒内。

（5）对研和显点。刮削工件与基准工具对研显点的方法，可根据刮削工件的形状和刮削面的大小确定：

中小工件研点时，基准工具不动，推研工件。若被刮面等于或稍大于基准工具，推研时工件伸出部分的长度不能超过工件长度的1/3，见图2-9-14。

推研时，要经常调换方向和位置，压力要均匀，见图2-9-15。

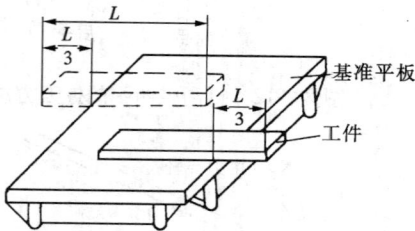

图2-9-14　中小工件的研点方法

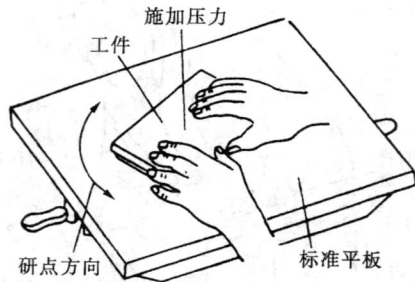

图2-9-15　推研方法

若前后两次显示情况出现矛盾时（见图2-9-16），应认真分析，找出原因再对研。

大型工件（如机床导轨面）研点时，工件不动，推研基准工具。推研时，基准工具超出被刮面的长度应小于基准工具长度的1/5，见图2-9-17。

二、刮削步骤和方法

平面刮削一般要经过粗刮、细刮、精刮和刮花四个步骤。

1. 粗刮

粗刮的目的是消除较大缺陷，如较深的加工刀纹、锈斑和较大面积的凹凸不平等缺陷。

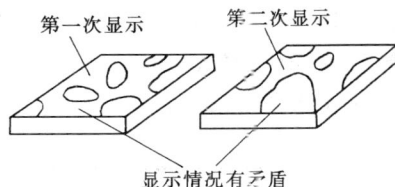

图 2-9-16 分析比较研点

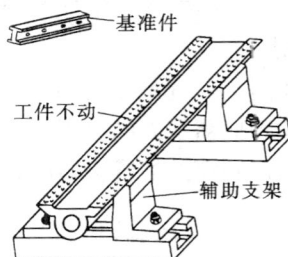

图 2-9-17 大型工件的研点方法

粗刮的方法是，先采用长刮法刮削，即刮削刀迹较长（约 15～30mm），且连成一片而不重刀，刀迹的宽度应为刀刃宽度的 2/3～3/4。然后涂抹显示剂，对研后刮削研点。当粗刮到每 25mm×25mm 内有 4～6 点时，粗刮结束，见图 2-9-18。

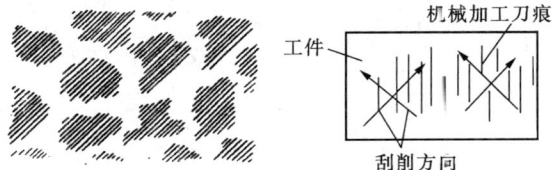

图 2-9-18 粗刮

粗刮的要求是：第一，刮削时先顺机械加工刀纹方向（或与工件成 45°角的方向）刮削第一遍，见图 2-9-18。然后调转 90°，从另一个方向刮削第二遍。第二，整个刮削面要均匀，不能出现中间低、边缘高的现象。第三，刮削不能出现重刀、漏刀的现象，也不允许出现过深的落刀痕迹和沟槽。

2. 细刮

细刮的目的在于增加接触点，进一步改善刮削面不平的现象。

图 2-9-19 细刮

细刮时，采用短刮法刮削，即刮削刀迹短而宽，其长度约为刀刃宽度，其宽度约为刀刃宽度的 1/3～1/2。随着研点的增多，刀迹的长度应逐渐缩短。当刮削面上显示出的研点分布均匀，且每 25mm×25mm 内达 12～15 点时，细刮结束，见图 2-9-19。

细刮的要求是：第一，细刮时，刀刃应对准研点按一定方向（通常与平面边缘成一定角度）刮削一遍。刮削第二遍时，须改变方向交叉刮削。第二，刮削研点时要注意把研点周围刮去，使其周围的次高点显示出来，增加研点数目。第三，刮削研点时，刮削力要有轻重变化。对研后显示出来的硬点（发亮的研点）应刮重些，显示出来的软点（暗淡的黑色研点）应刮轻些。

3. 精刮

精刮的目的是进一步增加研点数目，提高工件的表面质量，使刮削面精度和表面粗糙度达到要求。精刮后，每 25mm×25mm 内有 20～25 个研点，见图 2-9-20。

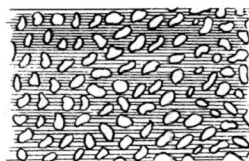

图 2-9-20 精刮

精刮时采用筛选刮点法刮削。刮削刀迹的长度约为 5mm，宽 4mm，刮削精度愈高时，刀迹愈狭、愈短。筛选研点的方法是：刮大点，挑中点，留小点，即最大、最亮的研点重刮，中等研点轻刮，小点留下不刮。

精刮的要求是：第一，刮削时，压力要轻，提刀要快，每个研点只刮一刀，不允许重刀。第二，自始至终交叉刮削。第三，在精刮结束前的最后二、三遍，应注意到刀迹交叉、大小一致，排列整齐，增加刮削面的美观。

　　4. 刮花

　　所谓刮花，就是在已刮好的工件外露表面上刮出排列整齐、形状一致的花纹。刮花的目的，一是增加刮削面的美观，二是使滑动件之间有良好的润滑条件。由此还可根据花纹的消失程度判别刮削面的磨损情况。常见的花纹和刮削方法见表 2-9-4。

表 2-9-4　　　　　　　　　　　　　常见刀花的刮法

刀花名称	刀花图形	刮削的方法
月牙花		(1) 用铅笔按刀花的间格在要刮花的平面上划格线。 (2) 沿划好的格线刮花。其要领：右手握刀柄向前推，同时左手握刀杆扭动刮刀。刃口右边先接触工件，逐渐向左压平。而后再逐渐扭向右边，接触工件后抬起刮刀。这样就完成了一个刀花的动作
链条花		(1) 同月牙花。 (2) 沿划好的格线连续刮一串月牙花。 (3) 再按相反的方向，与前一串刀花错半个花距，沿同一方向刮一串月牙花，即刮成链条花
地毯花		(1) 同月牙花。 (2) 用平刃口刮刀，刀宽依花的宽度而定。 (3) 先沿纵向按划好的格线，每隔一格刮一方块花。方块花角与角相接，形成没刮花的角与角相接的空白方块。 (4) 再沿横向在空白方块中刮方块花。 (5) 每一方块花平行刮 2~3 次。横纵方向刀花刮完即为地毯花
波形花		(1) 同月牙花。 (2) 用小圆弧刃口刮刀，沿划好的格线刮花，要右手握刀柄，左手握刀杆向下压刮刀，并控制方向。刮刀沿划好的线向前推，同时连续左右摆动刮刀即刮出波形花

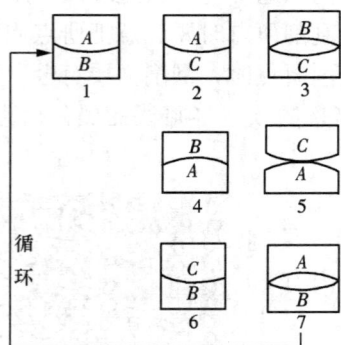

三、刮削原始平板的方法

图 2-9-21　原始平板的刮削步骤

　　前面讲述的基准平板也称为标准平板。在没有标准平板的情况下，可以用三块机械加工后的平板通过互研互刮的方法刮削成原始的标准平板。

　　如图 2-9-21 所示，刮削前，先将三块平板依次编号为 A、B、C，并进行单独粗刮，去掉机加工刀纹。然后按下列加工步骤进行刮削。

　　以 A 平板为过渡基准进行第一次对研刮削：①A、B 对研互刮，使 A、B 平板贴合；②A、C 对研，只刮 C 平板，并与 A 贴合；③B、C 对研互刮，并贴合，以 B 平板为过渡基准进行第二次对研刮削；④B、A 对研，只刮 A 平板，并与 B 贴合；⑤C、A 对研互刮，并贴合，以 C 平板为过渡基准进行第三次对研刮削；⑥C、B 对研，只刮 B 平板，并与 C 贴合；⑦A、B 对研互刮，至完全贴合。三次刮完后，再依次从头循环，直至任意两块对研每 25mm×25mm 内有 12 点以上即可。

刮削原始平板时，采用合研方法对研显点。合研法有正研法和对角研法两种，见图2-9-22。正研法的缺点是，有时显点出现假象，即三块平板出现同向扭曲。为了消除其扭曲现象，可采用对角研法，即高角对高角，低角对低角的对角研法。

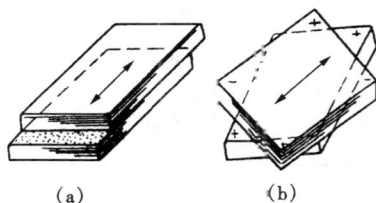

图 2-9-22 合研方法
(a) 正研法；(b) 对角研法

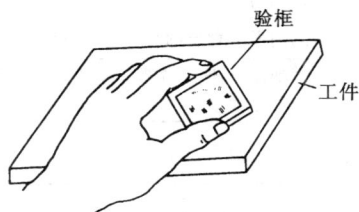

图 2-9-23 刮削质量检查方法之一

四、刮削质量的检查

刮削质量检查的内容主要包括：尺寸精度、形状和位置精度、接触精度及表面粗糙度等。

检查刮削质量的常用方法见图 2-9-23。检查时，用边长 25mm 的正方形方框放在被检查面上，根据方框内的研点数目来决定接触精度。各种平面接触精度研点数的要求见表 2-9-5。检查刮削平面平行度和垂直度的方法分别见图 2-9-24。

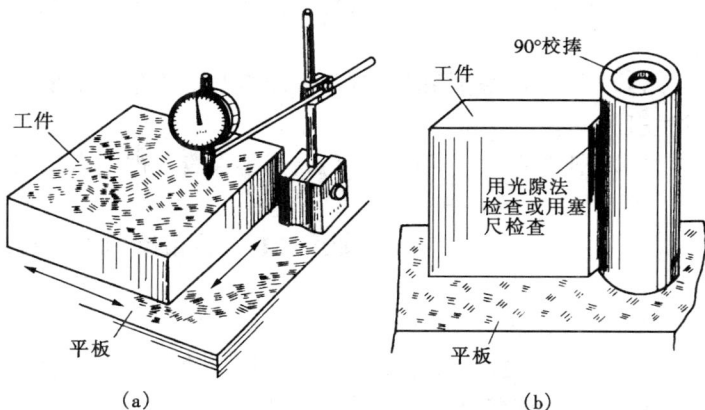

图 2-9-24 刮削质量检查方法之二
(a) 检查工件平行度；(b) 检查工件垂直度

五、刮削的缺陷分析

刮削缺陷及其产生的原因见表 2-9-6。

表 2-9-5   各种平面接触精度的研点数

平面种类	每 25mm×25mm 内的研点数	应　　用
一般平面	2～5	较粗糙机件的固定结合面
	5～8	一般结合面
	8～12	机器台面，一般基准面，机床导向面，密封结合面
	12～16	机床导轨及导向面，工具基准面，量具接触面
精密平面	16～20	精密机床导轨，直尺
	20～25	1 级平板，精密量具
超精密平面	>25	0 级平板，高精度机床导轨，精密量具

注　表中 1 级平板、0 级平板系指通用平板的精度等级。

表 2-9-6   刮削缺陷及产生的原因

刮削缺陷	特　　征	产　生　原　因
振痕	刮削面上出现有规则的波纹	多次同向刮削，刀迹没有交叉
撕纹	刮削面上有粗糙的刮削刀纹	刀刃有缺口或有裂纹

续表

刮削缺陷	特 征	产 生 原 因
刀痕	落刀时的痕迹,较正常刀迹深	落刀时的角度过大,刀落过重
沟槽	较深的沟纹	操作时,刮刀未能平稳地接触刮削平面
划道	刮削面上划出深浅不一的直线	研点时,夹有砂粒、铁屑等杂质或显示剂不干净
深凹	刮削面上研点局部稀少或刀迹与显示点高低相差太多	(1) 粗刮时,用力不均,局部落刀太重或多次刀迹重叠; (2) 刀刃弧形磨得过大
刮削不精确	显点情况无规律地改变	(1) 合研时压力不均,或工件伸出太长出现假点; (2) 校准工具本身不精确

六、刮削安全注意事项

(1) 在砂轮机上修磨刮刀时,应站在砂轮机的侧面,压力不可过大。

(2) 刮削前必须将工件的锐边、锐角去掉,以防伤手。

(3) 刮削工件与校准工具对研接触时,要轻而平稳,并且要擦拭干净,防止损坏工件或工具。

(4) 刮削工件边缘时,刮削方向应与边缘呈一定角度,且用力不可过猛,以防人冲出去发生事故。

(5) 刮刀用后,要放置平稳,妥善保管,严禁拿刮刀开玩笑。

操作训练 11 平面刮削与刮刀刃磨练习

1. 训练要求

(1) 初步掌握平面刮刀的刃磨方法,要求角度正确,刃口锋利、无缺陷;

(2) 初步掌握挺刮式的动作要领;

(3) 初步掌握磨点对研刮削技能;

(4) 刮削面达到细刮要求(每 25mm×25mm 内有 12～15 点),表面粗糙度不大于 $Ra1.6$。

2. 设备、工具及辅助材料

砂轮机、标准平板、刮削工作台、平面刮刀、红丹粉、油石、机油、棉纱等。

3. 备料

200mm×200mm×50mm(HT150)刮削练习平板(每人一块)。

4. 训练安排

(1) 平面刮刀刃磨练习。

(2) 刮削小平板。

1) 作好练习前的准备工作;

2) 粗刮:刮削到每 25mm×25mm 内有 4～6 点时转入细刮;

3) 细刮:当研点分布均匀,每 25mm×25mm 内有 12～15 点时结束。

复 习 题

一、判断题

1. 粗刮时,显示剂应涂在工件上;精刮时,显示剂应涂在标准件上。　　　　　　　(　　)

2. 刮削时，由于刮刀是正前角切削，对工件表面有推挤、压光作用，从而降低了表面粗糙度。（　　）

3. 由于红丹粉颗粒细，显示清晰，所以应用于精密工件和有色金属的显点。（　　）

4. 中小工件推研时，工件伸出部分的长度不能超过工件长度的一半。（　　）

5. 粗刮时采用的是长刮法；细刮时采用的是短刮法；精刮时采用的是点刮法。（　　）

6. 刮削属于半精加工，是机床可以取代的加工。（　　）

7. 平面精刮刀切削刃是直线型。（　　）

8. 粗刮时，显示剂应调的稀一些；精刮时，显示剂应调的稠一些。（　　）

二、选择题

1. 工件在机加工后留下的刮削余量不宜太大，一般为（　　）。

(1) 0.1～0.4mm；(2) 0.4～0.5mm；(3) 0.04～0.05mm。

2. 经刮削后工件表面组织将变得比较（　　）。

(1) 疏松；(2) 致密；(3) 一样。

3. 刮削时，当刮到每 25mm×25mm 内有（　　）点时，细刮结束。

(1) 4～6；(2) 8～12；(3) 12～15。

4. 在刃磨细刮刀时，楔角应控制在（　　）左右。

(1) 90°；(2) 95°；(3) 97°。

5. 平面刮削时的落刀角度以（　　）为宜。

(1) 10°～15°；(2) 15°～25°；(3) 20°～35°。

三、问答题

1. 简述刮削的原理。

2. 简述刮削的作用。

3. 简述挺刮式的动作要领。

4. 简述平面刮削的步骤。

钳工基本操作综合训练 》》

学习训练目标　通过综合训练，较熟练地掌握测量、划线、锯割、錾削、锉削、钻孔、扩孔、攻螺纹和锉配等基本操作技能。

操作训练 12　制作鸭嘴锤

1. 训练目的及要求

（1）巩固提高测量、划线、錾削、锯割、锉削和钻孔等基本操作性能；

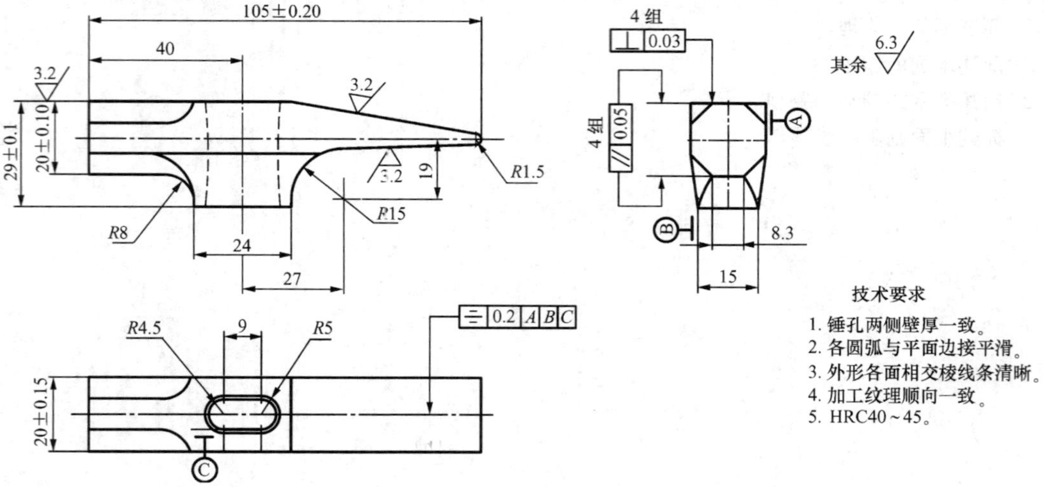

技术要求
1. 锤孔两侧壁厚一致。
2. 各圆弧与平面边接平滑。
3. 外形各面相交棱线条清晰。
4. 加工纹理顺向一致。
5. HRC40～45。

图 2-10-1　鸭嘴锤

（2）提高修磨錾子、钻头等工具的能力；

（3）熟悉鸭嘴锤的加工步骤和技术要求；

（4）在教师指导下，独立完成作业，达到图样技术要求。

2. 工件图（参考）

鸭嘴锤的工件图如图 2-10-1 所示，由操作训练 7 转来。

3. 训练安排

（1）熟悉工件图、加工步骤和技术要求；

（2）准备工具、量具和辅具；检查毛坯尺寸；

（3）在教师指导下，参考表 2-10-1 所示的加工步骤进行加工。

4. 加工步骤（参考）

鸭嘴锤的加工步骤见表 2-10-1。

5. 评分标准

鸭嘴锤的评分标准见表 2-10-2。

表 2-10-1　鸭嘴锤的加工步骤

加　工　步　骤		图　　示
1. 錾、锯、锉长方体（单项训练已完成）	(1)复查来料尺寸和划线尺寸，见图(a)； (2)按图(b)所示锯割左右两面； (3)按图(b)所示錾削上下两面； (4)锉削长方体，达到图(c)要求	
2. 加工锤孔	(1)用立体划线方法划出孔位的中心线和加工线，见图(d)和图(e)； (2)用 φ9 钻头钻孔； (3)锉削锤孔，达到图样要求	
3. 加工外形(一)——钻锯多余部分	(1)用样板划出外形加工线后打上样冲眼，见图(f)； (2)合钻，见图(g)； (3)划线后锯掉多余部分	
4. 加工外形(二)——锉削外形	(1)按图(h)所示，依次锉削①、②、③面，要求三面与基准面垂直，轮廓线清晰，曲面与平面连接圆滑； (2)划出两斜面加工线后，锉削斜面，见图(i)； (3)划出正八边形和 R8 圆弧加工线； (4)锉削正八边形和 R8 圆弧	
5. 精修外形	(1)锉削头部 R1.5 圆弧，见图(j)； (2)精修外形各面，达到图样各项技术要求； (3)用细锉和砂布抛光	

表 2-10-2　鸭嘴锤评分标准（参考）

项　　目	技　术　要　求	配分	扣　分　标　准	检测手段
尺寸要求	105±0.2mm	5	每超差 0.2 扣 1 分	游标卡尺
	29±0.1mm	10	每超差 0.04 扣 2 分	
	20±0.1mm	10		

续表

项 目	技 术 要 求	配分	扣 分 标 准	检测手段
平行度	0.05mm（4 组）	10	每超差 0.04 扣 5 分	百分尺
垂直度	0.03mm（4 组）	10	每超差 0.04 扣 5 分	角尺、塞尺
对称度	0.2mm	15	每超差 0.1 扣 5 分	游标卡尺
外形轮廓	线条清晰、连接圆滑清晰	30	一处不好扣 3 分	目测
表面粗糙度	Ra3.2 Ra6.3	10	每降一级扣 5 分	样板目测
安全文明	遵章守纪	100	违章违纪一次扣 5～20 分	检查记录

操作训练 13　制作六角螺母

1. 训练目的及要求

（1）巩固提高测量、划线、锯割、锉削、钻孔、锪孔和攻螺纹等基本操作技能；

（2）熟悉制作螺母的加工步骤、加工方法和技术要求；

（3）独立完成作业，达到图样技术要求。

2. 工具、量具及辅具

划线工具、手锯、锉刀、游标卡尺、角尺、样板、丝锥、铰杠等。

3. 备料

ϕ30×65mm（Q235）。

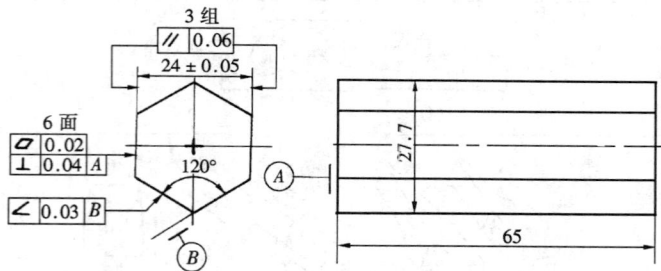

图 2-10-2　六方体

（1）工件图（见图 2-10-2）；

（2）六方体的加工方法见表 2-10-3。

4. 训练安排

（1）通过教师讲解，熟悉工件图、加工步骤和技术要求；

（2）准备工具、量具，检查备料尺寸；

（3）参照下列加工步骤进行加工。

5. 加工步骤

步骤（一）錾锉六方体

表 2-10-3　　六方体的加工方法

加 工 方 法	图 示
（1）加工基准面 A，使其达到平面度、垂直度要求，并确定 A 面的圆心	

续表

加 工 方 法	图　　示
（2）用立体划线方法，划 a 面加工线； 錾锉 a 面，达到平面度、垂直度及尺寸精度要求	 $$M = D - \dfrac{D - S}{2}$$
（3）以 a 面为基准，划出 b 面加工线； 錾锉 b 面，达到平面度、平行度、垂直度及尺寸精度要求	
（4）以 a 面为基准，錾锉 c 面，达到平面度、垂直度、角度及尺寸精度要求	 $$M = D - \dfrac{D - S}{2} + 0.1$$
（5）以 c 面为基准划出 d 面加工线；錾锉 d 面，达到平面度、平行度、角度及尺寸精度要求	
（6）錾锉 e 面，且修锉 d 面（使用边长样板），使 e 面达到平面度、角度和边长尺寸精度要求	
（7）以 e 面为基准，划出 f 面加工线；錾锉 f 面，且用边长样板修锉 c 面，使 f 面达到平面度、角度和边长尺寸精度要求。 （8）去除毛刺，全部精度复查	

金工操作技能训练

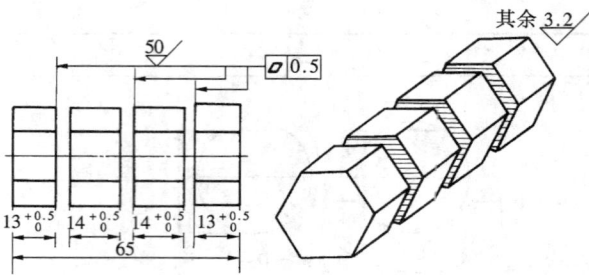

图 2-10-3 划线锯割六方体

（2）加工方法。按图样划线锯割。

步骤三　制作 M14 螺母

（1）工件图（见图 2-10-4）。

（2）加工方法。

1）锉削螺母厚度尺寸，达到平面度、平行度和垂直度要求；

2）计算螺纹底孔钻头直径尺寸，按图 2-10-5 要求划线，复查尺寸无误后，打上样冲眼；

3）钻孔、锪孔口。先用 $\phi3\sim\phi4$ 钻头钻一浅窝（深约 3mm 左右），再用底孔钻头钻穿，最后用大于丝锥大径钻头锪孔口；

4）攻螺纹、倒角。攻螺纹后，将六角螺母夹持在台虎钳上，用锉削外曲面方法进行倒角。倒角前，应划出倒角高度线（约 2mm），见图 2-10-6 所示。倒角的要求是：相贯线对称、倒角面圆滑、内切圆准确。

（3）注意事项：

1）在加工时，对尺寸精度（尺寸公差）、形状精度（平面度）和位置精度（平行度、垂直度、角度）三个方面应统筹兼顾，不要顾此失彼。

2）测量前，应去除工件毛刺。

3）要求锉纹顺向一致。

步骤（二）　锯割六方体

（1）工件图（见图 2-10-3）。

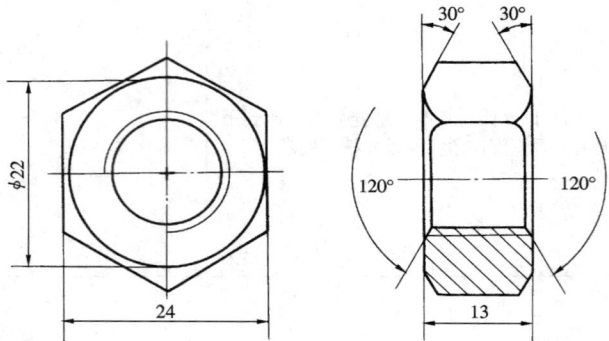

图 2-10-4　六角螺母

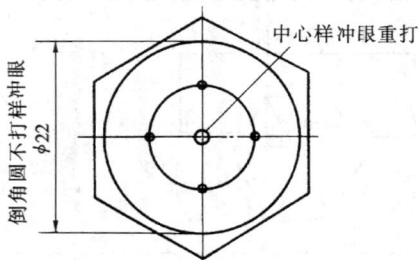

图 2-10-5　六角螺母钻孔前的划线

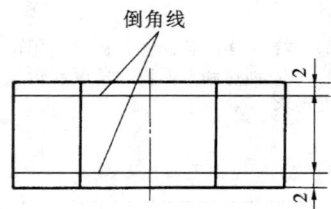

图 2-10-6　六角螺母倒角前的划线

5）去毛刺、打光，达到表面粗糙度要求。

6. 注意事项

（1）划锯割线时，要留有锯缝加工余量（2mm）；锯割时不要多面起锯锯割；

（2）钻孔前，中心样冲眼必须要准确、重打；小孔要钻正。

7. 评分标准（参考）

六角螺母评分标准见表 2-10-4。

表 2-10-4　　　　　　　　　　六角螺母评分标准（参考）

项　目	技 术 要 求	配分	扣 分 标 准	检测手段
尺寸要求	13±0.1	20	一个超差扣 5 分	游标卡尺
平行度	0.1	16	一个超差扣 4 分	
垂直度	0.05	16	一个超差扣 4 分	角尺塞尺
钻　孔	位置偏差<0.2	20	一个超差扣 5 分	游标卡尺
攻　丝	牙形完整	8	一个不正确扣 2 分	目　测
倒　角	见倒角要求	12	一个不符合要求扣 3 分	
表面粗糙度	Ra6.3	8	一个不符合要求扣 2 分	样板、目测
安全文明	遵章守纪	100	违章违纪一次扣 5～20 分	检查记录

操作训练 14　锉配四方体练习

1. 训练要求

（1）正确选用锉刀，锉削操作姿势正确，动作规范；

（2）掌握加工排孔的方法及清角的方法；

（3）初步掌握锉配加工工艺的编制；

（4）理解尺寸公差、形状及位置公差的含义及其测量、控制方法；

（5）锉配工件达到图样技术要求。

2. 工具、量具、辅具

扁锉、方锉、标准麻花钻头、扁錾、锯弓、锯条、刀口尺、直角尺、游标高度尺、游标卡尺、外径百分尺、划线工具和软质钳口垫铁等。

3. 备料

70mm×70mm×10mm（Q235）一件，由操作训练 10 转来；31mm×31mm×10mm（Q235）一件。

4. 工件图（见图 2-10-7）

技术要求：

（1）件 1 与件 2 形状与位置公差要求相同；

（2）定向配合间隙小于 0.08mm；

（3）允许加工清角孔或清角槽。

5. 训练安排

（1）加工件 1：

1）锉削两互相垂直的基准面，

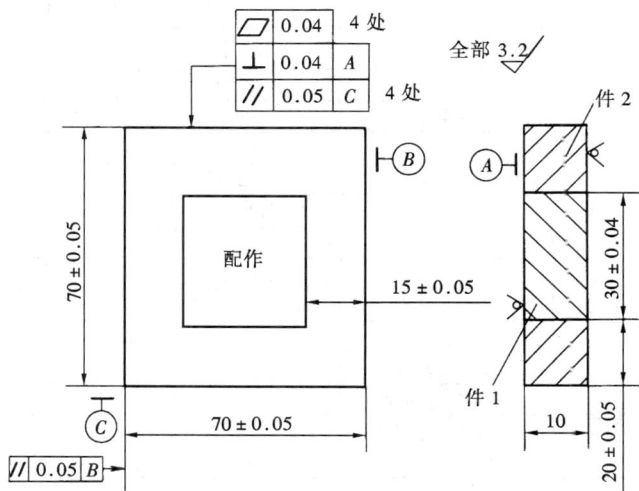

图 2-10-7　四方体锉配工件图

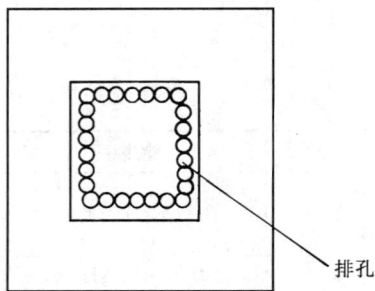

图 2-10-8 用钻排孔
的方法去除材料

达到平面度、垂直度要求；

2）锉削两基准面对面，达到尺寸、平面度、垂直度、平行度要求。

（2）加工件 2：

1）锉削基准面 B、C 两面，达到平面度、垂直度要求；

2）锉削两基准面对面，达到尺寸、平面度、垂直度、平行度要求；

3）划出内四方孔的加工线，用 $\phi5\sim\phi6$ 钻头钻出相切的排孔，并用扁錾将多余材料錾掉，如图 2-10-8 所示；

4）粗锉四方孔内各表面，均留 0.1～0.2mm 精加工余量；

5）精加工距 B、C 两基准面有尺寸要求的内表面，达到尺寸、平面度、平行度、垂直度要求，并注意清角。

（3）锉配：

1）在工件上做好标记，保证定向配合；

2）锉削加工一组对边尺寸，并将件一纵向试配，见图 2-10-9，保证配合间隙，同时注意清角；

3）锉削加工另一组对边尺寸，同样用件一纵向试配，保证配合间隙，同时注意清角；

4）将件 1 定向与件 2 试配，通过透光法或涂色法进行检查，根据透光情况或研点情况修锉局部高点，直至两件达到规定的配合要求。

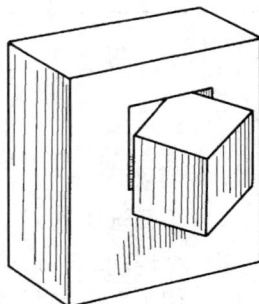

图 2-10-9 试配的方法

6. 评分标准（参考）

锉配四方评分标准见表 2-10-5。

表 2-10-5 锉配四方评分标准

项 目		技术要求	配分	扣分标准	检测手段
件 1	尺寸要求	30±0.04	4	超差扣 4 分	游标卡尺
	平面度	0.04（4 面）	6	一面超差扣 1.5 分	刀口尺、塞尺
	平行度	0.04（2 组）	6	一组超差扣 3 分	百分尺
	垂直度	0.04（2 处）	6	一处超差扣 3 分	角尺、塞尺
	表面粗糙度	$Ra3.2$	4	超差扣 4 分	样板、目测
件 2	尺寸要求	70±0.05	4	超差扣 4 分	游标卡尺
	平面度	0.04（4 面）	6	一面超差扣 1.5 分	刀口尺、塞尺
	平行度	0.04（2 组）	6	一组超差扣 3 分	百分尺
	垂直度	0.04（2 处）	6	一处超差扣 3 分	角尺、塞尺
	表面粗糙度	$Ra3.2$	4	超差扣 4 分	样板、目测
配合	定向配合间隙	≤0.08（4 处）	24	一处超差扣 6 分	塞 尺
	互换配合间隙	≤0.10（4 处）	24	一处超差扣 6 分	塞 尺
安全文明操作		遵章守纪	100	违章违纪一次扣 5～20 分	检查记录

第三单元　机床加工、焊接基本操作训练

模块一 ●●●●●

车　　　削 »

学习训练目标　了解车床的结构；初步掌握车削技能；熟知车削安全注意事项。

在机床加工中，车削加工所占的比例约占机床加工总量的一半以上，其基本工作内容包括：车削内外圆柱面、内外圆锥面、端面、螺纹、槽、回转成形面以及钻孔、铰孔、滚花和盘绕弹簧等。

车削加工中使用的机床称为车床。车床的种类、规格很多，主要有普通车床、六角车床、立式车床、半自动及自动车床、仪表车床和数控车床等。本模块仅以普通车床为例，主要介绍车削加工的基本知识和基本操作加工方法。

课题一　车　　　床

一、普通车床的组成

普通车床的各组成部分见图 3-1-1。

1. 床身

床身是用来支承车床的基础部分，并连接各主要部件。床身上面有供刀架和尾架移动用的两条互相平行的纵向导轨。床身由床脚支承并固定在地基上。

2. 主轴变速箱

主轴变速箱主要是安装主轴及主轴变速机构。变速箱内有变速齿轮，可改变主轴转速。通过操作变速机构，可使主轴获得各挡转速。主轴带动工件旋转，同时通过传动齿轮带动挂轮旋转，将运动传至进给箱。

3. 进给箱

利用内部齿轮机构，按所需进给量或螺距进行调整，把主轴的旋转运动传给光杠或丝杠以得到不同的进给速度。

4. 溜板箱（拖板箱）

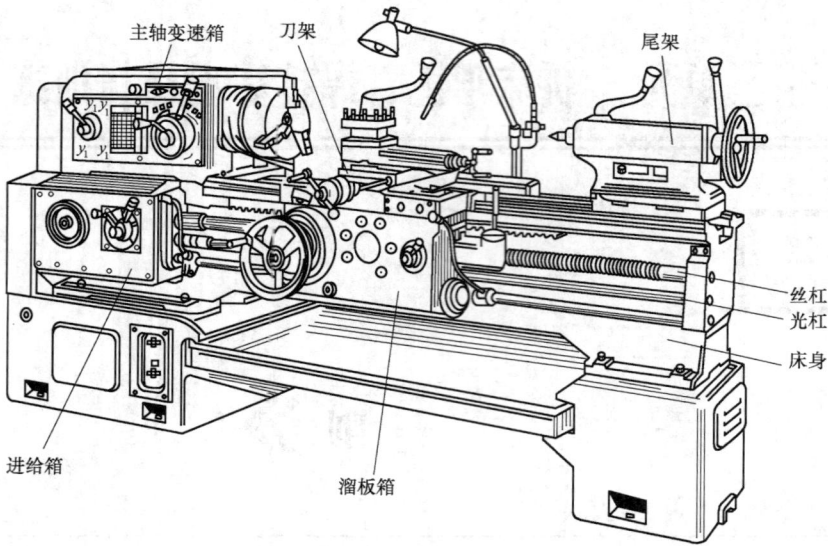

图 3-1-1　CA6140 型卧式车床外形图

　　溜板箱即车床进给运动的操纵箱。通过箱内的齿轮变换，将光杠传来的旋转运动变为车刀的纵向或横向直线运动；也可操纵对开螺母，使丝杠带动车刀作纵向进给运动，以便车削螺纹。

　　5. 刀架

　　刀架（见图 3-1-2）是用来夹持车刀，并使其作纵向、横向或斜向进给运动的。它主要包括：

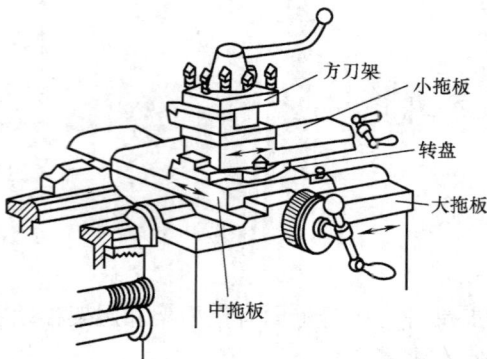

图 3-1-2　刀架

　　（1）大拖板。大拖板与溜板箱连接，可沿床身导轨纵向移动。其上面有横向导轨。

　　（2）中拖板。中拖板可沿大拖板上的导轨横向移动。

　　（3）转盘。转盘与中拖板用螺钉紧固。松开螺钉便可在水平面内扳转任意角度。

　　（4）小拖板。小拖板可沿转盘上面的导轨作短距离移动。转动转盘后可使小刀架作斜向进给运动，便可车削圆锥面。

　　（5）方刀架。方刀架固定在小拖板上。刀架可安装四把车刀，绕垂直轴转换刀架位置即可快速换刀。

　　6. 尾架

　　尾架用来支承工件或安装孔加工刀具等。尾架的位置可以沿床身导轨调节。它由下列几部分组成（见图 3-1-3）：

　　（1）套筒。套筒左端的锥孔用以安装顶尖或锥柄刀具、夹具。套筒在尾架内的位置可用手轮调节，并可用锁紧手柄固定。

（2）尾架体。尾架体与底座相连，当松开固定螺栓后，就可以用调节螺钉调节顶尖的横向位置，如图 3-1-4 所示。

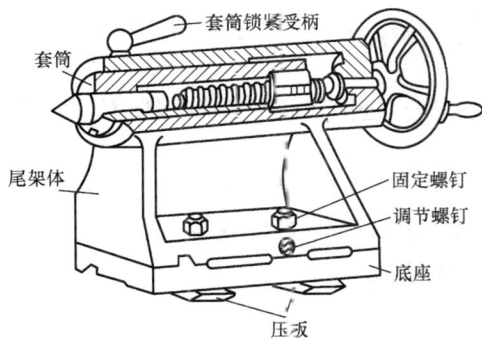

图 3-1-3 尾架

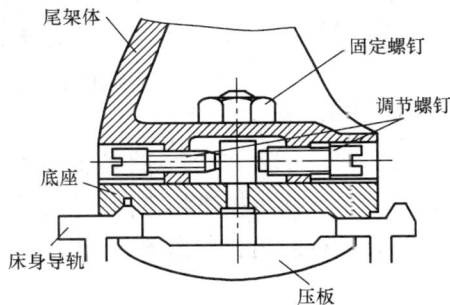

图 3-1-4 尾架体横向调节方法

（3）底座。底座直接与床身连接。

二、车床的操作

车削是在工件高速旋转下进行加工的，任何错误操作都可能产生废品或事故。因此，操作者对车床上的每一个操作按钮、手柄的作用和性能都要了如指掌，才能对车床的操作运用自如，这对初学者尤为重要。

车床的操作训练项目及操作要点如下：

1. 主轴变速操作

（1）为了变换主轴旋转速度，操作主轴变速箱前 1、3、5 手柄，三个手柄的协同配合，使主轴得到 24 级正转转速。见图 3-1-5。

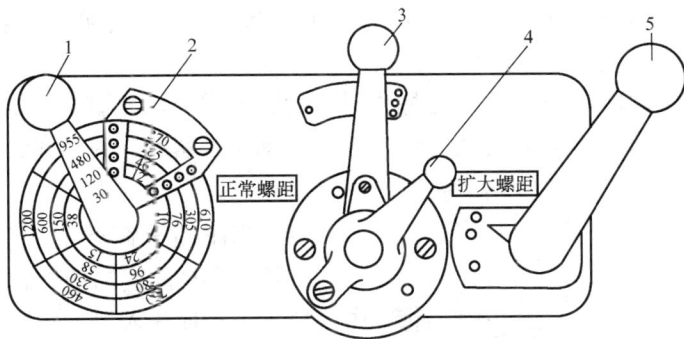

图 3-1-5 主轴变速操作手柄

1—操作手柄；2—扇形座；3—变速操作手柄；4—正常和扩大螺距手柄；5—双动操作

（2）在主轴即将停止运动前，须以极低速进行变换手柄操作，初学者最好停车后进行变速操作。

（3）手柄拨动不顺利时，可用手稍转动主轴后再拨动，此时应打开离合器。

2. 主轴的启动、停止操作

（1）如图 3-1-6 所示，手柄在中央是停止位置，手柄向上抬起为正转，手柄下按为反转。

正转
正转缓冲
停止
逆转缓冲
逆转

图 3-1-6　主轴启动停止手柄

（2）从正转变换成反转时，要在主轴转动停止后再操作手柄（从正转到反转如果连续操作，会使瞬间电流过大，容易发生电气故障）。

3. 自动进给速度变换操作

为了变换纵横自动进给速度，操作进给转换手柄 A、B、C，如图 3-1-7 所示。

4. 自动进给离合操作

（1）为了变换纵横进给方向，操作进给方向转换手柄，如图 3-1-8 所示。

（2）自动进给离合器由图 3-1-8 的进给离合手柄操作。

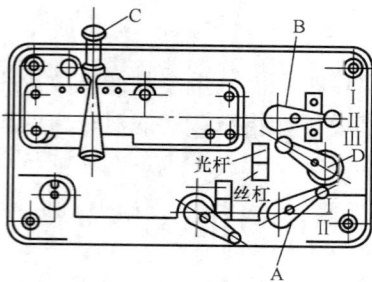

图 3-1-7　进给箱自动进给速度变换手柄

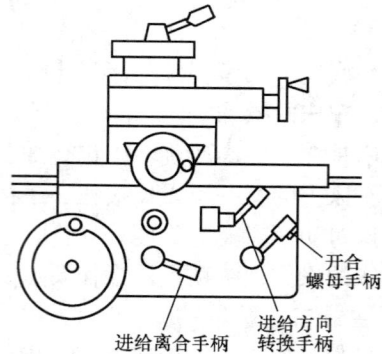

图 3-1-8　进给方向转换手柄

5. 尾座的操作

（1）尾座移动用手动进行，操作时用力不可过猛。特别是尾座接近拖板时，用力要适当，以免碰撞。

（2）为了将尾座固定于床身上，可操作尾座的固定螺母，如图 3-1-3 所示。

（3）尾座套筒的轴向移动，在松开尾座套筒的锁紧手柄后，用后部的圆手轮进行，见图 3-1-3。

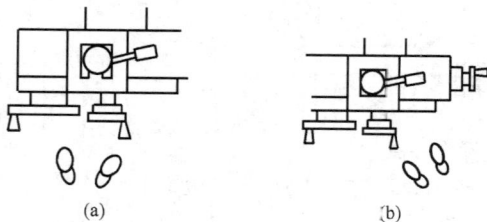

(a)　　　　　(b)

图 3-1-9　操作手柄时的站立位置
(a) 操作纵向进给手轮时；
(b) 操作横向进给手柄和小拖板操作手柄时

（4）当尾座套筒要安装顶尖、钻头等工具时，工具柄和尾座套筒的锥孔应擦净，对准套筒中心位置小心地放入。

（5）尾座偏移的调整，按图 3-1-4 所示的尾座体横向调节方法进行。

6. 操作手柄时的站立位置

（1）将拖板移于床身中央部位（见图 3-1-1）。

（2）操作纵向进给手轮时，站在如图 3-1-9 (a) 所示的前面的中央位置。

（3）操作横向进给手柄和小拖板操纵手柄时，站在如图 3-1-9（b）所示的床鞍的稍右侧。

（4）握住各个手柄时，注意保持正确的姿态和避免过分弯腰，并眼看车刀方向。

课题二 车刀及其安装

一、车刀

1. 车刀的种类和用途

由于车削加工的内容不同，必须采用不同种类的车刀。常用车刀（见图 3-1-10）的名称及用途如下：

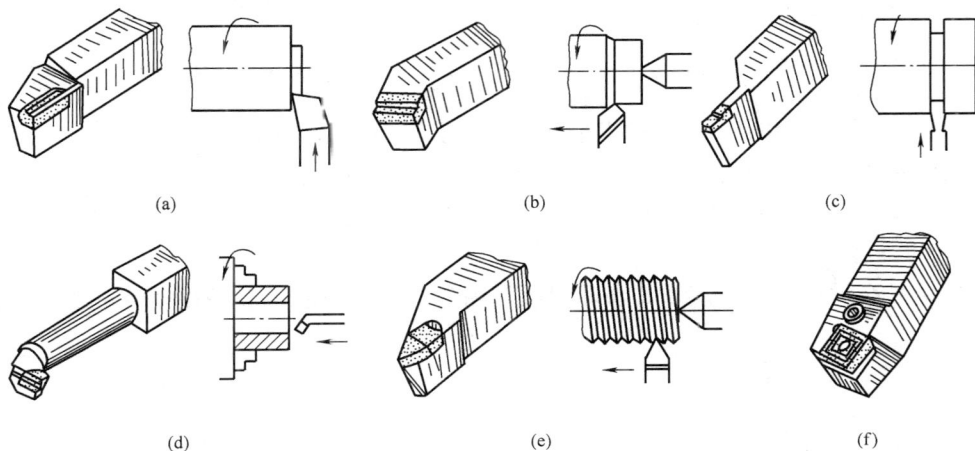

图 3-1-10 常用车刀

（a）90°车刀；（b）45°车刀；（c）车槽刀；（d）内孔刀；（e）螺纹车刀；（f）硬质合金机械夹固可转位车刀

（1）90°车刀（偏刀）：用于车削工件的外圆、阶台和端面。

（2）45°车刀（弯头车刀）：用于车削工件的外圆、端面和倒角。

（3）车槽刀：用于切断工件或在工件上车出沟槽。

（4）内孔刀：用于车削工件的内孔。

（5）螺纹车刀：用于车削螺纹。

（6）硬质合金机械夹固可转位车刀：刀片不需要焊接，用机械夹固方式安装在刀杆上，如图 3-1-11 所示。当刀片上的一个切削刃磨钝以后，只需松夹紧装置，将刀片转过一个角度，即可用新的切削刃继续切削，从而大大缩短了换刀和刃磨车刀等时间，并提高了刀杆利用率。

2. 车刀的切削部分（刀头）及其主要角度

车刀由刀头和刀杆组成。刀杆是车刀的夹持部分，刀头是车刀的切削部分。

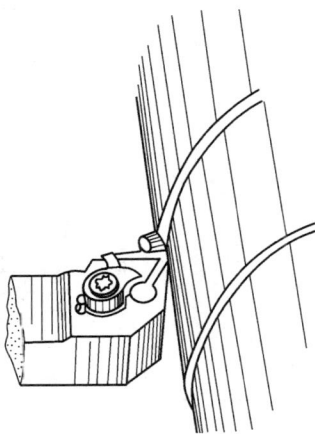

图 3-1-11 硬质合金机械夹固式可转位车刀的工作情况

车刀用高速钢制成，也可在碳素钢刀杆上焊硬质合金刀片。

（1）刀头的构成。车刀刀头由前刀面、主后刀面、副后刀面、主切削刃、副切削刃和刀尖等构成（见图 3-1-12）。为了提高刀尖强度，刀尖处可磨出直线或圆弧形的过渡刃。

（2）切削部分的主要角度。刀头上切削部分的主要角度有前角（γ_0）和后角（α_0），如图 3-1-13 所示。

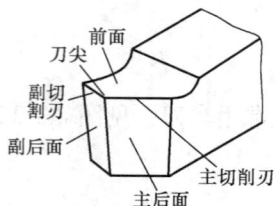

图 3-1-12　刀头的构成

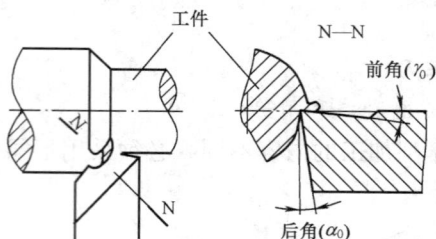

图 3-1-13　切削部分的主要角度

1）前角（γ_0）：前角的作用是使切削刃锋利，切削省力，切屑变形小容易排出。用高速钢车刀车削钢料时，其前角为 $5°\sim8°$；车削铸铁时，角度略小（$4°\sim8°$）；

2）后角（α_0）：后角的作用是车削时减小刀具与工件间的摩擦。后角一般为 $6°\sim10°$。

3. 车刀的刃磨

车刀用钝后必须刃磨，以恢复其合理的形状和角度。车刀的刃磨是在砂轮机上进行的。

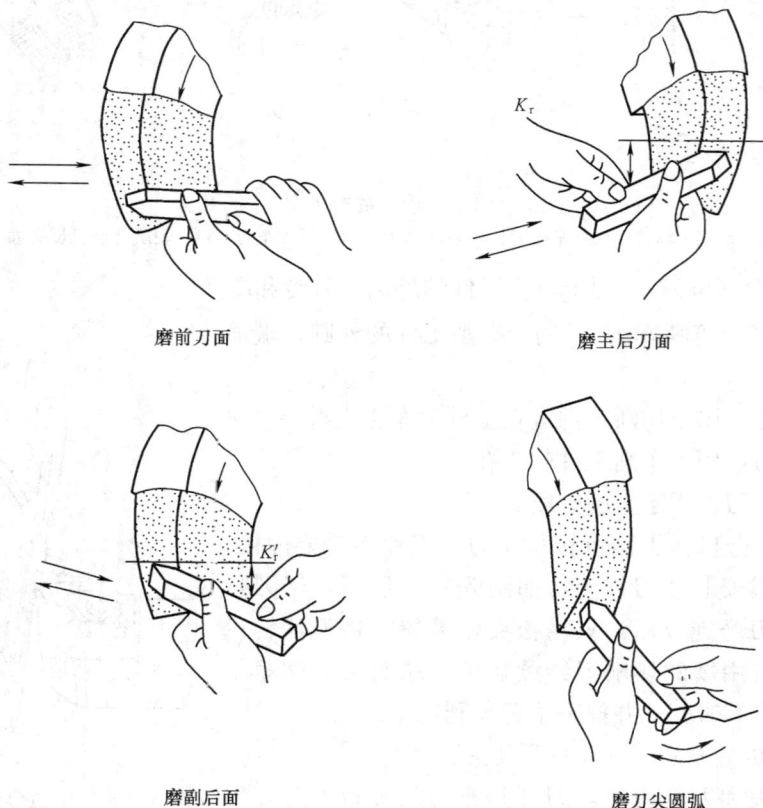

磨前刀面

磨主后刀面

磨副后面

磨刀尖圆弧

图 3-1-14　车刀的刃磨

刃磨高速钢车刀时，选用氧化铝砂轮片；刃磨硬质合金刀片时，选用碳化硅砂轮片。刃磨时的顺序和方法见图 3-1-14。一般，车刀的前刀面无明显磨损，应尽量少磨。

车刀在砂轮机上刃磨后，还要用油石研磨，其方法如图 3-1-15 所示。先将车刀装在车床刀架上，然后用油石贴平后，刀面轻轻上下移动。上推时用力，返回时不用力，直至消除刃磨时的残留痕迹。刀面的表面粗糙度应达 $Ra3.2\sim1.6\mu m$（油石上下移动时必须与后刀面贴紧，否则刀刃会出现圆弧）。

4. 刃磨注意事项

（1）在砂轮机上刃磨时，应戴防护眼镜，站在砂轮机侧面。

（2）操作者应握稳车刀，轻触砂轮片，待接触平稳后给予适当压力，慢慢地移动车刀。

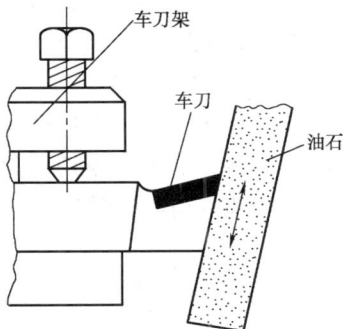

图 3-1-15　用油石研磨

（3）在刃磨过程中，要经常蘸水冷却，以防车刀刃口处过热产生退火。但硬质合金刀具不可蘸水，以免产生裂纹。

（4）要注意检查车刀的主要刃磨角度，如不准确应随时修正。

二、车刀的安装

1. 车刀的安装要求

（1）车刀的安装高度应适宜，即车刀刀尖与工件中心等高。

（2）车刀伸出刀架部分应尽量短些。一般伸出长度不大于车刀厚度的两倍。

（3）车刀应牢固地拧紧在刀架上。

2. 车刀的安装方法

（1）将车刀置于垫片上。先用棉纱将刀架安装面、车刀及垫片擦拭干净，然后挑选数片垫片重叠后垫在车刀下面（垫片数量应尽量少），使车刀刀尖达到工件中心高度，如图3-1-16所示。

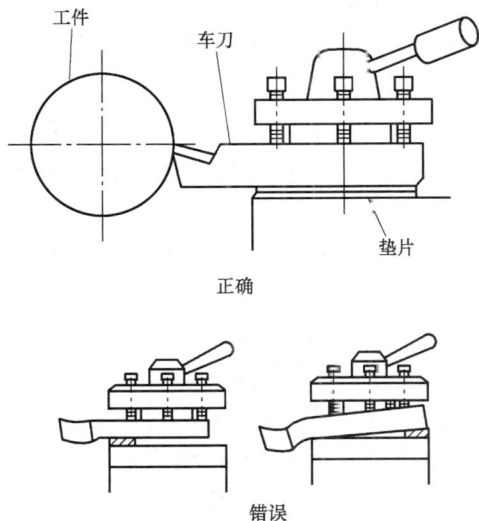

图 3-1-16　车刀垫片的使用

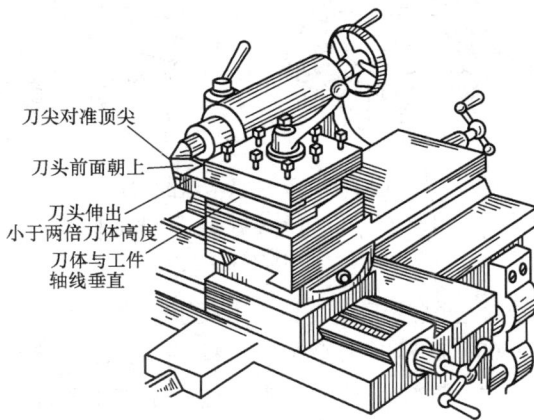

图 3-1-17　调整刀尖高度

（2）调整刀尖高度。第一，将车刀垂直于刀架横向轴线，并使车刀伸出部分尽量短些，暂时拧紧压紧螺栓，将车刀固定；第二，转动刀架45°，再固定，并将车刀尖对准尾架顶尖的顶端，如图3-1-17所示。

（3）拧紧螺栓。拧紧时，应先紧中间螺栓，再紧其它螺栓，紧力要均匀，使刀杆与垫片接触紧密，见图3-1-16。

3. 注意事项

（1）粗车时，一般切削量较大，车刀弯曲变形大。因此，安装车刀时刀尖高度应比工件中心稍高些，当车刀因切削力的作用弯曲时，刀尖高度刚好达到工件的中心高度。

（2）垫片应经过精磨，一般应备有多种厚薄尺寸不同的垫片。

课题三　工件的安装及其所用附件

为了满足车削加工的需要，车床上必须配备各种附件，以供安装工件使用。常用的附件有三爪卡盘、四爪卡盘以及用其他附件安装工件（如顶尖、花盘、跟刀架和中心架等）。对工件安装的主要要求是：工件位置准确、装夹牢固。

一、用三爪卡盘装夹工件

1. 三爪卡盘的构造

三爪卡盘又称自动定心卡盘，是最常用的车床附件。它适用于夹持截面为圆形和正六边形的工件，因能自动定心，装夹方便、迅速，但定心精度不太高，一般为0.05～0.15mm。

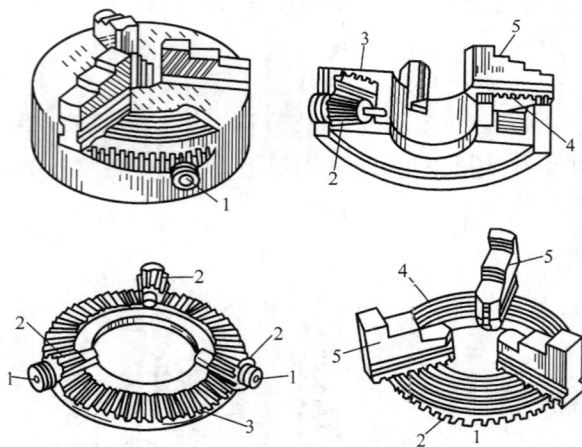

图3-1-18　三爪卡盘的构造
1—方孔；2—小锥伞齿轮；3—大伞齿轮；
4—平面螺纹；5—卡爪

三爪卡盘的构造如图3-1-18所示。通过卡盘上的方孔1扳动小锥伞齿轮2时，大伞齿轮3便转动，平面螺纹4便会使三个爪5同时向里或向外移动。三爪有正爪和反爪之分，用正爪装夹工件时，工件直径不能太大；一般大直径工件和盘类工件尽量采用反爪卡盘装夹。

2. 装夹方法

因三爪卡盘能自动定心，夹持工件时一般无需找正。其具体操作步骤及要求如下：

（1）工件在卡盘间放正，先轻轻夹紧。

（2）开动车床，使主轴低速旋转。检查工件有无偏摆，若有偏摆应停车，用小锤轻敲校正。然后，用扳手依次拧紧三个小伞齿轮，以紧固工件。紧固后，取下扳手。

（3）移动车刀至车削行程左端。用手旋转卡盘，检查刀架等是否与卡盘或工件碰撞。

（4）车削工件的装夹部位为精加工表面时，应包一层铜皮，以免夹伤工件表面。

二、用四爪卡盘装夹工件

四爪卡盘（见图3-1-19）的四个爪是用扳手分别调整的。因此，它可以用来装夹方形、椭圆形或不规则形状的工件。此外，四爪卡盘比三爪卡盘夹紧力大，所以也用来装夹尺寸大的圆形工件。

　　用四爪卡盘安装工件时，必须进行细致的找正，其操作要点如下：

　　（1）先将卡爪打开，用钢尺测量，使相对两爪的距离稍大于工件直径。同时可根据卡盘端面上圆弧线初步判定两爪距中心是否一致。

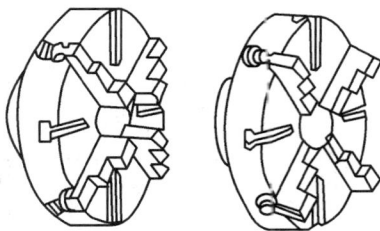

图 3-1-19　四爪卡盘

　　（2）装上工件，先用两个相对的卡爪夹紧，再用另两个相对的卡爪夹紧。用划针盘校正外圆［见图 3-1-20（a）］：慢慢旋转卡盘，观察工件表面与针尖间隙的大小，根据间隙的差异调整相对卡爪的位置。找正时，要耐心、细致，直到工件旋转一周，工件表面与针尖距离均等为止。

　　（3）用划针盘进行端面找正［见图 3-1-20（b）］。工件装在卡盘上，使工件端面与刀架横向进给方向平行，然后用划针指向工件端面并靠近外圆处，用手转动主轴进行找正。对高处可用手锤敲击找正，待完全平行后，用扳手均匀用力使四爪夹紧工件。然后，用划针盘在端面重新检查一次，确定工件装夹位置找正无误后，方可车削。

　　（4）用已加工表面定位且定心精度要求很高的工件，可用百分表进行找正（见图 3-1-21），其方法与用划针盘找正相同。

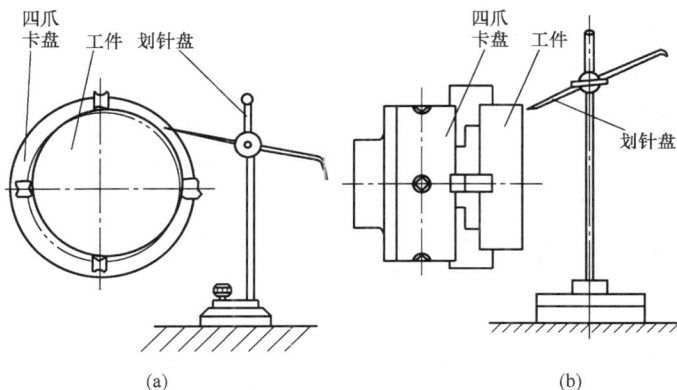

图 3-1-20　用划线盘找正

(a) 校正外圆；(b) 端面找正

三、用其他附件安装工件

　　1. 用顶尖安装工件

　　顶尖形状如图 3-1-22 所示。顶尖适合于安装轴类工件。粗加工时，一般常采用一端以卡盘夹持，另一端用顶尖支撑，如图 3-1-23 所示；当工件加工精度较高或加工顺序较多时，一般采用双顶尖安装工件，并辅以卡箍和拨盘，如图 3-1-24 所示。装在主轴上的称前顶尖，它和主轴一起旋转；装在尾架上的称后顶尖，它是固定不动的。前后顶尖用来确定工件位置，拨盘和卡箍的作用是带动工件旋转。

　　2. 用花盘安装工件

　　形状复杂的工件可在花盘上安装（见图 3-1-25）。用花盘和直角板安装工件时，找正比较费时。同时，要用平衡铁平衡工件和直角板等，以防旋转时产生振动。

　　3. 跟刀架和中心架

　　跟刀架和中心架是车削细长轴时，防止工件弯曲变形用的车床附件。

　　车削时，跟刀架装在刀架的中拖板上，与刀架一起移动（见图 3-1-26），而中心架是固定在床身导轨上固定不动的（见图 3-1-27）。

　　使用跟刀架和中心架时，工件被支承部分应是加工过的表面，且要加机油润滑。

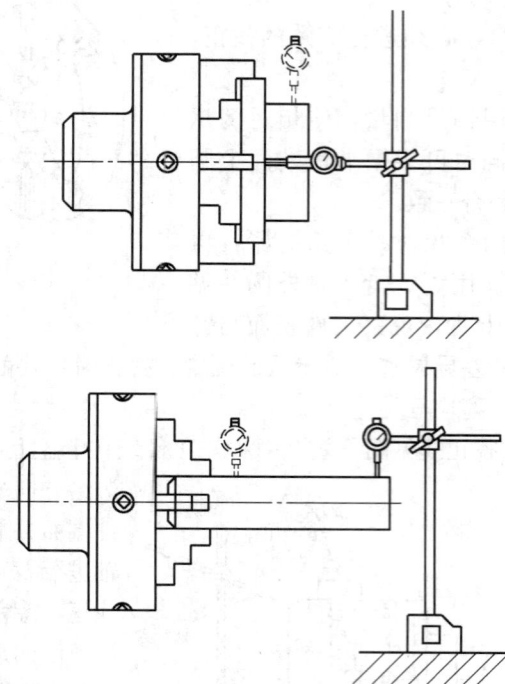

图 3-1-21　用百分表找正

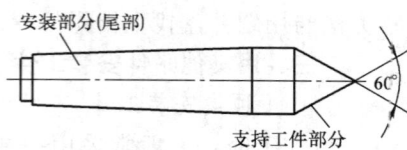

图 3-1-22　顶尖

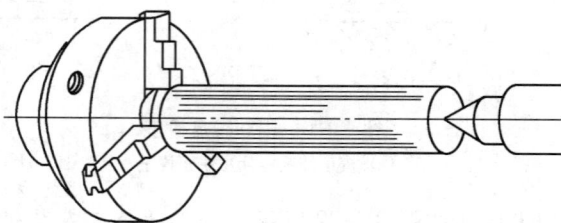

图 3-1-23　用卡盘和顶尖安装工件

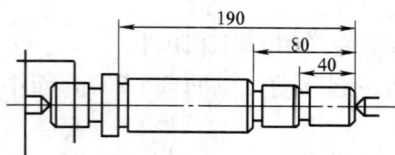

图 3-1-24　双顶尖安装工件

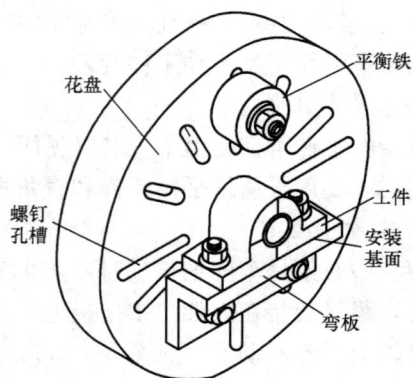

图 3-1-25　用花盘安装工件

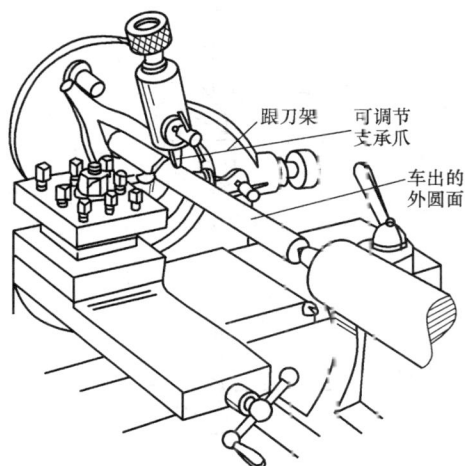

图 3-1-26　跟刀架的作用

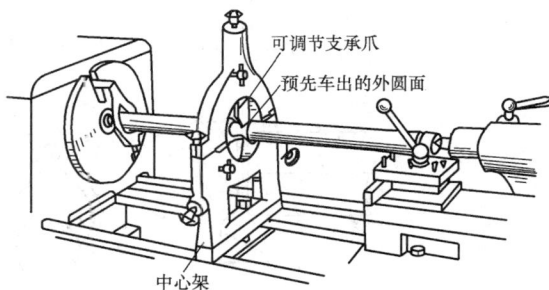

图 3-1-27　中心架的应用

课题四　基本车削方法

一、车削外圆

车削外圆是车削加工中最基本的车削方法，一般分粗车和精车两个步骤。

1. 粗车

粗车的目的是尽快地切去大部分加工余量，留适当的精加工余量，以提高加工效率为主。

（1）粗车时的切削用量。粗车时，切削深度应大些（约 0.8～1.5mm），尽快能一次或两次将粗车余量切去。切削铸件时，可先倒角（因表面有硬皮），然后选择较大的切削深度，以免刀尖被硬皮磨损。

粗车时，进给量一般取 0.2～0.3mm/r。

切削速度的大小与切削深度、进给量的大小、刀具及工件的材料等因素有关。用高速钢车刀车削钢件时，切削速度可取 30～75m/min；车削铸铁时可取 15～40m/min。为了安全操作，初学者应选取较低的切削速度。

（2）粗车方法。先将车刀、工件安装好后，用变速手柄调整主轴转速；然后进行试切以确定切削深度，再调整刀架进给量，用自动进给方式进行车削；检查有无锥度并调整；最后留出粗车余量。外圆的试切方法和步骤如图 3-1-28 所示。

2. 精车

精车时，刀尖应有半径约为 0.3～3mm 的过渡圆弧，前后刀面须用油石加机油研磨，以降低车刀的表面粗糙度。

精车的切削深度较小（0.1～0.2mm），进给量由所需的表面粗糙度而定。如表面粗糙度为 $Ra6.3$ 时，选用 0.1～0.2mm/r；$Ra1.6$ 时，选用 0.08～0.12mm/r。若要得到较小的表面粗糙度值，但切削深度和进给量均选取的较小时，切削速度可取大些。

精车时也必须先试切，以便达到表面粗糙度和尺寸要求。开始时，先用较小的切削深度

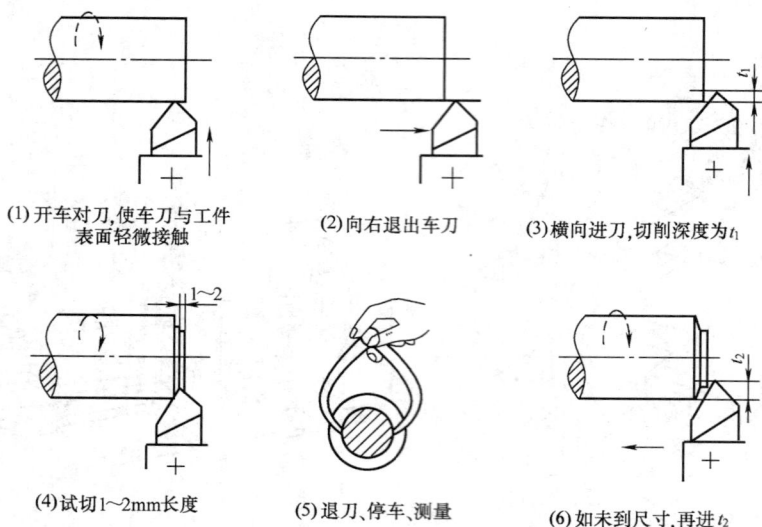

图 3-1-28　外圆的试切方法和步骤

(1) 开车对刀,使车刀与工件表面轻微接触　(2) 向右退出车刀　(3) 横向进刀,切削深度为 t_1
(4) 试切1～2mm长度　(5) 退刀、停车、测量　(6) 如未到尺寸,再进 t_2

切去一层金属,以观察能否达到预定的表面粗糙度值。再调整切削深度,直至达到最后尺寸。试切的步骤如图 3-1-29 所示。

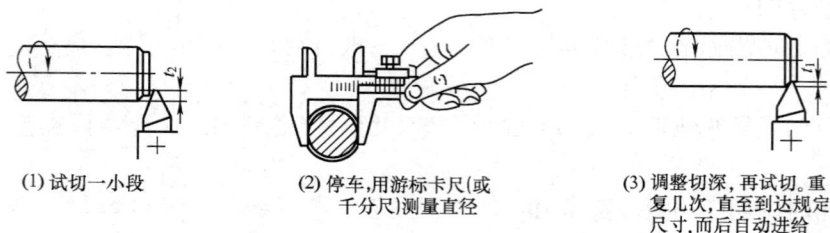

(1) 试切一小段　(2) 停车,用游标卡尺(或千分尺)测量直径　(3) 调整切深,再试切。重复几次,直至到达规定尺寸,而后自动进给

图 3-1-29　精车的试切步骤

精车时,应利用刀架上的刻度盘调整切削深度。使用刻度盘时,必须注意下列问题。

(1) 熟悉所用车床刻线盘每转过一小格时车刀的移动量(a),再根据切削深度(t)计算出所需转过的格数(N)。

例　$a = 0.02$mm,$t = 0.6$mm

则

$$N = \frac{t}{a} = \frac{0.6}{0.02} = 30 \text{(格)}$$

(2) 由于丝杆和螺母间有间隙,当手柄转过了头或试切后发现尺寸小而需要退回时,应按图 3-1-30 所示方法纠正。

二、车削端面

车削端面的步骤与车削外圆相同,只是车刀的运动方向不同。车削内、外圆之前,一般需先车削端面,将其作为工件长度方向尺寸的测量基准,并易保证内、外圆轴线与端面的垂直度。

车削端面时,车刀可由外向里切削(见图 3-1-31),但表面粗糙度值要求较小时,最后一刀可由中心向外切削。

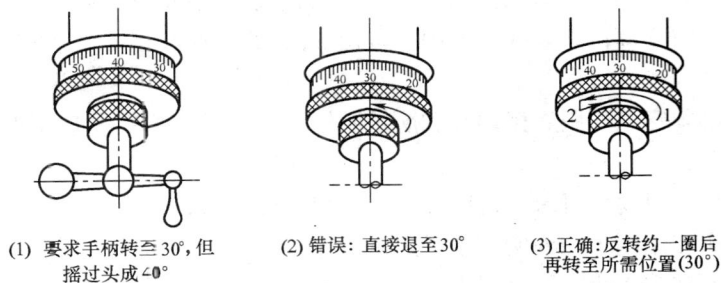

(1) 要求手柄转至30°，但摇过头成40°　　(2) 错误：直接退至30°　　(3) 正确：反转约一圈后再转至所需位置(30°)

图 3-1-30　手柄摇过头后的纠正方法

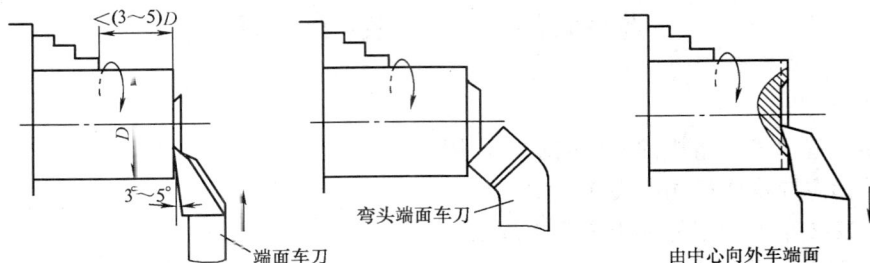

端面车刀　　弯头端面车刀　　由中心向外车端面

图 3-1-31　车削端面

三、车床的保养及安全技术

1. 车床的保养

为了延长机床的使用时间，保持其性能和精度，使用前应用规定的润滑油进行加油。

（1）主轴变速箱加油。

1）使用前，通过油窗检查齿轮箱内的油量是否需要补加；

2）采用强制润滑方式的主轴变速箱，应经常察看箱内的油量是否充足；

3）按车床使用说明，定期换油。

（2）溜板箱加油。

1）保护罩内油槽、溜板前后进给丝杆的加油孔和油杯，应适时加入适量机油；

2）加油孔和油杯中有灰尘和杂物时，应及时清理干净。

（3）尾座加油。

1）尾座套筒后端的螺杆和尾座加油；

2）尾座套筒表面加油时，可转动圆手柄将其伸出。

（4）丝杠、光杆、进给齿轮箱加油。

1）丝杠、光杆的转动部位和所有滑动面应适时少量加油；

2）将棉布（或棉纱）剪成细长条，擦净丝杠后再适量加油；

3）在进给齿轮箱内，向油杯适时加入适量机油。

（5）导轨面、滑动面加油。

1）床身及中、小拖板的导轨面、滑动面用棉纱擦净后，再加油；

2）加油后，左右移动床鞍、中拖板、刀架，使油遍及整个表面；

3）进给丝杠滑动面同样加油。

各部件加油后，低速空车启动车床，并手动床鞍及中拖板，检查及监听运行声音是否正常。如发现异常，需立即停车，找出原因，排出故障后再继续工作。

2. 安全技术

（1）操作者必须穿工作服、戴袖套和防护眼镜，女同学应将头发盘在头上后，戴好工作帽；

（2）未经允许不得动用机床，机床开动时不得离开机床；

（3）清除切屑要用刷子和铁钩，不得用手清除；

（4）操作者不准戴手套，不可月手触摸转动的卡盘或工件；

（5）主轴变速时，必须停车。

操作训练 1 车 削 练 习

1. 训练要求

（1）熟悉普通车床组成部件的名称、作用。

（2）掌握主要操作机构的操作方法。

（3）会安装车刀和工件（用三爪卡盘）。

（4）会车削外圆和端面。

（5）熟知车削安全技术有关操作规程；了解车床的一般保养方法。

（6）按时、独立完成作业，并达到图样中的技术要求。

2. 备料

$\phi45\times234$（Q235）。

3. 工件图（参考）

车削练习工件图如图 3-1-32 所示。

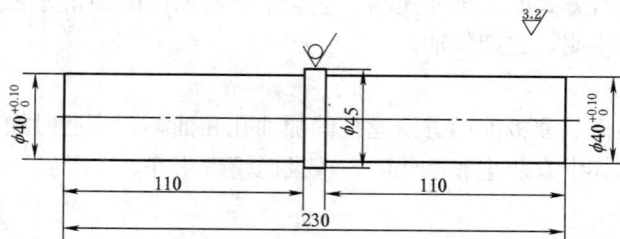

图 3-1-32 车削练习工件图

4. 训练安排

（1）认识车床。教师现场讲解车床的组成及每个操作手柄、按钮和操作机构的用途和使用规则。

（2）按以下操作项目进行操作训练；

1）主轴变速操作；

2）主轴的启动、停止操作；

3）自动进给速度变换操作；

4）进给方向变换和自动进给离合操作；

5）尾座的操作；

6）纵进给手轮和横进给手轮的操作；

7）纵进给手轮和横进给手轮同时操作；

8）横进给手柄和刀架手动进给手柄的操作；

9）横进给手柄和刀架进给手柄同时操作。

（3）用三球手柄练习刀架操作：

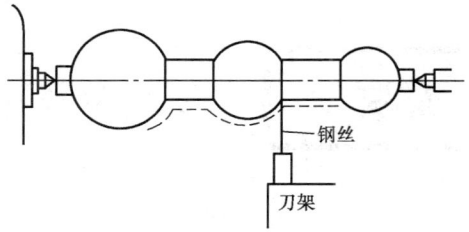

1）如图 3-1-33 所示，将三球手柄装在两顶尖之间。

图 3-1-33 三球手柄

2）先将钢丝捆在木板或车刀柄上，然后固定在刀架上。钢丝的尖端与两顶尖的连线齐平。

3）两手同时操作横进给手柄和纵进给手柄，反复练习操作，使钢丝尖按三球手柄及锥体表面圆滑地移动。

（4）按图 3-1-32 的技术要求车削工件。

复 习 题

一、判断题

1. 车削工件内孔可用 45°弯头车刀。 （ ）

2. 车刀应先用砂轮机刃磨再用油石研磨。 （ ）

3. 车床主轴可直接进行变速，不必停车。 （ ）

二、选择题

1. 车刀伸出刀架部分的长度应小于车刀厚度的（ ）。

（1）2 倍；（2）3 倍；（3）4 倍。

2. 车刀的正确安装是：刀尖与工件的中心线（ ）；刀杆应与工件轴心线垂直。

（1）低些；（2）高些；（3）等高。

三、问答题

1. 普通车床由哪几部分组成？各有什么功能？

2. 安装工件时主要有哪些要求？为什么？

3. 简述粗车外圆时的试切方法和步骤。

刨　　　削 》

学习训练目标　了解牛头刨车床的结构；初步掌握刨削技能；熟知刨削的安全注意事项。

刨削加工的主要工作内容包括：加工各种平面（如水平面、垂直面、斜面）、沟槽（如直槽、V形槽、燕尾槽等）和直线成形面。刨削加工与其他机床加工最大的区别在于其切削为间歇进行。因此，加工效率和加工精度均较低。表面粗糙度能达到 $Ra6.3 \sim Ra3.2 \mu m$。

刨削加工所使用的机床称为刨床。刨床分两大类：牛头刨床和龙门刨床。牛头刨床主要用于单件或小批量生产的中、小型零件加工；龙门刨床主要用于加工大型工件或同时加工多个中型零件。本模块以牛头刨床为例，主要介绍刨削的基本知识和基本操作加工方法。

课题一　牛　头　刨　床

一、牛头刨床的组成

牛头刨床由下列各部分组成（见图3-2-1）：

（1）床身。床身是刨床各部件的基础部分。其顶面导轨供滑枕作往复运动用，前面导轨供工作台升降用。床身内部有传动机构和变速机构，由底座支承。

（2）滑枕。滑枕主要用来带动刨刀作直线往复运动，其前端有刀架。

（3）刀架（见图3-2-2）。刀架用来夹持刨刀。摇动刀架手柄时，拖板可沿转盘上的导轨带动刨刀作上下移动。松开转盘上的螺母，将转盘扳动一定角度后，可使刀架斜向进给。拖板上装有可偏转的拍板座，拍板可绕拍板座上的 A 轴向上转动。刨刀安装在夹刀座上，在返回行程时，可绕 A 轴自由上抬，可减小刨刀与工件的摩擦。

（4）工作台。工作台是用来安装工件的。它固定在横梁上，并可与横梁作上下调整及沿横梁作水平方向的移动。

（5）摇臂机构。摇臂机构装在床身内部，其作用是将电动机的旋转运动转变为滑枕的直线往复运动。

摇臂机构由摇臂齿轮和摇臂等组成（如图3-2-3所示）。摇臂的下端与支架相连，上端与滑枕的螺母相连。摇臂滑槽内的偏心滑块与摇臂齿轮相连。当摇臂齿轮由小齿轮带动旋转时，偏心滑块就带动摇臂绕支架中心摆动，于是滑枕在摇臂的带动下作直线往复运动。

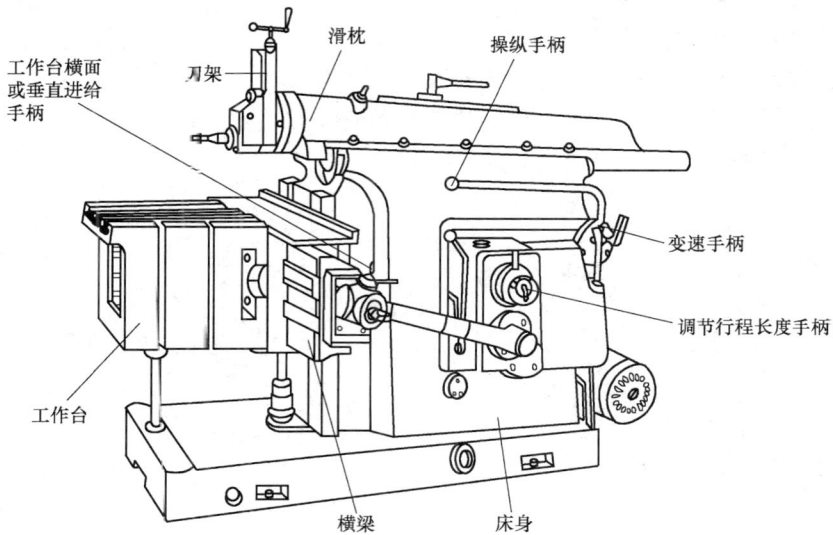

图 3-2-1 牛头刨床

（6）棘轮机构。棘轮机构的作用是将摇臂齿轮的旋转运动传递给横梁内的水平进给丝杠，使工作台在水平方向作自动进给运动。

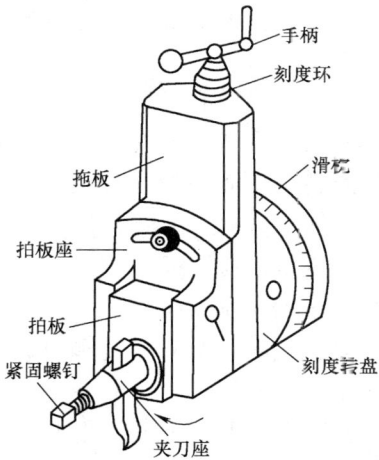

图 3-2-2 刀架

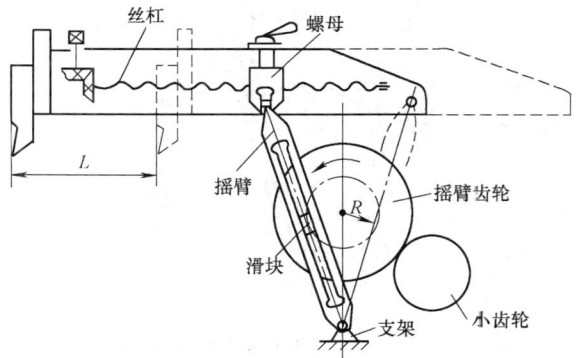

图 3-2-3 摇臂机构示意图

二、牛头刨床的操作

1. 启动前的准备工作

（1）将机床各部分用棉纱擦拭干净。

（2）向所有滑动面加润滑油（特别注意要向床身内摇臂中的滑块处加油）。

（3）速度调整。初学者应将变速转换手柄置于低速位置，见图 3-2-4。

2. 调节滑枕行程长度

调节滑枕行程长度时，应使其调整长度略大于工件加工面的长度，其调节方法是：

（1）将手柄装在行程调整轴的方榫上，松开锁紧螺母。

（2）改变摇臂齿轮上滑块的偏心位置（见图3-2-5）。用手柄转动方榫，使滑块在摇臂齿轮的导槽内移动，从而改变其偏心距 R（见图3-2-3）。偏心距愈大，则滑枕行程愈长。调节行程长度时，顺时针转动方榫，行程增大；反之，行程减小。

（3）边观察滑枕上的行程标尺刻度，边调整行程至需要的长度。

（4）拧紧锁紧螺母。

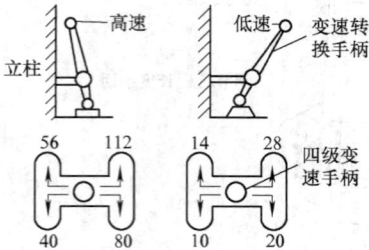

图 3-2-4　速度调整

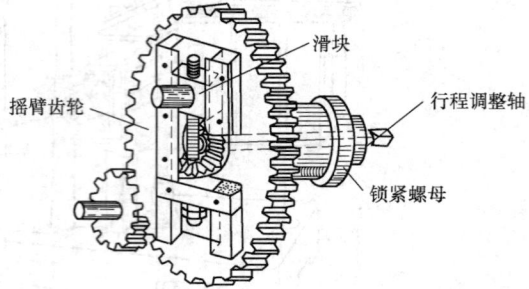

图 3-2-5　改变滑块偏心位置

3. 调整滑枕行程位置

滑枕的行程位置（即刀架位置）应根据工件的位置进行调整。其调整方法如下（见图3-2-6）：

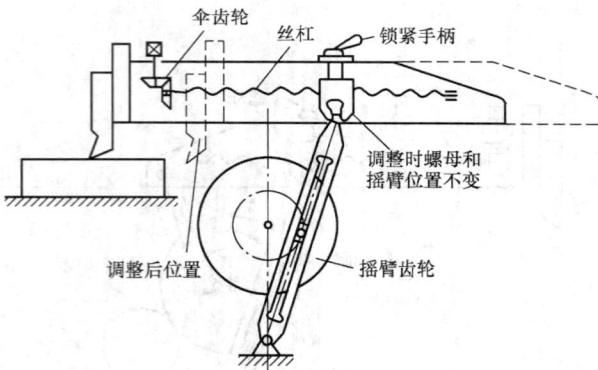

图 3-2-6　调整滑枕行程位置

（1）手动调整滑枕，使摇臂停留在最后端。

（2）松开锁紧手柄。

（3）用扳手转动滑枕内的伞齿轮使丝杠旋转，从而使滑枕移至与工件相适应的加工位置。

（4）扳紧锁紧手柄。

4. 工作台横向进给

工作台横向进给有手动和自动两种操作方式。

（1）工作台手动横向进给操作：

1）将棘轮爪提起，使其处于齿顶位置（如图3-2-7所示）；

2）转动横向进给手柄（见图3-2-1），横向进给丝杠带动工作台沿横梁导轨位移。

（2）工作台自动横向进给操作：

工作台自动横向进给是通过棘轮机构实现的，如图3-2-8所示。摇杆套管套在丝杠轴上，其上装有棘轮爪，棘轮通过键和丝杠连接。齿轮A固定在摇臂齿轮轴上。当齿轮A带动齿轮B旋转时，偏心销通过连杆使摇杆往复摆动。摇臂齿轮每转一周（刨刀往复一次），摇杆即往复摆动一次，使棘轮爪拨动棘轮完成自动进给，棘轮机构的工作情况如图3-2-9所示。

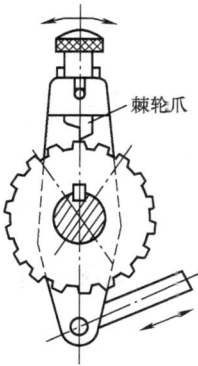

图 3-2-7 提起棘轮爪

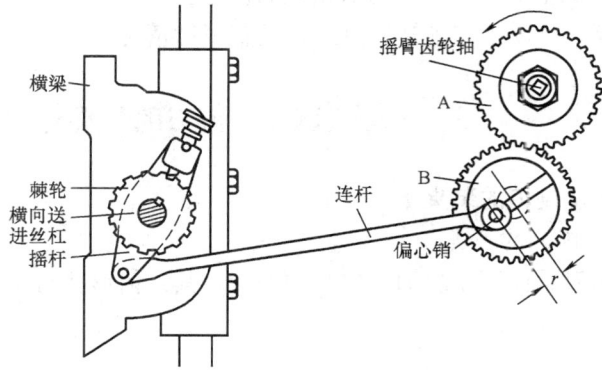

图 3-2-8 棘轮机构示意图

工作台自动横向进给的操作方法是：

1）启动滑枕。

2）按进给方向的要求，调整棘轮爪的位置（见图 3-2-9）。

3）调整进给量。滑枕每往复一次，棘轮爪拨动棘轮的齿数决定进给量。工作台进给量的大小，可借改变齿轮 B 上偏心销的偏心距 r 来调节（见图 3-2-8）；另一种调节机构是在棘轮外圈加挡环（见图 3-2-10），只要改变挡环的位置，就可改变棘轮爪每次有效拨动的齿数。

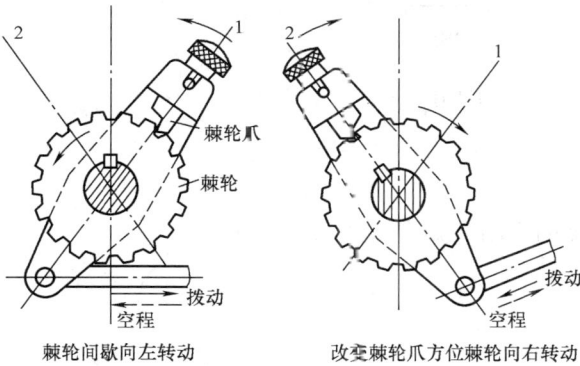

棘轮间歇向左转动 　　改变棘轮爪方位棘轮向右转动

图 3-2-9 棘轮机构工作情况

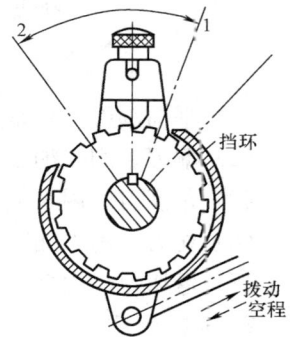

图 3-2-10 用挡环调节进给量

5. 调整工作台高低

（1）将工作台尽量移到横向导轨的中间部位。

（2）按顺序松开以下螺母：柱侧螺母—前托架螺母—自动进给连接杆的锁紧螺母（如图 3-2-11 所示）。

（3）用手柄转动横向导轨移动轴，调整工作台高度，使工作台上的工件与刀架的间隔距离适当。初学者应特别注意，工作台的高度必须低于滑枕的位置，否则会造成机床损坏。

（4）调整完毕后，按松开螺母的顺序扳紧螺母。同

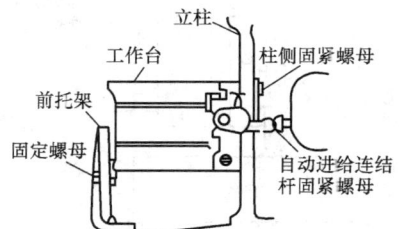

图 3-2-11 松开固紧螺母

时，使棘轮爪位于与移动前相同的位置。

（5）手动工作台横向进给，检查滑动情况。

课题二　刨刀的装夹与工件的安装

一、刨刀的装夹

1. 刨刀的种类

刨刀是保证刨削加工质量的关键，其几何形状与车刀相似。常用刨刀的名称及用途如下（见图 3-2-12）：

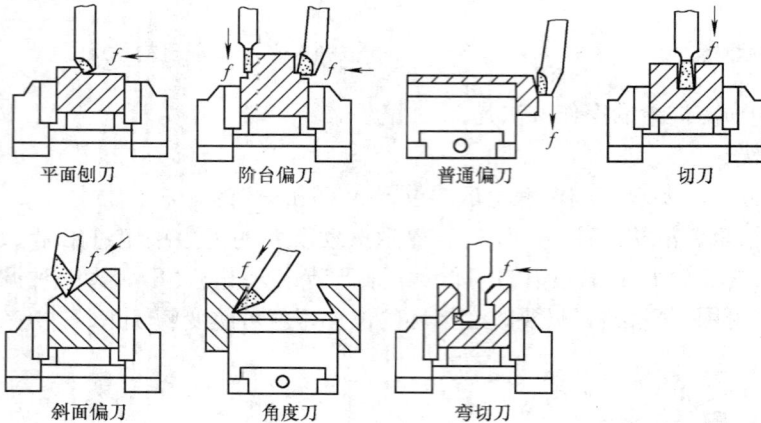

图 3-2-12　常用刨刀及其应用

（1）平面刨刀。用来加工水平表面。

（2）偏刀。用来加工垂直表面或斜面。

（3）角度刀。用来加工相互成一定角度的表面（如内斜面）。

（4）切刀。用来加工直角槽或切断工件。

（5）弯切刀。用来加工内沟槽。

2. 装夹刨刀

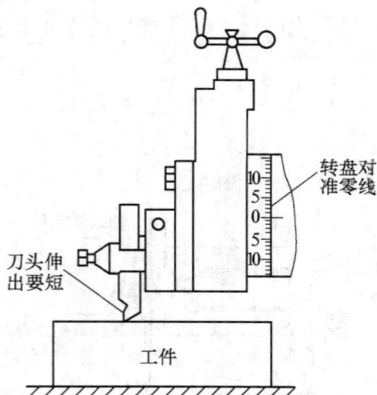

图 3-2-13　装夹刨刀的方法及要求

装夹刨刀的方法及要求如图 3-2-13 所示。松开紧固螺钉，将刨刀装在夹刀座上的刀夹孔内，刀头伸出部分要短，且与工作面保持垂直（转盘对准零线），然后用扳手将紧固螺钉扳紧。

二、工件的安装

1. 在平口虎钳上装夹工件

刨削小工件时，常用平口虎钳装夹，其常见的装夹方法实例见图 3-2-14。

2. 直接在工作台上安装工件

通常，较大的工件可直接压装在刨床工作台上，常见的方法有以下几种（图 3-2-15）。

初次加工毛坯:先初步加紧,后用划针盘按加工界线校正;再用力夹紧

保证加工面与已加工面平行:工件下面放上垫铁,用手锤轻击工件,用力夹紧,再用划针盘检查底面(已加工面)

垫铁不应松动 加工面

保证加工面与已加工面垂直:先把已加工面靠在固定钳口侧,再将圆棒固定在活动钳口侧;用力夹紧使已加工面贴紧钳口

工件 圆棒

加工薄板工件:把薄板工件置于垫铁上,用两块撑板靠在钳口上夹紧工件

撑板 工件 撑板 垫铁

加工有角度的工件:可借助角度垫铁夹紧工件

角度垫铁 工件 角度垫铁

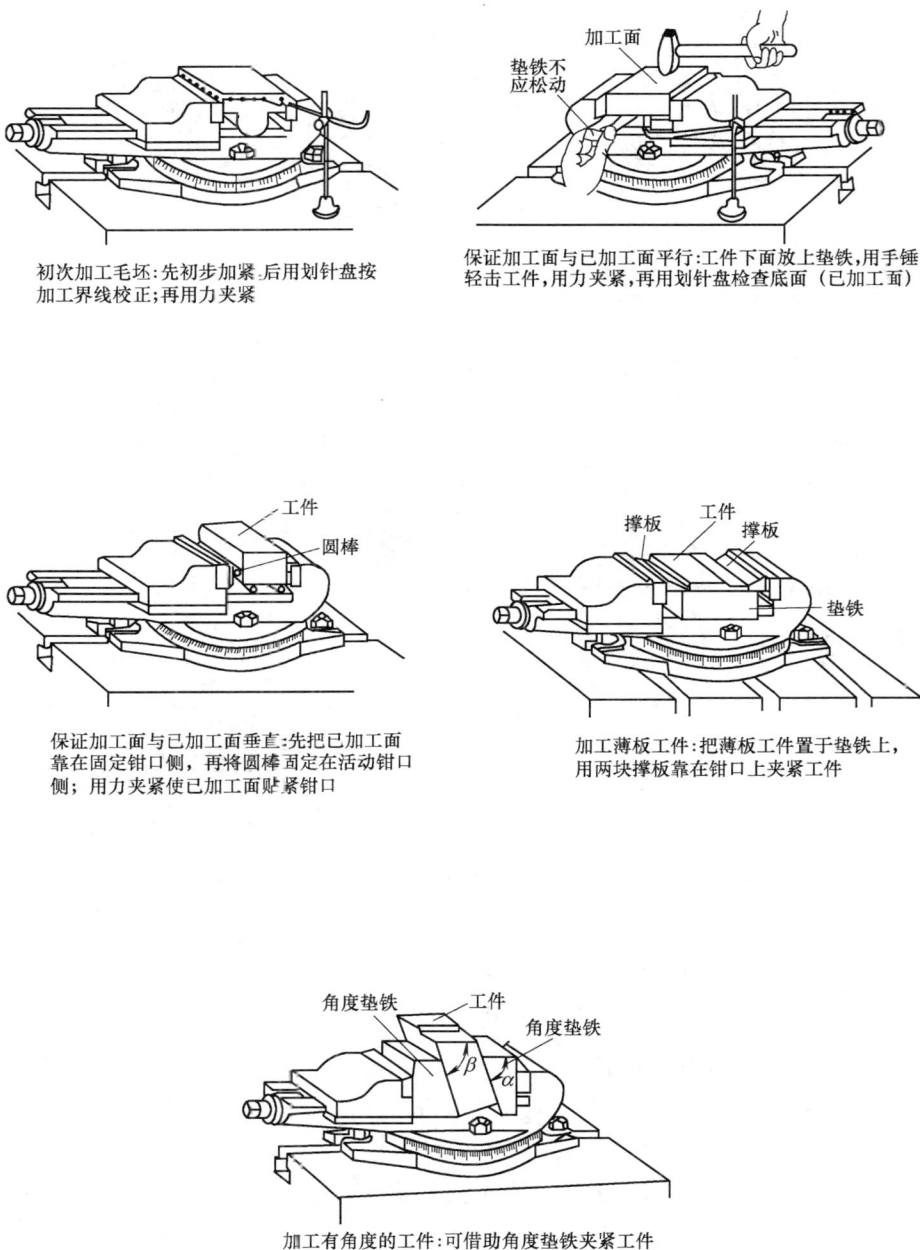

图 3-2-14 用平口虎钳装夹工件实例

(1)用压紧螺栓和压板固定。在加工有凸台的工件和长形工件端面时,可用此方法,如图 3-2-15(a)所示。

(2)用挡块和螺丝挡固定。在加工较大的平板工件时,采用此方法,如图 3-2-15(b)所示。

(3)用斜铁和挡块固定。在加工带通槽的轴类工件时,采用此方法,如图 3-2-15(c)所示。

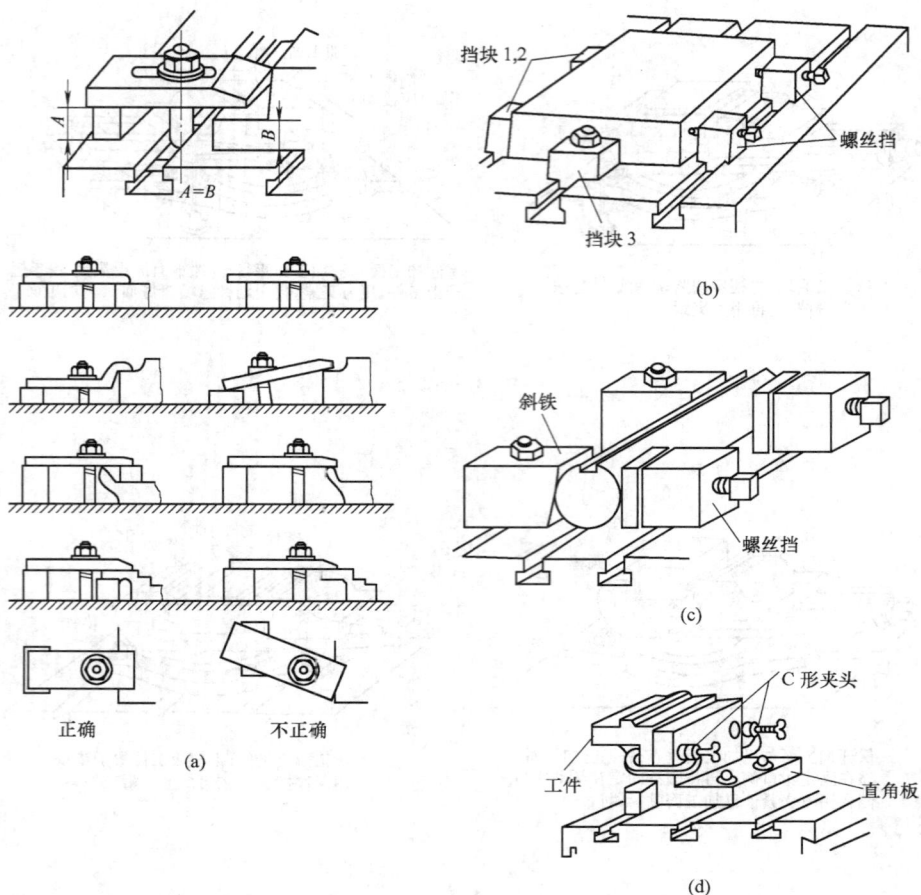

图 3-2-15　直接在工作台上安装工件的实例

（a）用螺栓和压板固定；（b）用挡块和螺丝挡固定；（c）用斜铁和螺丝挡固定；
（d）用直角板和 C 形夹头固定

（4）用直角铁和 C 形夹头固定。加工时，支承表面要垂直安放的工件，可先用压板或 C 形夹头将工件安装在直角铁上，然后再将直角铁固定在工作台上，如图 3-2-15（d）所示。

课题三　刨削的基本作业

一、刨削水平面

刨削水平面时，一般先粗刨，然后精刨，其步骤如下。

1. 准备工作

（1）检查工件尺寸，确定加工余量；将工作台、平口虎钳等夹具擦拭干净。

（2）装夹好平面刨刀。

（3）装夹好工件。

2. 调整机床

（1）根据工件加工面的长度，调整滑枕行程长度和位置，如图 3-2-16 所示，并将工作台调至适宜高度。

（2）将行程的往复行程数调节在 40 次/min 左右。

（3）调整工作台自动进给量。

3. 对刀（将刨刀对准工件）

（1）用手动（或机动）移动滑枕，使刨刀接近工件。

（2）转动工作台横向进给丝杠，将工件移到刨刀下面，使工件一侧靠近刨刀左面；同时转动刀架进给手柄，移动刀架进行对刀，切削深度可控制在 1～2mm。

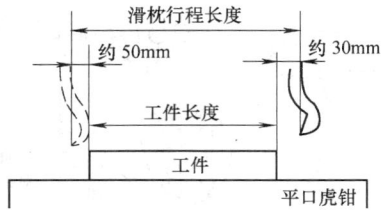

图 3-2-16 根据加工件长度调整滑枕行程

4. 试刨

开动刨床，用手动进给，开始试刨。手动进给 0.5～1mm 后，停车测量工件尺寸。

5. 粗刨

试刨后，调整棘轮爪位置，使工作台自动进给刨削。如工件加工余量较大，不能一次切去时，可分 2～3 次切完。若需要精刨的工件，应留 0.2～0.5mm 的精刨余量。

6. 精刨

当工件表面粗糙度值要求较小时（$Ra6.3～Ra3.2\mu m$），粗刨后还要精刨。精刨的切削深度和进给量比粗刨时要小，切削速度可略高些。为了使工件表面粗糙度达到要求，在刨刀返回时，可用手掀起刀座上的抬刀板，使刀尖不与工件摩擦。

刨削时，一般不使用冷却液。

二、刨削垂直面

垂直面是指与水平面成 90°角的平面。在牛头刨床上刨削垂直面时，是利用刀架向下垂直走刀或工作台上升垂直走刀进行加工的。这种方法，通常用于加工那些不能用刨水平面的方法加工的工件，或用这种方法更为方便的工件，如加工较长工件的端面（见图 3-2-17）等。其加工步骤与刨削水平面的步骤基本相同，但刨削时应注意以下几点：

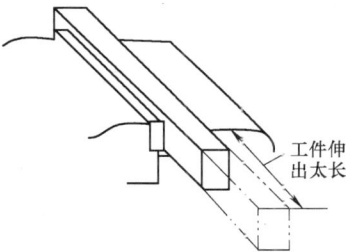

图 3-2-17 刨削工件的端面

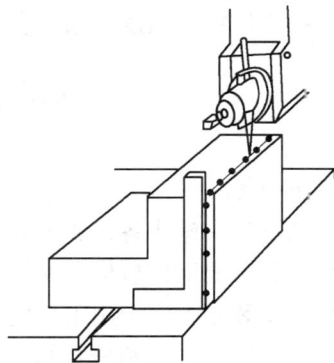

图 3-2-18 利用划线找正工件

（1）为了找正与加工方便，刨削前应按图样要求在工件上划线。

（2）在根据已划出的线安装工件时，要同时保证待加工面与工作台垂直，且与刃削方向平行，如图 3-2-18 所示。

（3）要调整刀架转盘位置，使拖板（刨刀）能准确地沿铅垂方向移动（见图 3-2-19）。

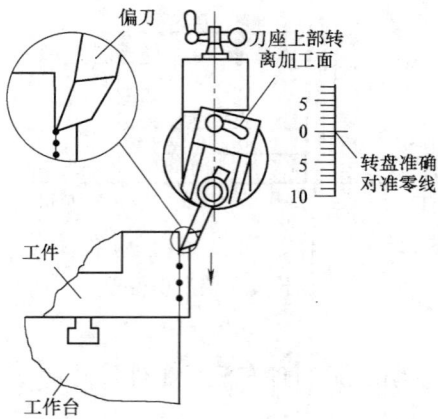

图 3-2-19 调整刀架和垂直进给

（4）要偏转刀座，使其上端离开加工面，以保证返回行程时，刨刀可以自由离开加工面（见图 3-2-19）。

三、刨床的保养及安全技术

（1）在首次开动刨床前必须详细地阅读和熟悉自己所操作刨床的机械和电器使用说明书。对该刨床的试车、调整、操纵、维护常识和润滑部位等应该有充分的了解。操作时，要严格按刨床的安全操作规程进行操作。

（2）正确的润滑是维护、保养刨床的重要措施之一。每天在班前和班后，必须根据润滑指示牌的要求，合理地加注清洁的润滑油。

（3）经常保持刨床各部位的清洁，特别是导轨等滑动部位的清洁。因为铁屑、灰尘等杂物落在导轨等滑动部位时，会加剧导轨面等滑动部位的磨损，有时甚至会擦伤滑动面或卡住滑动部件。所以，每天工作结束后，必须清除刨床上的铁屑等杂物，擦净机床各部分上的污物，并加上润滑油。

（4）刨床在工作过程中，应随时注意刀具或工作台等活动部分，不得与工件或夹具等相碰撞。

（5）在开动刨床前，各有关手柄都应准确地扳到所需的位置上。

（6）在使用机械传动的刨床时，禁止刨床在工作过程中进行变速，以防止损坏传动零件及机构。

（7）机床不应在超负荷下工作，以免影响机床的精度和损坏机床。

（8）移动工作台，刀架或横梁时，应注意不要超过极限位置，并检查其夹紧机构的紧固情况。

（9）在工作中，如发现刨床有不正常的现象时，应及时停车，找出原因并予以排除。

操作训练 2　刨　削　练　习

1. 训练要求

（1）知道牛头刨床各组成部分的名称、作用。

（2）掌握主要操作机构的操作（或调整）方法。

（3）会安装刨刀；会用平口虎钳装夹工件。

（4）会刨削水平面和垂直面。

（5）熟知刨床的安全操作规程；知道刨床的一般保养方法。

（6）按时、独立完成作业，并达到图样中的技术要求。

2. 备料

92×72×32（HT150）。

3. 工件图（参考）

刨削练习工件图如图 3-2-20 所示。

4．训练安排

（1）认识刨床。教师现场讲解牛头刨床的组成及每个操作手柄、按钮和操作机构的用途和使用规则。

（2）按以下操作项目进行操作训练：

1）速度调整；

2）滑枕行程长度的调整；

3）滑枕行程位置的调整；

4）工作台手动、自动横向进给操作；

5）调整工作台高低位置。

（3）按图 3-2-20 的技术要求刨削工件。

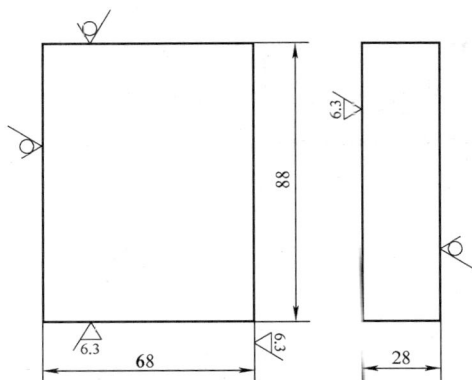

图 3-2-20　刨削工件图

复　习　题

一、判断题

1．刨削时，偏刀是用来加工工件内沟槽的。　　　　　　　　（　　）

2．试刨时，应采用手进给。　　　　　　　　　　　　　　（　　）

3．刨床可在工作过程中进行变速。　　　　　　　　　　　（　　）

二、选择题

1．刨削时，滑枕行程长度应（　　）工件加工面的长度。

（1）略小于；（2）略大于；（3）等于。

2．精刨的切削速度应比粗刨的切削速度（　　）。

（1）略低；（2）略高；（3）相同。

三、问答题

1．安装刨刀时有何要求？为什么？

2．刨削前，机床必须做那些调整？如何调整？

3．刨削垂直面时，如何调整刀架？

铣 削 和 磨 削 》》

学习训练目标 了解铣床和磨床的结构；知道铣削和磨削的应用；了解操作方法；知道铣削和磨削的安全注意事项。

课题一 铣 削

铣削加工在机床加工中所占的比重仅次于车削加工，其加工内容主要包括：加工平面、槽（T形槽、键槽、燕尾槽、螺旋槽）、分齿零件（齿轮、链轮、棘轮、花键轴）以及成形面等。铣削与车削加工最大的区别是：车削是利用工件旋转和刀具的相对移动完成切削加工的；而铣削则是利用刀具旋转和工件移动（或转动）完成切削加工的。此外，车削刀具一般由操作人员自行刃磨，而铣削刀具多由专门厂家成批成套生产。

一、铣床

铣削加工所使用的机床称为铣床。常用的铣床有卧式铣床和立式铣床两种。

1. 卧式铣床

卧式铣床的特点是主轴与工作台面相平行，其组成部分见图 3-3-1。

（1）床身。床身用来支承铣床的各个部件。其上面有移动横梁用的水平导轨；前壁有供升降台上下移动的导轨；内部装有主轴、主轴变速箱和进给箱。

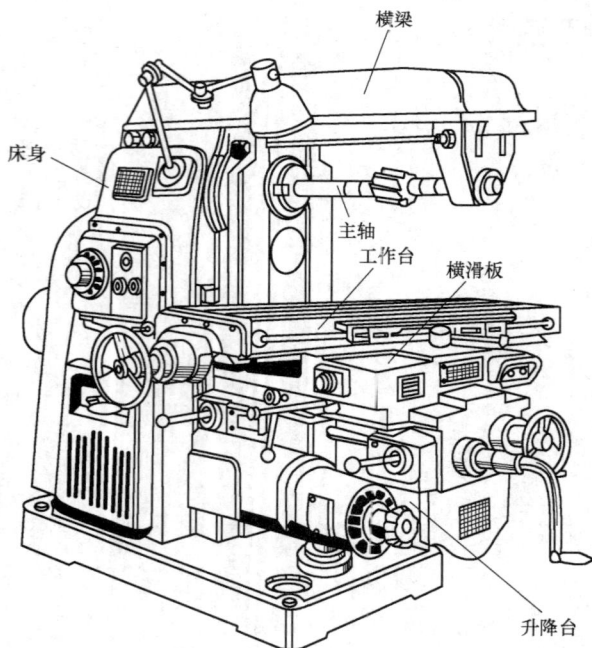

图 3-3-1 卧式铣床

（2）横梁。横梁前端装有支架，用以支持刀杆，减少刀杆弯曲和颤动。横梁伸出的长度可根据刀杆的长度调整。

（3）主轴。主轴用来安装刀杆并带动铣刀旋转。主轴制成空心，前端有锥孔以便安装刀杆锥柄。

（4）升降台。升降台用来带动工作台作铅垂移动，其上面有供横滑板移动用的导轨。

（5）横滑板。横滑板是带动工作台作横向移动的。

（6）工作台。工作台可在横滑板上纵向移动。有的工作台下面有转盘，当转过一定角度后，便可作斜向进给运动。这种铣床又称为万能铣床。

2. 立式铣床

立式铣床（见图3-3-2）的主要特点是主轴与工作台台面相垂直。有的立式铣床其主轴还能扳转一定角度，以扩大加工范围，如铣斜面等。

二、铣刀

1. 铣刀的种类

铣刀的种类很多，按其用途可分为三大类（见图3-3-3）：

（1）加工平面用铣刀。有端面铣刀和圆柱铣刀。

（2）加工沟槽用铣刀。有盘铣刀、立铣刀和角度铣刀等。

（3）加工特形面用铣刀。有专用成形铣刀。

2. 铣刀的选用

铣削时，正确地选用铣刀对保证加工质量和提高加工效率十分重要。选用时，一般应根据工件的加工要求（加工精度、表面粗糙度、加工余量等）、加工刀具的形状和加工面积的大小等因素选择铣刀。例如，端面铣刀是利用铣刀端面上的刀齿进行加工的，且副刀刃参加切削，有修光作用，因而其加工质量比用圆柱铣刀和立铣刀好，刀具的耐用度也较高，所以一般大平面的铣削常

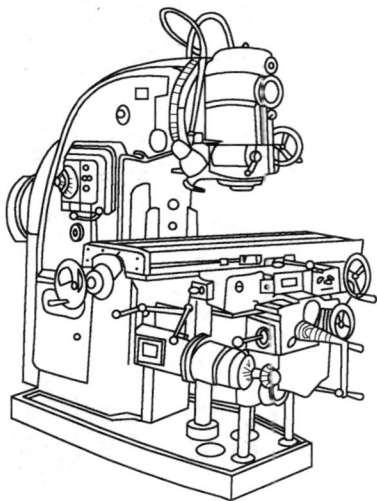

图 3-3-2 立式铣床

选用端面铣刀。圆柱铣刀主要用来加工狭长的平面，可获得较高的加工效率；立铣刀主要用来加工阶台面以及沟槽、凹台中的平面。

三、分度头及其使用方法

1. 分度头的规格

分度头（见图3-3-4）是铣床上的主要附件。应用分度头能对工件进行分度划线及对有分头要求的工件进行加工，如铣齿、钻等分或非等分孔等。分度头的规格以顶尖（主轴）中心线到底面的高度表示。例如万能分度头 FW125，即表示顶尖中心到底面的高度为125mm。常用的规格有 FW100、FW125、FW135 和 FW160 等几种。

2. 分度头的传动原理

分度头的传动原理如图3-3-5所示。2是安装在主轴上的40齿蜗轮，3是单头蜗杆且与蜗轮啮合，B_1、B_2 为齿数相等的两圆柱直齿轮。分度时，将工件装夹在卡盘1上，当拨出分度手柄插销7，转动手柄8绕心轴4转一周，通过 B_1、B_2 直齿轮即可带动蜗杆旋转一周，从而使蜗轮转动1/40周（即工件转1/40周）。分度盘6、套筒5及圆锥齿轮 A_1—A_2 相连，套筒装在心轴4上。分度盘上有多圈不同数目的等分小孔，利用这些小孔，根据算出工件等分数值的要求，选择合适的等分数的小孔，将手柄8依次转过一定的转数和孔数，使工件转过相应的角度，即可对工件进行分度和划线。

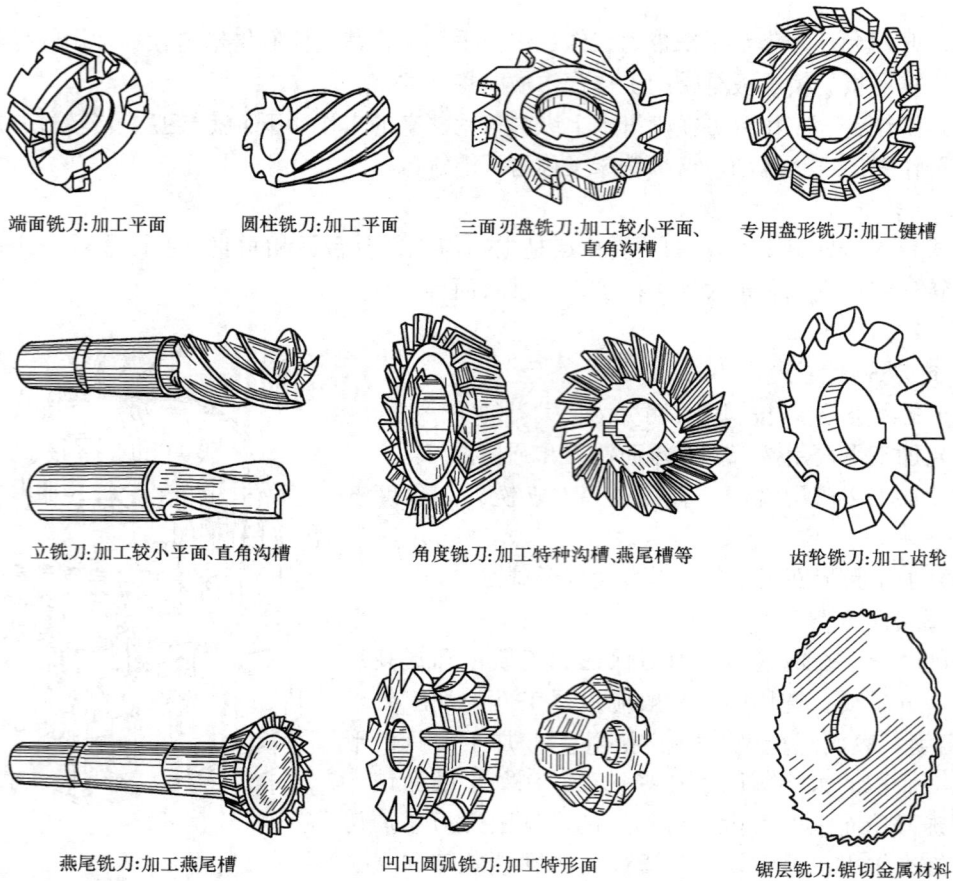

端面铣刀:加工平面　　圆柱铣刀:加工平面　　三面刃盘铣刀:加工较小平面、　专用盘形铣刀:加工键槽
　　　　　　　　　　　　　　　　　　　　　　　直角沟槽

立铣刀:加工较小平面、直角沟槽　　角度铣刀:加工特种沟槽、燕尾槽等　　齿轮铣刀:加工齿轮

燕尾铣刀:加工燕尾槽　　凹凸圆弧铣刀:加工特形面　　锯层铣刀:锯切金属材料

图 3-3-3　铣刀的种类及用途

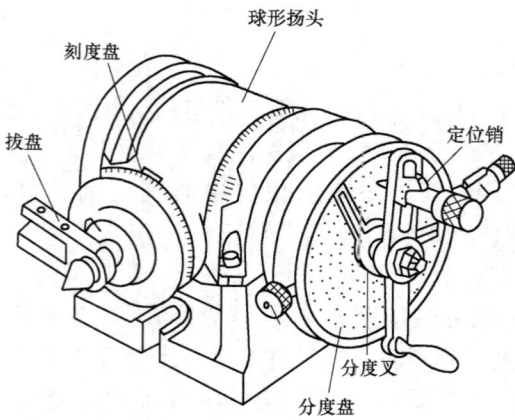

图 3-3-4　分度头

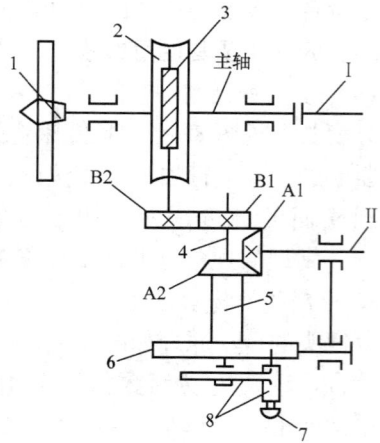

图 3-3-5　分度头的传动原理

3. 简单分度法

简单分度法是最基本的分度方法。由图 3-3-5 可知,由于蜗轮副的传动比为 1/40,因

此，工件在完成每一等分时，分度手柄8应转过的圈数即可由式（3-3-1）计算得出，即

$$n = \frac{40}{z} \qquad (3\text{-}3\text{-}1)$$

式中 n——工件每一等分，手柄所转圈数；

　　　z——工件所需等分数。

例1 要在某一法兰盘端面上钻出均布的10个孔，试计算出用分度头划线时，每划完一个孔位后，分度头手柄应转多少圈？

解 按题意要求，工件所需等分数 $z=10$，手柄应转圈数可由公式计算得出，则

$$n = \frac{40}{z} = \frac{40}{10} = 4(\text{圈})$$

由例1可以看出，工件的等分数若能整除40，可采用简单分度法直接计算出手柄应转的整圈数。

例2 在铣一齿数为33的齿轮时，当铣好一个齿后，分度手柄应转几圈再铣第2齿？

解 按题意要求，工件所需等分数 $z=33$，手柄应转的圈数可由公式计算得出，则

$$n = \frac{40}{33} = 1\frac{7}{33}(\text{圈})$$

由计算结果可以看出，手柄应转的圈数不是整数，而是一个能分解的简单数。在这种情况时，应利用分度盘（分度头上一般有带一块、两块的分度盘）通过查表确定孔眼数。因此，通过查表3-3-1得知，可将 $\frac{7}{33}$ 的分子、分母同时扩大两倍，则手柄的转数 $n = 1\frac{7\times2}{33\times2} = 1\frac{14}{66}$（圈），即手柄在分度盘中有66个孔位的一圈上转1圈又14个孔距。

表 3-3-1 　　　　　　　　　　　　**分 度 盘 的 孔 数**

分度头型式	分 度 盘 的 孔 数
带一块分度盘	正面：24、25、28、30、34、37、38、39、41、42、43 反面：46、47、49、51、53、54、57、58、59、62、66
带两块分度盘	第一块正面：24、25、28、30、34、37 反面：38、39、41、42、43 第二块正面：46、47、49、51、53、54 反面：57、58、59、62、66

为了方便，简单分度时可直接查阅简单分度表（见表3-3-2）。

表 3-3-2 　　　　　　　　　　　　**简 单 分 度 表**

工件等分数	分数盘孔数	手柄回转数	转过的孔距数	工件等分数	分数盘孔数	手柄回转数	转过的孔距数
2	任意	20	—	9	54	4	24
3	24	13	8	10	任意	4	—
4	任意	10	—	11	66	3	42
5	任意	8	—	12	24	3	8
6	24	6	16	13	39	3	3
7	28	5	20	14	28	2	24
8	任意	5	—	15	24	2	16

续表

工件等分数	分数盘孔数	手柄回转数	转过的孔距数	工件等分数	分数盘孔数	手柄回转数	转过的孔距数
16	24	2	12	52	39	—	30
17	34	2	12	53	53	—	40
18	54	2	12	54	54	—	40
19	38	2	4	55	66	—	48
20	任意	2	—	56	28	—	20
21	42	1	38	57	57	—	40
22	66	1	54	58	58	—	40
23	46	1	34	59	59	—	40
24	24	1	16	60	42	—	28
25	25	1	15	62	62	—	40
26	39	1	21	64	24	—	15
27	54	1	26	65	39	—	24
28	42	1	18	66	66	—	40
29	58	1	22	68	34	—	20
30	24	1	8	70	28	—	16
31	62	1	18	72	54	—	30
32	28	1	19	74	37	—	20
33	66	1	14	75	30	—	16
34	34	1	6	76	38	—	20
35	28	1	4	78	39	—	20
36	54	1	6	80	34	—	17
37	37	1	3	82	41	—	20
38	38	1	2	84	42	—	20
39	39	1	1	85	34	—	16
40	任意	1	—	86	43	—	20
41	41	1	40	88	66	—	30
42	42	—	40	90	54	—	24
43	43	—	40	92	46	—	20
44	66	—	60	94	47	—	20
45	54	—	48	95	38	—	16
46	46	—	40	96	24	—	10
47	47	—	40	98	49	—	20
48	24	—	20	100	20	—	10
49	49	—	40	102	51	—	20
50	25	—	20	104	39	—	15
51	51	—	40	105	42	—	16

续表

工件等分数	分数盘孔数	手柄回转数	转过的孔距数	工件等分数	分数盘孔数	手柄回转数	转过的孔距数
106	53	—	20	155	62	—	16
108	54	—	20	156	39	—	10
110	66	—	21	160	28	—	7
112	28	—	10	164	41	—	10
114	57	—	20	165	66	—	16
115	46	—	16	168	42	—	10
116	58	—	20	170	34	—	8
118	59	—	20	172	43	—	10
120	66	—	22	176	66	—	15
124	62	—	20	180	54	—	12
125	25	—	8	184	46	—	10
130	39	—	12	185	37	—	8
132	66	—	20	188	47	—	10
135	54	—	16	190	38	—	8
136	34	—	10	192	24	—	5
140	28	—	8	195	39	—	8
144	54	—	15	196	49	—	10
145	58	—	16	200	30	—	6
148	37	—	10	204	51	—	10
150	30	—	8	205	41	—	8
152	38	—	10	210	42	—	8

四、铣削的基本作业

1. 平面铣削

铣削平面时，用卧式铣床和立式铣床均可进行。在卧式铣床上铣削平面时使用圆柱形铣刀，在立式铣床上铣削平面时使用端面铣刀（见图3-3-6），其加工步骤如下：

（1）安装铣刀。铣刀是装夹在固定于主轴的刀杆（刀轴）上的。刀杆如图3-3-7所示。刀杆与主轴的连接方法见图3-3-8。安装铣刀的步骤如图3-3-9所示。

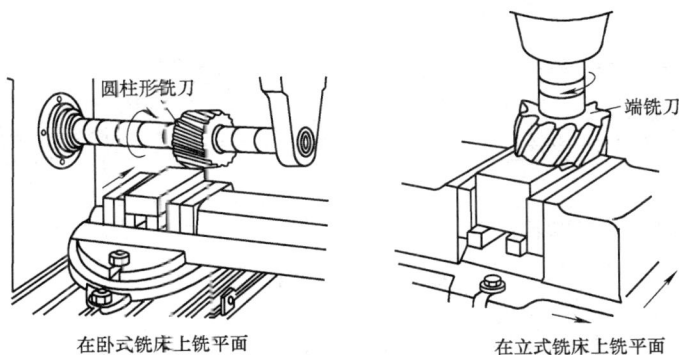

在卧式铣床上铣平面　　在立式铣床上铣平面

图3-3-6　在铣床上铣削平面

螺孔

装入支架

锥柄　键槽　垫圈　压紧螺母
（左旋螺纹）

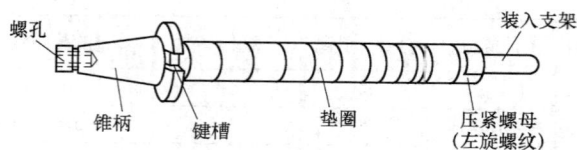

图 3-3-7　刀杆（刀轴）

（2）安装工件。铣削平面时，工件可装夹在平口虎钳上，也可用压板直接安装在工作台上。其安装方法与刨削水平面工件时的方法基本相同。

（3）调整铣床。根据加工要求，选定切削用量后调整切削速度和进给量，切削深度可按图 3-3-10 所示步骤调整。

（4）开车铣削。铣削平面的步骤如图 3-3-11 所示。

2. 注意事项

（1）安装铣刀前，必须将刀杆、铣刀及垫圈的孔与端面擦拭干净，否则会使铣刀装得不正。

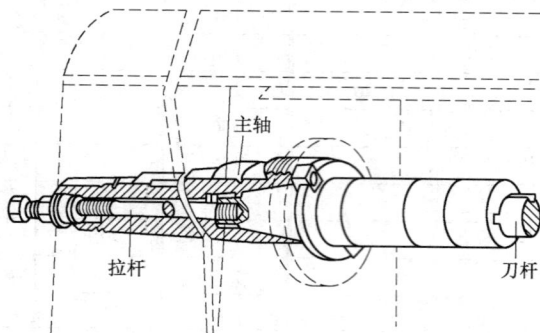

主轴

拉杆　　　　　　　　　　　　　　刀杆

图 3-3-8　刀杆与主轴的连接方法

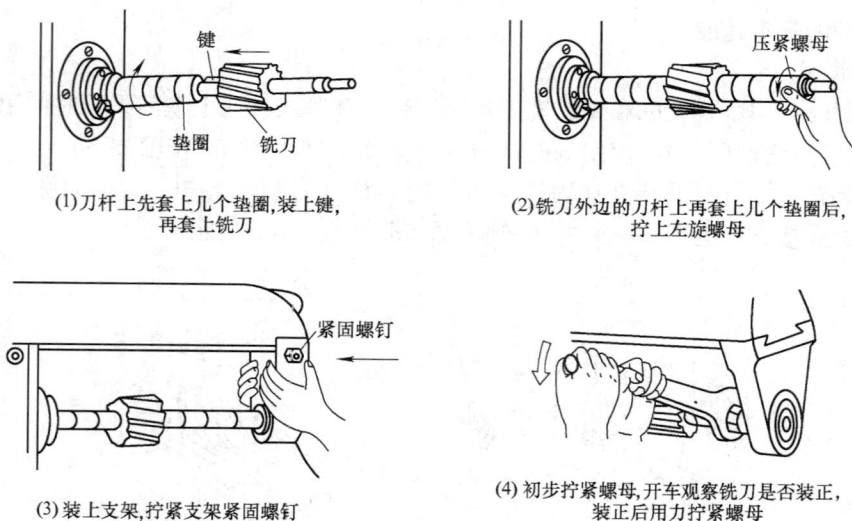

键

压紧螺母

垫圈　铣刀

(1)刀杆上先套上几个垫圈,装上键,
再套上铣刀

(2)铣刀外边的刀杆上再套上几个垫圈后,
拧上左旋螺母

紧固螺钉

(3)装上支架,拧紧支架紧固螺钉

(4)初步拧紧螺母,开车观察铣刀是否装正,
装正后用力拧紧螺母

图 3-3-9　安装铣刀的步骤

（2）铣削钢件时，应加冷却液。

（3）在铣削过程中，铣刀磨钝、进给量不均匀或中途停车等均会影响工件表面的粗糙度。因此，操作者应避免发生上述现象。

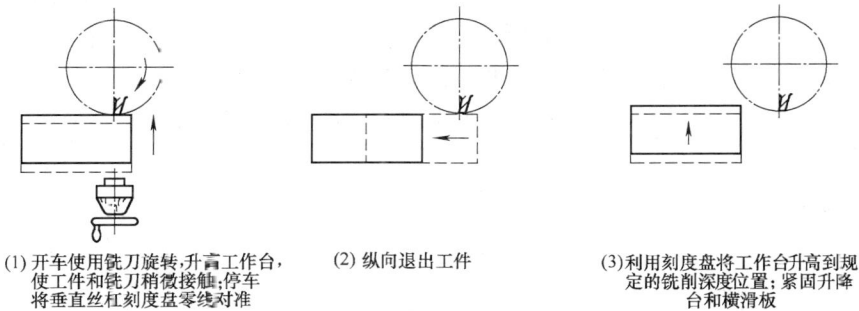

(1) 开车使用铣刀旋转,升高工作台,使工件和铣刀稍微接触;停车将垂直丝杠刻度盘零线对准

(2) 纵向退出工件

(3)利用刻度盘将工作台升高到规定的铣削深度位置;紧固升降台和横滑板

图 3-3-10　调整切削深度的步骤

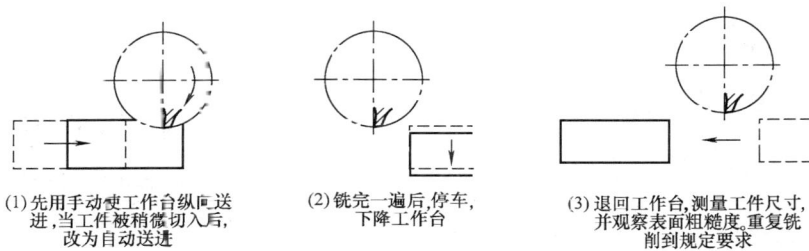

(1)先用手动使工作台纵向送进,当工件被稍微切入后,改为自动送进

(2)铣完一遍后,停车,下降工作台

(3)退回工作台,测量工件尺寸,并观察表面粗糙度,重复铣削到规定要求

图 3-3-11　铣削平面的步骤

3. 铣削键槽

通常,轴上的键槽是在铣床上铣削出来的。敞开式键槽一般应在卧式铣床上铣削(见图3-3-12),其操作步骤如下:

(1) 安装铣刀。在卧式铣床上铣削敞开式键槽时,应选用盘形铣刀(三面刃盘形铣刀或专用盘形铣刀)。其安装的要求是:铣刀必须装得准确、牢固(不准有松动现象)。否则铣出的槽宽不准确。

(2) 安装工件。在小型的轴类工件上铣削键槽时,可用平口虎钳装夹。其安装的要求是:虎钳钳口必须与工作台纵向进给方向平行(见图3-3-13);轴的端部伸出钳口,以便对刀和检验键槽尺寸。

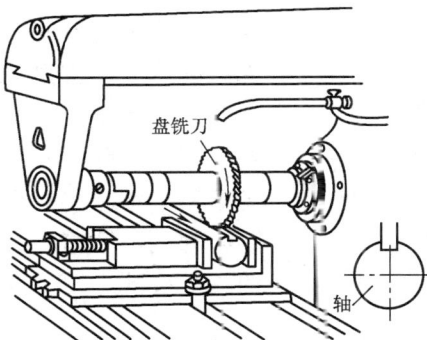

图 3-3-12　在卧式铣床上铣削敞开式键槽

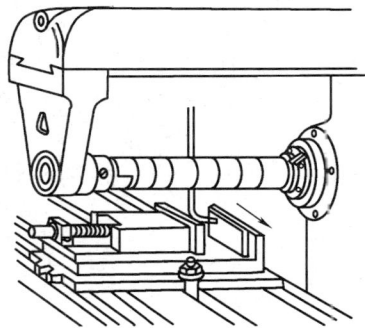

图 3-3-13　用划针校对钳口与纵向进给方向的平行度

（3）对刀（调整铣刀切削位置）。铣削时，盘形铣刀中心平面应与轴的中心线对准。对刀的方法如图 3-3-14 所示。铣刀对准后，将横滑板紧固。

（4）调整铣床。调整铣床的方法与平面铣削时相同。

（5）开车铣削。先试切，检验槽宽；再铣出键槽的全长。铣削较深的键槽时，应分几次进行。

封闭式键槽多在立式铣床上用立铣刀铣削加工，如图 3-3-15 所示。

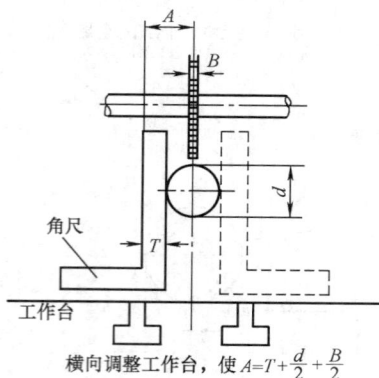

横向调整工作台，使 $A=T+\dfrac{d}{2}+\dfrac{B}{2}$

图 3-3-14　调整铣刀切削位置的方法

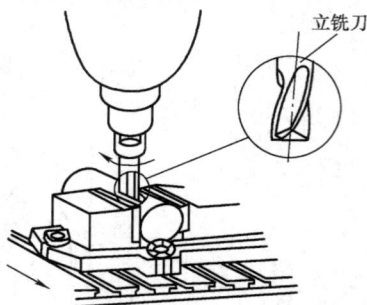

图 3-3-15　在立式铣床上铣削封闭式键槽

课题二　磨　　削

磨削加工是机械制造中常用的加工方法之一。因磨削是用砂轮作为切削工具进行加工的，所以能使工件获得很小的表面粗糙度值（$Ra0.8\sim Ra0.1\mu m$）。由于每次仅能磨去的金属层很薄，因此仅适合于车削、刨削和铣削等加工后的精加工。磨削不仅能加工一般的钢件和铸铁件等，而且还可以加工硬度很高的工件，如淬火后的钢件和硬质合金件等。

一、磨床

1. 磨床的种类

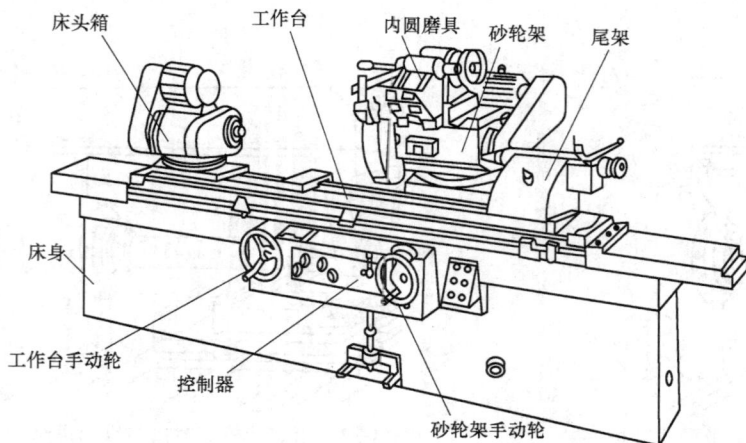

图 3-3-16　万能外圆磨床

磨削加工使用的机床称为磨床。磨床的种类很多，按其用途不同可分为外圆磨床、内圆磨床、平面磨床、螺纹磨床、齿轮磨床、导轨磨床和工具磨床等。本课题主要以外圆磨床为例，简单介绍磨削的基本知识。

2. 外圆磨床

万能外圆磨床（见图 3-3-16）可以磨削外圆柱

面和外圆锥面，也可以磨削为圆柱面和内圆锥面，其组成部分如下：

（1）床身。床身用来支承磨床的各个部件。床身上面有纵向导轨和横向导轨；纵向导轨上装有工作台；横向导轨上装有砂轮架；床身内部装有液压传动装置和其他机构。

（2）工作台。工作台由液压传动，可沿床身上的纵向导轨作直线返复运动，使工件实现纵向进给。在工作台前侧的 T 形槽内，装有两个可调整位置的换向撞块，用来操纵工作台自动换向。工作台也可压手轮移动，以进行调整或手动磨削。工作台由上、下两层组成，上台面能扳动一个不大的角度，以便磨削圆锥面。

（3）床头箱和尾架。床头箱和尾架均安装在工作台上。床头箱主轴由单独的电动机带动。主轴端部可以安装顶尖或卡盘夹持工件。床头箱的变速机构可使工件获得不同的转速；尾架的套筒内装有顶尖，与主轴端部的顶尖或卡盘一起装夹工件。

3. 砂轮

砂轮是由砂粒黏结而成的（见图 3-3-17）。砂轮作为切削刀具，具有很高的硬度。砂粒有氧化铝和碳化硅两种。氧化铝砂轮用于磨削普通钢。碳化硅比氧化铝的硬度高，因此用于磨削硬材料（如硬质合金）。砂粒粗些的砂轮用于粗磨，砂粒细些的用于细磨。在磨削过程中，砂粒会逐渐变钝，空隙会被金属屑堵塞，同时砂轮的形状也会变得不规则。因此，当出现上述情况时，需要用砂轮修整工具进行修整。

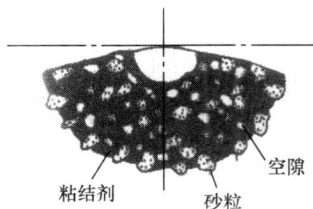

图 3-3-17　砂轮的组成

砂轮装在砂轮架的主轴上，由单独的电动机经皮带直接传动旋转。砂轮架可沿着床身后部横向导轨前后移动。

二、磨外圆

在安装好工件和调整机床后，可按下列步骤进行磨削外圆。

（1）开动磨床，使砂轮和工件转动。将砂轮慢慢靠近工件，直至与工件稍微接触，开放冷却液。

（2）调整切削深度后，使二作台纵向进给，进行一次试磨。磨完全长后用百分尺检验有无锥度。如有锥度，须转动工作台加以调整。

（3）进行粗磨。在粗磨时，工件每往返一次，切削深度为 0.01～0.025mm。磨削过程中因产生大量的热量，因此必须有充分的冷却液冷却，以免工件表面被"烧伤"。

（4）进行精磨。精磨前，一般要修整砂轮。每次切削深度为 0.005～0.015mm。精磨到最后尺寸时，停止砂轮的横向进给，继续使工作台纵向进给几次，直至不发生火花为止。

（5）检验工件尺寸和表面粗糙度。由于在磨削过程中工件的温度有所提高，因此测量时应考虑热膨胀对尺寸的影响。

复 习 题

一、判断题

1. 铣削加工的生产效率高、加工范围广的原因是：它可以采用不同类型和形状的铣刀。（　　）

2. 磨削加工，主要用于零件的精加工。（　　）

3. 砂轮的硬度与沙粒的硬度有关。（　　）

二、选择题

1. 法兰盘端面均布 10 个孔,每划完一个孔后,分度头手柄应转 (　　) 圈。

(1) 2;(2) 4;(3) 6。

2. 粗磨时,工件往返一次的切削深度约为 (　　)。

(1) 0.02;(2) 0.05;(3) 0.1。

三、问答题

1. 简述铣刀的安装步骤和要求。

2. 试述分度头的工作原理。

3. 砂轮由哪几部分组成?如何选用?

模块四 ●●●●●

焊　　接 》》

学习训练目标　知道焊接工具和设备；初步掌握电弧焊技能；知道在电弧焊操作中可能出现的问题及原因；了解气焊、气割操作；熟知焊接的安全注意事项。

焊接就是通过加热或加压等手段，使金属焊接件达到原子结合而形成永久性连接的一种工艺方法。焊接方法的种类很多，通常按焊接过程的特点不同分为熔化焊、压力焊和钎焊三大类。

（1）熔化焊。其特点是采用局部加热法，将被连接金属件的结合处加热到熔化状态，金属原子在热能的作用下得以充分扩散和紧密接触，待其冷却后彼此连接在一起。电弧焊、气焊、氩弧焊、电渣焊和等离子弧焊等都属于这种焊接方法。

（2）压力焊。其特点是在焊接过程中对焊接处施加一定的压力（加热或不加热），使两个结合面紧密地连接在一起。如电阻焊、气压焊和接触点焊等。

（3）钎焊。钎焊就是在焊接过程中，采用比焊件熔点低的金属材料作钎料，将焊件和钎料加热到高于钎料熔点、低于焊件熔点的温度，利用液态钎料润湿焊件，填充焊件之间的连接处，液态钎料凝固后将焊件连接起来。如锡焊、铜焊等。

本模块主要介绍熔化焊中的电弧焊和气焊。

课题一　电　弧　焊

电弧是所有电弧焊接方法的能源，电弧能有效而简便地把电能转换为焊接过程所需要的热能和机械能。电弧焊就是利用电弧将金属工件加热、熔化，从而实现金属工件的连接的。

一、焊接电弧的产生

由焊接电源供给的，具有一定电压的两电极间或电极与焊件间，在气体介质中产生的强烈而持久的放电现象称为焊接电弧。

在焊接过程中，当电极（即焊条或焊丝）与工件接触短路时，由于电极接触面很小，因而通过接触点的电流非常大，并产生高温，使电极与工件的接触部位熔化，甚至蒸发产生金属蒸气。在电极与工件将要分开的瞬间，大量的电流由熔化的金属细颈通过，使细颈部分液体金属温度进一步升高。在电极与工件接触点的周围，一部分金属蒸气和热空气因强烈受热而电离。当电极与工件迅速分开时，它们之间的气体就具有带电质点，在电压的作用下，带电质点按一定方向移动。同时在被加热的阴极上有高速的电子飞出，撞击空气中的分子和原子，使之进一步电离。再加之其他因素的作用，进一步促使电极与工件间的气体强烈地电离而产生电弧。

焊接电弧由阴极区、弧柱区、阳极区三部分组成，如图 3-4-1 所示。电弧的热量与焊接电流和电压的乘积成正比，电流愈大，电弧产生的总热量就愈大。

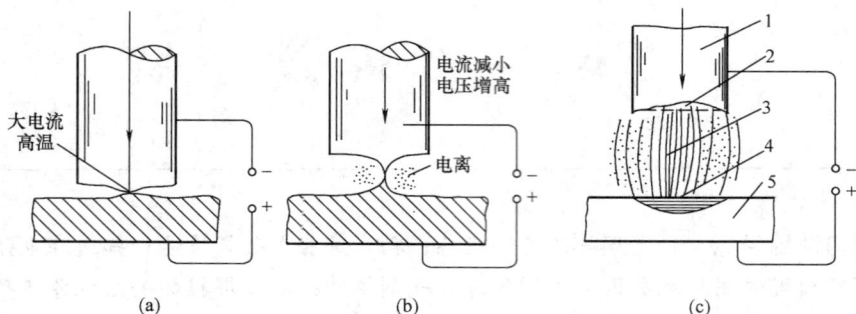

图 3-4-1　焊接电弧的构成
1—电极（阴极）；2—阴极区；3—弧柱区；4—阳极区；5—阳极（工件）

在使用直流电弧焊接时，电弧热量在阳极区产生的较多，约占总热量的 43%；阴极区因放出大量电子时消耗一定能量，所以产生的热量较少，约占 36%；其余的 21% 左右是在弧柱中产生的。手工电弧焊只有 65%～85% 的热量用于加热和熔化金属，其余则散失在电弧周围和飞溅的金属滴中。

电弧中阳极区与阴极区的温度因电极材料（主要是电极熔点）不同而有所不同。用钢焊条焊接钢材时，阳极区温度约为 2300℃，阴极区温度约为 2100℃，电弧中心区温度可达 6000℃ 以上。

在采用交流电弧焊接时，因电弧中的阳极与阴级随着交流电的频率改变而改变，故无阳极、阴极之分。因此两极产生的热量相近似，温度也相近。

二、手工电弧焊焊接电源及工具

1. 手工电弧焊焊接电源

手工电弧焊的焊接电源就是在焊接电路中为焊接电弧提供电能的设备。常用的手工电弧焊电源有弧焊发电机、弧焊变压器和弧焊整流器，即俗称的直流弧焊机、交流弧焊机和整流弧焊机。

（1）直流弧焊机。直流弧焊机由直流发电机和原动机两部分组成。原动机可以是电动机或柴油机、汽油机等。常用的直流弧焊机是以三相异步电动机作为原动机，带动一台直流发电机组成的，电动机与发电机，组成一体式结构。

（2）交流弧焊机。交流弧焊机是以交流电形式向焊接电弧输送电能的设备。交流弧焊机实际上就是能满足焊接要求的降压变电器。图 3-4-2 是电抗式交流弧焊机的工作原理图，现将其工作原理简述如下。

1）空载时：在低压回路中没有电流通过，此时两极间的电压为空载电压。

2）焊接时：在低压回路中有电流通过，电抗线圈中产生自感电势，将低压线圈的电压抵消一部分。因此，焊接时工作电压低于空载电压。

3）短路时：电焊条与工件接触，电弧消失，电弧电压为零。在低压回路中电流很大，并在电抗线圈内通过，产生很大的自感电势，将低压线圈电压几乎全部抵消。

4）电流的调整：当活动铁芯移出，即间隙 a 增加时，电抗铁芯磁阻增加，磁通减弱，反电势减小，因此电焊电流就增大。反之，当活动铁芯移入，即间隙 a 减小时，电焊电流就随之减小。

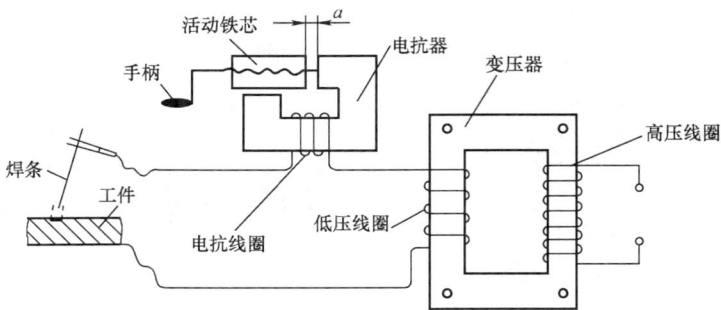

图 3-4-2 电抗式交流电焊机工作原理

说明：有关参数

1. 电源电压：220/380V；
2. 焊机容量：20kW；
3. 低压侧电流调节范围：50～500A；
4. 空载电压：60～80V；
5. 工作电压：30V

（3）整流弧焊机。整流弧焊机也称弧焊整流器，是一种直流弧焊电源。它是利用交流电经过变压、整流后而获得直流电的。弧焊整流器有硅弧焊整流器、可控硅弧焊整流器和晶体管式弧焊整流器三种。

2. 手工电弧焊工具

（1）电焊钳。电焊钳是手工焊的重要工具。常用的电焊钳有两种：一种可夹持 $\phi2\sim\phi5$ 的电焊条（安全电流 300A）；另一种可夹持 $\phi4\sim\phi8$ 电焊条（安全电流 500A）。电焊钳的结构如图 3-4-3 所示。

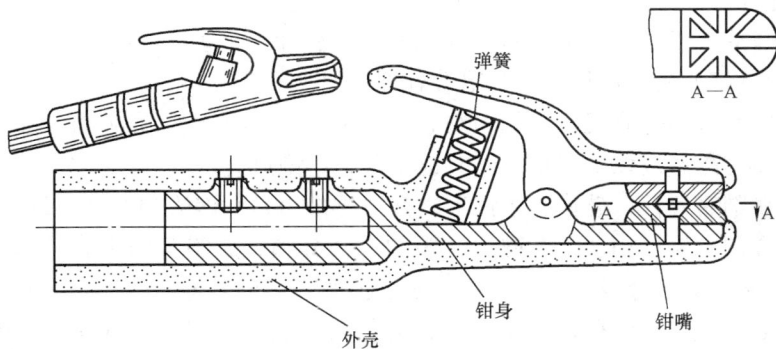

图 3-4-3 电焊钳结构

（2）电焊面罩。面罩是保护施焊者面部、眼睛不受电弧光伤害及飞溅熔珠灼伤的防护工具（图 3-4-4）。在面罩的方框中镶嵌着电焊玻璃片，其颜色以墨绿为主，深浅度分为 6～12 号，号数越大颜色越深。在选用时，可根据自己的视力而定，通常以能看清楚太阳或点燃的 60～100W 白炽灯灯丝为宜。

为了保护电焊玻璃片，在电焊玻璃片的内外两面装有普通无色玻璃片。普通玻璃片损伤后应及时更换。电焊面罩不允许有漏光处。

（3）电焊锤与钢丝刷。电焊锤是用来清除焊缝熔渣和校正较小焊件的工具。钢丝刷用来清除焊件上的锈污、氧化物等。

三、电焊条

焊条就是涂有药皮的供手弧焊使用的熔化电极。在手工电弧焊时，焊条既作为电极，在焊条熔化后又作为填充金属直接过渡到熔池，与液态的母材（焊接工件）熔合形成焊缝。为了保证电弧的稳定性和焊缝质量，使用时必须正确地选择焊条。

1.电焊条的组成

电焊条由焊芯和药皮两部分组成。

（1）焊芯。焊芯是形成焊缝的主要材料，并起着传导电流，产生电弧的作用。焊条的种类不同，焊芯的成分也不相同。在焊接时，应根据母材的材料特性及对焊缝的质量要求合理选用不同焊芯的焊条。根据国标（GB1300—1977）的规定，用于焊接的专用钢丝分为碳素结构钢、合金结构钢和不锈钢三类。

（2）药皮。焊条本身的质量和性能在一般情况下，取决于药皮的原料成分。药皮的原料按其作用主要有：

1）稳弧剂：常用的稳弧剂有碳酸钾、碳酸钠、长石、钛白粉等。其作用是改善焊条引弧性能和提高焊接电弧稳定性。

2）造渣剂：常用的造渣剂有锰矿石、金红石、大理石、赤铁矿等。其主要作用是形成具有特定性能的熔渣，产生良好的机械保护作用和冶金处理作用。

3）造气剂：常用的造气剂主要是有机物（如木粉、纤维品等）和碳酸盐类矿物（如大理石、菱镁矿等）。其主要作用是造成保护气幕，同时也有利于熔滴过渡。

4）脱氧剂：常用的脱氧剂有锰铁、硅铁、铝铁等。其主要作用是对熔渣和焊缝脱氧。

5）合金剂：常用的合金剂有铬、钼、锰、硅、钛等的铁合金和金属铬等纯金属。其主要作用是向焊缝金属中掺入必要的合金成分，以补偿焊缝烧损的一部分合金。

6）稀释剂和黏结剂：如水玻璃、面粉、膨润土等。稀释剂的主要作用是降低焊接熔渣的黏度，增加熔渣的流动性；黏结剂的作用是将药皮牢固地黏结在焊芯上。

2.电焊条的分类和牌号、规格

（1）电焊条的分类。按焊条药皮熔化后的熔渣性质可分为酸性焊条和碱性焊条；若按焊条的用途可分为十大类，即结构钢焊条（用于焊接低碳钢、中碳钢和普通低合金钢）、钼和铬钼耐热钢焊条（用于焊接耐热钢）、不锈钢焊条（用于焊接高铬钢）、堆焊焊条（用于大焊缝的堆焊）、低温钢焊条（用于焊接低温容器）、铸铁焊条（用于补焊铸铁件）、镍及镍合金焊条（用于焊接高镍合金）、铜合金焊条、铝合金焊条和特殊用途焊条。

（2）电焊条的牌号。常用电焊条的牌号用汉字加三位数字来表示。汉字表示电焊条的类别；三位数字的前两位数字表示熔敷金属的最低抗拉强度；第三位数字表示药皮类型及电源类别。如结422电焊条，"结"表示结构钢，42表示熔敷金属（焊缝）的抗拉强度不低于420MPa，2表示药皮为钛钙型（酸性）、电源为交直流两用；又如结507电焊条，50表示焊缝抗拉强度不低于500MPa，7表示药皮为低氢型（碱性）、电源为直流电源。

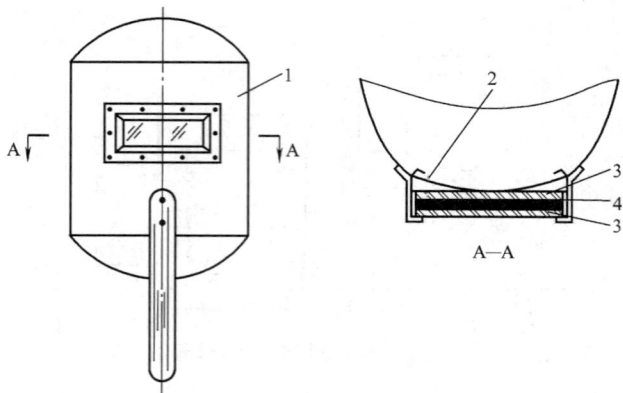

图 3-4-4　电焊面罩

1—外壳（石棉纸板）；2—弹簧片；3—普通玻璃片；4—电焊玻璃片

（3）焊条的规格。焊条的规格见表3-4-1。

表 3-4-1 焊条的长度规格 （mm）

直径 \ 类别 长度	低碳钢焊条	低合金钢焊条	不锈钢焊条	铸铁焊条	
				冷拔焊芯	铸造焊芯
2.0	250～300	250～300	220～240		
2.5	250～300	250～300	220～240 或 290～310	200～300	
3.2	350～400	340～360	300～320 或 340～360	300～450	
4.0	350～400	390～410	340～360 或 380～400	300～450	350～500
5.0	400～450	390～410	340～360 或 380～400	300～450	
6.0	400～450	400～450	340～360 或 380～400	400～500	350～500

3. 电焊条的选用原则

通常选用电焊条应根据焊件的化学成分、机械性能及工作条件等因素进行综合考虑。选用时，应遵循以下原则：

（1）首先考虑焊件的机械性能、化学成分。一般在焊接结构钢时，可按其强度等级选用相应强度的焊条。

（2）在焊条的强度确定以后，再根据焊件刚性的大小、载荷情况及抗裂性等因素来决定选用酸性还是碱性焊条。对于塑性、冲击韧性和抗裂性能要求较高，或低温条件工作的焊缝应选用碱性焊条；对一般的焊接结构，在能满足性能要求的前提下，均应选用酸性焊条（酸性焊条对清洁工作要求不太严格、工艺性能好、易脱渣、成型美观）。

（3）异种钢及不同强度等级的低合金钢焊接，一般选用与较低强度等级钢材相匹配的焊条。

（4）对工作环境、使用性能有特定要求的焊件，应选择相应的焊条。如焊接低温容器，应选用低温焊条；焊接珠光体耐热钢，应采用铬钼耐热钢焊条；薄板焊接，应选用钛型或钛钙型焊条等。

（5）在保证焊接质量的前提下，尽量选用价格较低的焊条。

课题二 手工电弧焊操作

一、焊接前的准备工作

1. 清理焊口

焊接前必须认真清除焊口边缘的铁锈、油脂、油漆、水分、气割的熔渣与毛刺等，以保证焊接时电弧能稳定的燃烧和焊缝的质量。

2. 确定焊接接头和坡口的形式

在手工电弧焊中，应根据焊件的厚度、结构的形状和使用条件确定接头和坡口的形式。最常见的接头形式有：对接接头、角接接头、搭接接头和T形接头，如图3-4-5所示。在焊接结构中，还有其他接头形式，如十字接头、套管接头等。

倒坡口的目的是保证电弧能深入接头根部，使接头根部能焊透，并调节焊缝金属中母材与填充金属的比例，从而提高焊缝的质量和性能。一般板厚大于 6mm 的钢板，焊前必须倒坡口。坡口形式分为 V 形坡口、X 形坡口和 U 形坡口三种，如图 3-4-6 所示。

二、焊条直径与焊接电流的选择

1. 焊条直径的选择

焊条直径的选择主要依据焊件厚度而定。选取时可参阅表 3-4-2。

表 3-4-2　　　　　　　　　　　　焊 条 直 径 选 择　　　　　　　　　　（mm）

焊件厚度	<2	2～3	4～6	6～10	>10
焊条直径	2	3	3～4	4～5	5～6

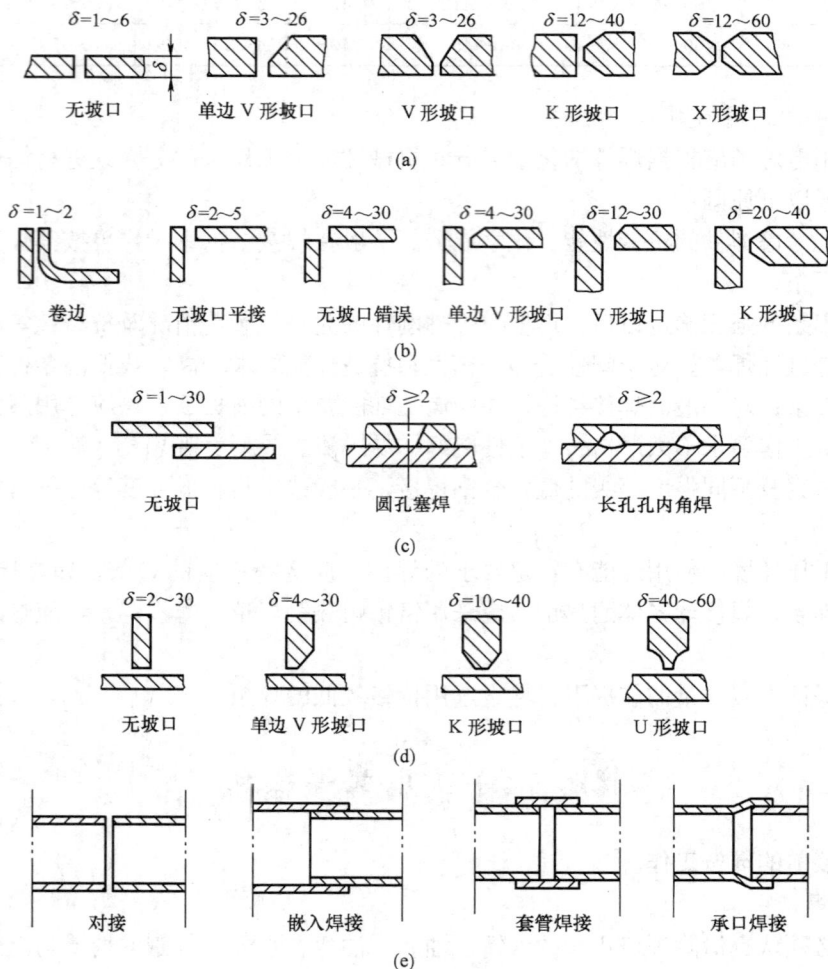

图 3-4-5　接头形式及坡口举例

（a）对接；（b）角接；（c）搭接；（d）T 字接；（e）管道接头

注：δ 为板厚（mm）

2. 焊接电流的选择

焊接电流主要根据焊条直径选取，同时也要考虑操作的具体情况（焊缝位置、焊条类型

等）并根据实际经验作适当的调整。选择焊接电流时可参阅表 3-4-3。一般情况也可根据式（3-4-1）进行选择，即

$$I = kd \qquad (3\text{-}4\text{-}1)$$

式中 I——焊接电流，A；

　　　d——焊条直径，mm；

　　　k——经验系数，A/mm。

经验系数 k 与焊条直径 d 的关系见表 3-4-4。

表 3-4-3 　　　　　　　　　　　　　　焊接电流的选择

焊 条 牌 号	焊 条 直 径	焊 接 电 流（A）		
		平　焊	立　焊	仰　焊
结 422	$\phi3.2$	100～150	比平焊约小 10%～15%	
	$\phi4$	160～210		
结 507	$\phi4$	140～180	140～170	140～160

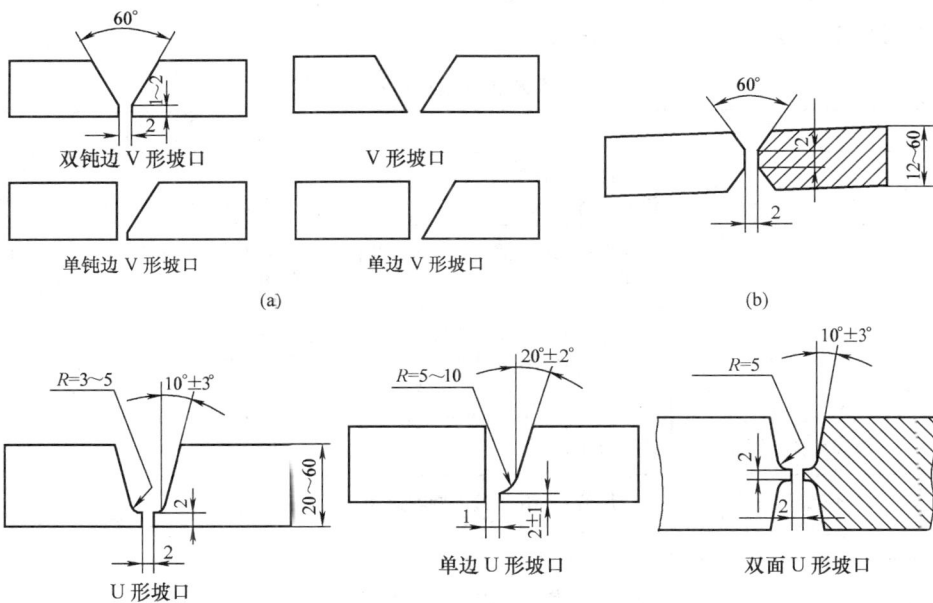

(a)

(b)

双钝边 V 形坡口　　　V 形坡口

单钝边 V 形坡口　　　单边 V 形坡口

U 形坡口　　　单边 U 形坡口　　　双面 U 形坡口

(c)

图 3-4-6　坡口的形式

（a）V 形坡口；（b）X 形坡口；（c）U 形坡口

表 3-4-4 　　　　　　　　　　　　经验系数与焊条直径的关系

焊条直径 d（mm）	1～2	2～4	4～6
经验系数 k（A/mm）	25～30	30～40	40～60

三、焊接过程

1. 引弧（起弧）

在焊接时，将焊接电弧的引燃称为引弧（起弧）。引弧的方法一般多采用短路法，即用

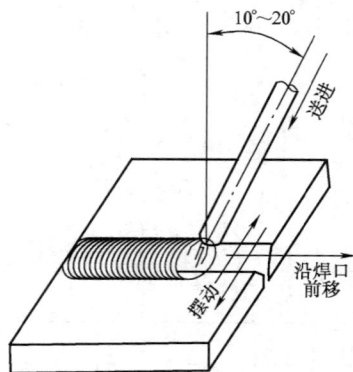

图 3-4-7　焊条的三个运动方向

焊钳夹住焊条在焊口边缘敲击或划擦，在起弧的瞬间迅速拉起焊条 3～4mm 的距离或将焊条倾斜（依靠药皮厚度满足电弧所要求的间隙）进行引燃。若焊条与工件黏连在一起时，应立即左右摆动焊钳或将焊钳松开。电弧刚引燃时，电弧可长些，待焊口处预热后，再缩短弧长，否则开始时的焊缝熔池浅、焊波突出。

2. 运条方法

当电弧引燃后，焊条要有三个方向的运动才能使焊缝良好成形。这三个方向的运动是：朝着熔池方向作送进动作；作横向摆动；沿着焊接方向移动，如图 3-4-7 所示。这三种运动配合进行，通称为运条。常采用的运条方法及适用范围见表3-4-5。

四、焊缝主要缺陷及其产生的原因

焊接结束后应对焊缝的质量进行认真的检查，若焊缝存在缺陷可能引起严重的事故。尤其是重要的构件和承压部件的焊缝，必须经过无损探伤方法检查。不合格的焊件严禁使用。焊缝的常见缺陷及其产生原因见表 3-4-6。

表 3-4-5　　　　　　　　　运条方法及运用范围

名　称	图　示	运 条 方 法	运 用 范 围
直线形运条法		保持一定的弧长，沿焊接方向作不摆动的前移	适用于板厚 3～5mm 不倒坡口的对接平焊、多层焊的第一层和多层多道焊
直线往复形运条法		使焊条末端沿焊缝的纵向作来回直线摆动	适用于薄板件的焊接和接头间隙较大的焊缝
锯齿形运条法		使焊条末端作锯齿形连续的横向摆动，并在两边稍停片刻	应用较多，适用于平焊、立焊、仰焊的对接接头和立焊的角接接头
三角形运条法		使焊条末端作连续的三角形运动，并不断前移	适用于焊接 T 形接头的仰焊缝和有坡口的横焊缝
圆圈形运条法		使焊条末端作连续的圆圈运动，并不断前移	适用于焊接较厚焊件的平焊缝

表 3-4-6　　　　　　　　　焊缝的常见缺陷及其产生的原因

缺　陷	现　象	产 生 的 原 因
夹　渣	焊缝中存在熔渣	焊件不清洁；焊接时焊条未搅拌熔池，未分清钢液与熔渣；运条速度过快或焊缝冷却太快；多层焊时各层熔渣未除净
裂　纹	在焊缝和焊件的内部或表面存在裂纹	焊件含碳、硫、磷高；焊缝冷却太快；焊接应力过大；焊接工艺不正确
气　孔	焊件的表面或内部存在着气泡	焊件不清洁；焊条潮湿；焊接时电弧过长，焊速太快，电流过小；焊件含碳量高
未焊透	焊缝和焊件之间的局部未熔合	装配间隙过小；焊接坡口不合格；焊接运条太快，电流过小；焊接未对准焊缝
咬　边	在焊件与焊缝的交界处有小的沟槽	焊接时电流太大，电弧过长；焊条角度不对，运条方法有误

课题三　气　焊　与　气　割

气焊与气割是利用可燃气体与助燃气体混合燃烧所释放的热量作为热源进行金属材料的焊接与切割的。所用的助燃气体为氧气，而可燃性气体种类很多，目前乙炔气使用的最为广泛。因为乙炔气与氧气混合燃烧产生的热量高，制造方便，使用时相对安全，焊接时火焰对金属的影响最小。

（1）氧气。氧气是一种不可燃气体，但能帮助其它可燃物质燃烧。气焊与气割对助燃气体氧气的要求是其纯度不能低于 98.5%。因为剩余的部分主要是氮气，氮气不但使火焰温度降低，而且氮与铁水化合生成氮化铁，使焊缝脆性增强、塑性和冲击韧性降低。

（2）乙炔气。乙炔气是当电石（CaC_2）与水相互作用生成的碳氢化合物。其化学反应式如下：

$$CaC_2 + 2H_2O == \underset{(乙炔)}{C_2H_2} + \underset{(熟石灰)}{Ca(OH)_2} + \underset{(热量)}{Q}$$

工业用的乙炔气含杂质较多，如硫化氢、氨等，所以有强烈的臭味。乙炔与空气混合燃烧时，其火焰温度约为 2350℃，放出的热量少，不能满足焊接要求；当与纯氧混合燃烧时，火焰温度可达 3000～3300℃，足以迅速熔化金属进行焊接和切割。

一、气焊、气割设备及工具

1. 氧气瓶

氧气瓶的构造如图 3-4-8 所示。它是用来储存和运输氧气的一种高压容器。瓶内额定氧气压力为 15MPa，气瓶容积一般为 40L。瓶口装有合金铜制成的瓶阀；瓶口外面装有可拆卸的钢制保护罩（瓶帽）以保护瓶阀；瓶体用低合金钢制成，外表涂成天蓝色并写有"氧气"字样。瓶体外面上下段各有一个防震橡胶圈。

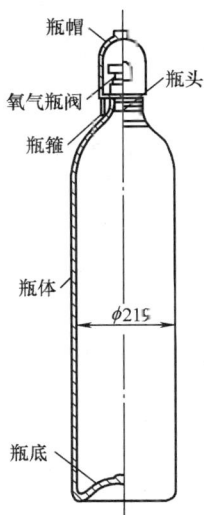

图 3-4-8　氧气瓶的构造　　图 3-4-9　乙炔气瓶的构造

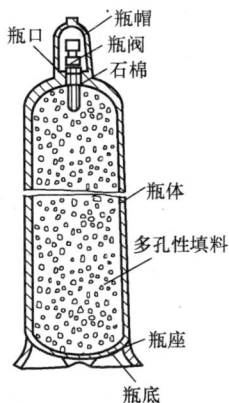

2. 乙炔瓶

乙炔瓶的构造如图 3-4-9 所示。它是用来储存和运输乙炔气的容器。乙炔气瓶的工作压力为 1.5MPa，其瓶体用优质碳素钢或低合金钢制成，外表涂成白色，并写有"乙炔"字样。瓶体内装有浸满丙酮的多孔性填料，以便于乙炔稳定、安全的储存在瓶内。使用时，乙炔气从丙酮内分解出来，通过气瓶阀流出，丙酮仍留在瓶内，以便溶解再次压入的乙炔。

3. 减压器

将高压气体降为低压气体的调节装置称为减压器。其主要作用如下：

（1）减压作用。储存在氧气瓶或乙炔气瓶内的气体压力远远高于气焊或气割时所需要的工作压力。例如氧气瓶内的氧气压力高达 15MPa，而氧气的工作压力一般要求 0.1～0.2MPa。因此，在气焊或气割工作中必须使用减压器，将气瓶内的气体压力降低后才能使用。

（2）稳压作用。气体在瓶内的压力随着气体的消耗而逐渐下降，说明其瓶内的压力是变化的，而在气焊或气割工作中要求气体工作压力必须是稳定不变的。减压器就能起到稳定气体工作压力，使气体工作压力不随瓶内压力的下降而下降的作用。

图 3-4-10 是 QD-1 型减压器的工作原理图。在减压器处于非工作状态时，减压器阀门处于关闭位置，如图 3-4-10（a）所示。在减压器工作时，其工作原理如下 ［见图 3-4-10（b）］：先顺时针旋转调压螺钉，螺钉推动调压弹簧，将减压阀门顶开，由于减压阀门的节流作用，使高压气体进入低压气室后体积膨胀而减压。在工作时减压阀的开度通过调压弹簧的弹力与低压气室的气压保持平衡而达到自动调整气压的目的。

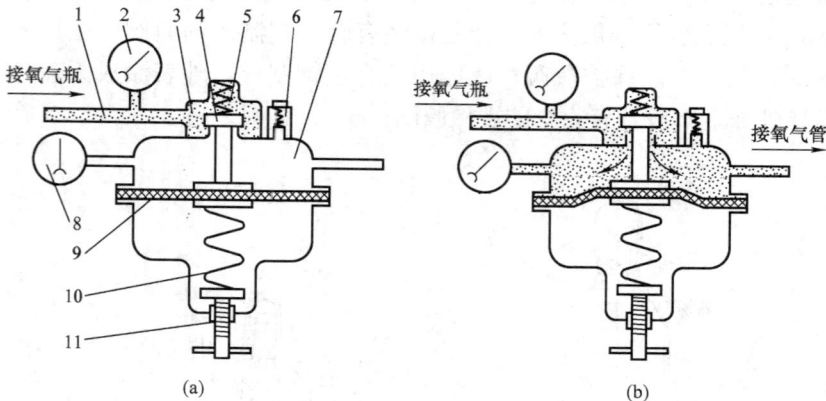

图 3-4-10 QD-1 型减压器工作原理

（a）非工作状态；（b）工作状态

1—进气管；2—高压表；3—高压气室；4—减压阀门；5—回位弹簧；
6—安全阀；7—低压气室；8—低压表；9—橡皮薄膜；10—调压弹簧；11—调压螺钉

4. 焊炬

焊炬俗称焊枪，是气焊时用于控制气体混合比、流量及火焰并进行焊接的工具。图 3-4-11是最常用的射吸式焊枪的结构图。这种焊枪由于乙炔气的流动主要靠氧气射吸作用，因此不管乙炔气压力如何都能保证正常工作。

在使用时，应先打开乙炔气阀门点火，然后立即打开氧气阀门，调整火焰。用这种方法点火比较安全，但有黑烟。在停止工作熄火时，应先关闭乙炔气阀门，再关闭氧气阀门，以防回火。如果发生回火，同样应迅速关闭乙炔气阀门，再关闭氧气阀门。

5. 割炬

割炬俗称割枪，其结构如图 3-4-12 所示。这种割炬是在射吸式焊炬的基础上，增加一个纯氧气管。纯氧气通过纯氧气喷嘴，形成高速气流，从混合气火焰中心喷出，将待切割处的经过火焰预热的金属氧化并吹除，随着割炬的移动便形成割缝。

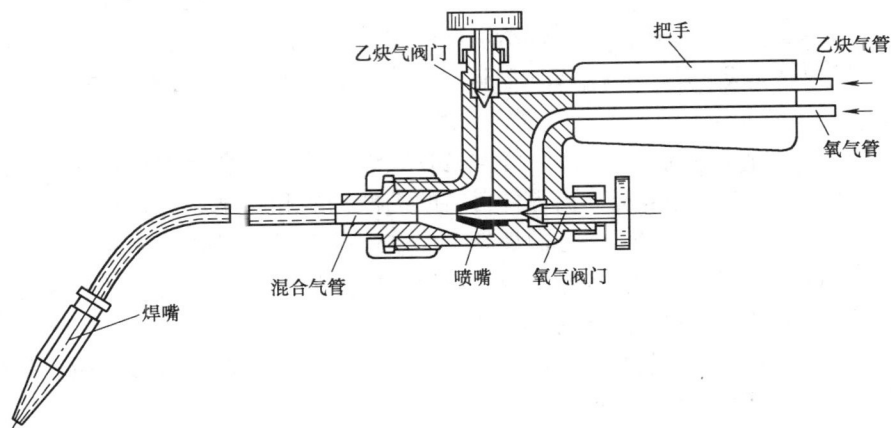

图 3-4-11　焊炬结构

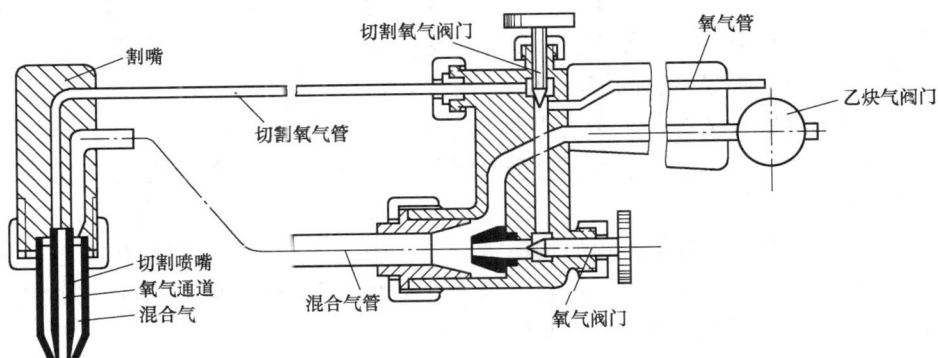

图 3-4-12　割炬结构

二、气焊

气焊是利用气体火焰所产生的高温来熔化焊条和焊件，进行金属工件连接的一种焊接方法，最常用的是氧、乙炔焊。

1. 氧、乙炔焰

氧、乙炔焰就是乙炔与氧气混合燃烧所形成的火焰。氧、乙炔焰根据氧和乙炔的混合比不同可分为三种不同性质的火焰：中性焰、碳化焰和氧化焰。每种火焰均分为三部分，即焰心、内焰和外焰，其中焰心温度最低（约 900℃），内焰温度最高（可达 3150℃），如图 3-4-13所示。

（1）中性焰。当氧气和乙炔气的混合比为 1.1～1.2 时燃烧所形成的火焰。中性焰适用于焊接一般低碳钢和要求焊接过程中对熔化金属不渗碳的金属材料，如不锈钢、紫铜及铝合

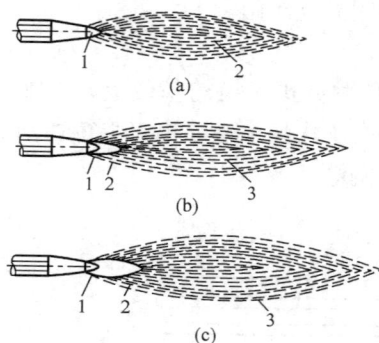

图 3-4-13　氧、乙炔焰的种类

(a) 氧化焰；(b) 中性焰；(c) 碳化焰

1—焰心；2—内焰；3—外焰

金等。

(2) 碳化焰。当氧气和乙炔气的混合比小于 1.1 时燃烧所形成的火焰。火焰中含有游离碳，具有较强的还原作用，也有一定的渗碳作用。只适用于含碳量较高的高碳钢、铸铁、硬质合金及高速钢的焊接。

(3) 氧化焰。当氧气与乙炔气的混合比大于 1.2 时燃烧所形成的火焰。火焰中有过量的氧，在焰心外面形成一个有氧化性的富氧区。适用于焊接黄铜等。

2. 焊丝

焊丝就是气焊时选用的金属焊条。其牌号选择应根据焊件材料的机械性能和化学成分，选用相应性能和成分的焊丝。但是这种焊丝经过燃烧熔化后，有部分化学元素被烧损，从而使结晶组织变得粗大，焊缝的强度降低。因此，在不影响焊件使用条件下，可选用比焊件强度高一些的焊丝作填充金属。

在选用焊丝直径时，应根据焊件的厚度来确定。焊接板厚在 5mm 以下时，焊丝直径要与焊件板厚相近，一般选用 1~3mm 焊丝。

3. 气焊熔剂

气焊熔剂也称为焊药。气焊用的焊药不是压涂在焊丝表面上的，而是在焊接时用焊丝蘸着焊药熔剂使用。焊药的作用是使金属中的氧、硫化合，金属被还原；补充有用的合金元素，起到合金作用；形成熔渣后覆盖在金属熔池表面上，防止金属继续氧化；起保温作用，使焊缝缓慢冷却，改善焊缝金属的结晶组织。

气焊熔剂的选择要根据焊件的成分及性质而定。一般碳素结构钢气焊时不需要气焊熔剂，而不锈钢、耐热钢、铸铁、铜及铜合金、铝及铝合金等，在气焊时必须采用气焊熔剂。

4. 气焊操作

(1) 焊炬倾角的选择。焊炬倾角的选择主要取决于焊件厚度、母材的熔点以及导热性。焊件愈厚，导热性及熔点愈高，则焊炬倾角愈大，使火焰的热量集中；相反，则采用较小的倾角。焊接碳素钢时，焊炬倾角与焊件厚度的关系见图 3-4-14。

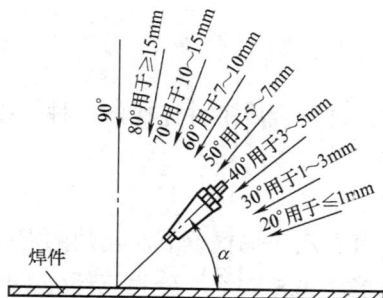

图 3-4-14　焊炬倾角与焊件厚度的关系

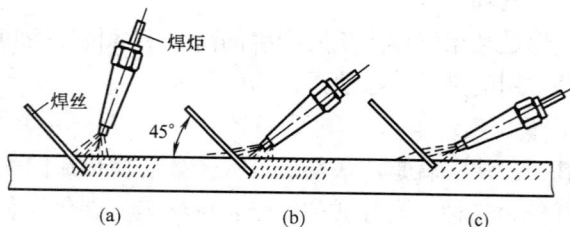

图 3-4-15　焊接过程中焊炬倾角的变化示意图

(a) 焊前预热；(b) 焊接过程中；(c) 焊接结束

焊炬倾角在焊接过程中要根据施焊情况进行相应的调整。焊接开始时，为了较快地加热焊件和形成熔池，焊炬倾角可选用 80°～90°；焊接结束时，为了更好地填满弧坑和避免焊穿，焊炬倾角应逐渐减小，对准焊丝加热，如图 3-4-15 所示。

在气焊过程中，焊丝与焊件表面间倾斜角一般为 30°～40°，与焊炬中心线间的夹角为 90°～100°，见图 3-4-16。

（2）焊接方向。焊接方向按照焊炬与焊丝移动的方向分为右向焊接和左向焊接，如图 3-4-17 所示。

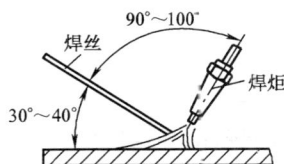

图 3-4-16　焊丝与焊件、焊炬的角度

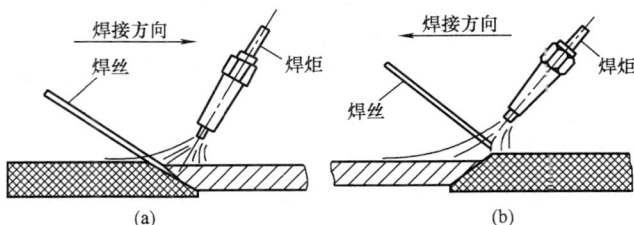

图 3-4-17　右向焊接法和左向焊接法
(a) 右向焊法；(b) 左向焊法

右向焊接火焰直接指向熔池，并覆盖整个熔池，使周围空气与熔池隔绝，防止焊缝金属发生氧化和减少气孔的形成，并且可使焊好的焊缝缓慢冷却，改善了焊缝组织。由于火焰距熔池较近且火焰集中，所以火焰的利用率较高。但右向焊法不易掌握，故应用较少。

左向焊接火焰指向焊件未焊部分，对焊件有预热作用，故效率较高。此种焊接方法操作简便、易掌握，是普遍采用的一种方法。

（3）焊接速度。焊接速度直接影响焊缝质量和焊接效率。一般对厚度大、熔点高的焊件，焊接速度应慢些，以免产生未熔合的缺陷；对厚度小、熔点低的焊件，焊接速度应快些，以免焊穿。在保证焊接质量的前提下，应尽量加快焊接速度，以提高生产率。

三、气割

1. 气割原理

气割就是利用气体火焰的热能将工件切割处预热到一定温度后，再用过割炬喷出的高速氧气气流，使金属燃烧并放出热量实现切割的方法。气割的实质是金属在氧中燃烧的过程，而不是金属的熔化过程。铁在氧中燃烧时所产生的热量比预热火焰的热量约高 6～8 倍。

2. 气割过程

氧气切割过程包括三个阶段，即预热—燃烧—吹渣过程。

（1）预热。气割开始时，用预热火焰将起割处金属预热到燃烧温度（燃点）。

（2）燃烧。向被加热到燃点的金属喷射切割氧，使金属剧烈地燃烧。

（3）吹渣。金属燃烧氧化后生成熔渣并产生反应热，熔渣被高速氧气流吹除，所产生的热量和预热火焰热量将下层金属加热到燃点，这样继续下去将金属逐渐割穿。随着割炬的移动，就切割出所需的形状和尺寸。

3. 金属的可切割性

在实际生产过程中，并不是所有的金属都能用气割方法进行切割，只有满足以下条件的金属才能进行氧气切割。

（1）金属的燃点应低于其熔点。否则，切割前金属先熔化而不能产生燃烧，使切口凸凹不平。

（2）燃烧时生成的氧化物的熔点应低于金属本身的熔点，以便熔化后吹除。

（3）金属在燃烧时应放出足够的热量，以利于切割不断地进行。

（4）金属的导热性不应太高，否则热量散失大，不利于预热。

在金属材料中，只有低碳钢、中碳钢、普通低合金钢具备上述条件，可以采用气割。对于碳钢，随着含碳量的增加，熔点降低，燃点升高。当含碳量为 0.7% 时，燃点与熔点相同；当含碳量大于 0.7% 时，必须将碳钢预热到 400~700℃ 才能进行切割。含碳量大于 1%~2% 的钢、铸铁、不锈钢、铜、铝及其合金等，均不具备上述条件，故一般不能采用气割方法，而采用等离子切割方法。

4. 气割操作

氧、乙炔火焰气割广泛用于钢板及各类型钢的下料、焊接坡口的切割和设备的拆除等工作。在气割操作时应注意以下要点：

（1）在开始气割时，应先将工件的切割线处预热至略红，然后慢慢开启切割氧气阀门。

（2）被切割的工件一定要在割穿后，方可沿着切割线移动割炬，不断地连续切割。

（3）切割较厚的工件，起割时割嘴应略微倾斜，如图 3-4-18 所示。全部割透后，割嘴可垂直于割面。接近终点时，应降低割嘴的移动速度，并将割嘴向反方向倾斜。

（4）切割时的切割氧气压力的大小，决定于切割工件的厚度。故在切割前应根据切割厚度调整好氧气表的出口气压。

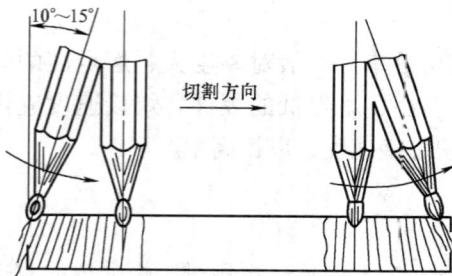

图 3-4-18　割嘴移动示意图

（5）在切割前，应将切割工件的割线部位及相对的背面的铁锈除尽。因铁锈会造成割缝阻塞，熔渣排不出，使切割工作难以进行，并使割缝出现大割口。

（6）若在切割过程中，遇到回火现象，应迅速关闭预热氧气和切割氧气阀门，阻止氧气倒流入乙炔气管内。如果割炬内还有"嘶嘶"响声，则说明回火现象尚未消除，应迅速将乙炔气阀门关闭。

四、安全注意事项

（1）氧气瓶不许曝晒，不得靠近热源；禁止和可燃气体、油类的容器存放在一起；在搬运时要轻拿轻放。

（2）乙炔发生器不得靠近火源，应放在空气流通的地方；发生器不得有漏气的地方，内部水温不得超过 60℃；不许集中装小颗粒的电石，以免发生分解速度过快，使乙炔压力急剧升高引起爆炸。

（3）氧气瓶和气焊工具严禁沾染油脂。因油脂遇到纯氧将迅速氧化并放出大量热量，引起燃烧，导致瓶内压力增高，当气压超过容器的极限强度时，将造成容器爆炸。

（4）乙炔瓶必须竖立，不允许横卧，内部气体不允许用尽，其余压应大于 0.05MPa；乙炔瓶必须装有专门的乙炔气压表。

操作训练3 手工电弧焊练习

1. 训练要求

（1）知道手工电弧焊的基本工艺知识（准备工作的内容、焊条直径及焊接电流的选择、引弧及运条方法、焊缝主要缺陷及产生原因等）和安全注意事项。

（2）会调整交流弧焊机电流的大小。

（3）能顺利地引弧；能鉴别电弧的长短；能识别渣液和钢液；能控制平焊的运条速度。

（4）在教师指导下，完成平焊和角焊作业。

2. 备料

100mm×30mm×8mm（铁板）两块，100mm×40mm×4mm（扁铁）两块。

3. 工件图（参考）

手工电弧焊工件图如图3-4-19所示。

4. 训练安排

（1）准备工作。

1）每个工位准备以下设备、工具及有关用品：交流手弧焊机一台（包括电焊钳、电焊导线、电源控制盘及电流表）；焊接锤、錾子、活动手、电焊面罩、工作服、电焊手套、鞋罩；焊接工件、电焊条（结422、φ3.2～φ4）。

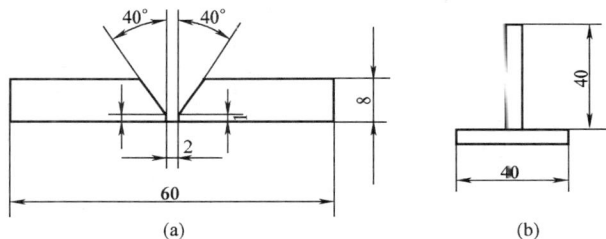

图3-4-19 焊接工件图
(a) 干燥工件；(b) 角焊工件

2）根据焊条直径，选择、调整焊接电流。

（2）平焊练习。

（3）角焊练习。

5. 注意事项

（1）每组设一名安全员，负责安全检查并监护电源的拉、合闸；

（2）焊机与焊机之间应有足够高度与宽度的隔光板或隔墙；

（3）操作者（施焊者）在引弧前，应告知周围人员；

（4）清除焊渣时，应防止热渣伤人（特别注意对眼睛的保护），既要预防自伤，又切勿对人敲渣；

（5）焊机应有良好的接地线，绝缘不好或漏电的焊机严禁使用；

（6）在调整焊接电流时，应停止施焊；

（7）电焊手线必须是电焊专用电缆，焊钳应完好无损，钳口有足够的弹力夹住电焊条；

（8）施焊者必须穿戴劳保用品，不穿戴者不准进行焊接作业；

（9）训练结束后，断开电焊机电源，收盘好电线，清扫现场，清理好劳保用品并安放在指定地点。

复习题

一、判断题

1. 焊接的电流主要取决于焊条的直径。　　　　　　　　　　　　　　　（　　）

2. 气焊时，焊丝的直径与焊件的厚度无关。　　　　　　　　　　　　（　　）

3. 焊接时，必须穿戴专用的劳保用品。　　　　　　　　　　　　　　（　　）

二、选择题

1. 焊接时，板厚大于（　　）的钢板，必须倒坡口。

（1）4mm；（2）6mm；（3）8mm。

2. 当电弧引燃后，焊条要有（　　）个方向的运动才能形成良好焊缝。

（1）2；（2）3；（3）4。

三、问答题

1. 焊接前，倒坡口的目的是什么？

2. 焊接接头有哪几种形式？

附录一 学生（学员）实训守则

1. 学生（学员）在参加训练时，应自觉遵守本守则，服从老师的指导和安排。

2. 遵守纪律。做到不迟到、不早退，不无故缺勤，不擅离工作岗位，不做与实训内容无关的事情。

3. 明确实训项目的内容、要求和操作方法。认真听课，刻苦训练，不断掌握、提高生产操作技能。

4. 严格遵守操作规程和安全注意事项。实训场地的设备须经老师同意后方能启动。

5. 在实训中，出现异常情况时应停止操作，并立即报告老师。

6. 爱护设备、仪器仪表和工量具，节约原材料。不得将工量具、仪器仪表和材料等带出实训场所。

7. 每日训练结束后，应认真清理工具、量具、仪器、仪表和材料，认真清扫实训场地。

附录二 砂轮机安全操作规程

1. 砂轮机应有防护罩，如不完善禁止使用。

2. 砂轮片有裂纹，螺母有松动现象时，严禁使用。砂轮机托板距离砂轮片的间隙最大不超过 3mm。

3. 砂轮机附近严禁堆放杂物，场地必须平整、明亮、通畅。

4. 使用砂轮机时，应戴好防护眼镜，站在砂轮机侧面工作。启动电源后，待砂轮转动正常（砂轮片的转向应使火花向下），方可使用。

5. 在同一砂轮片上，禁止两人同时使用。使用时禁止与他人谈话，严禁围着砂轮机谈笑打闹。

6. 禁止在砂轮机上磨削实训工件。

7. 修磨工具时，用力不得过大，工具应拿稳，防止在砂轮片上跳动。

8. 使用过程中，如发现异常现象，应立即停机。

9. 使用完毕后，及时切断电源。

附录三 钻床安全操作规程

1. 严禁戴手套操作。必须戴好工作帽。

2. 钻床工作台上禁止堆放物件。

3. 钻削时，必须用夹具夹持工件，禁止用手拿。薄工件应在其下部垫上垫块。

4. 钻出的金属屑禁止用手或棉纱之类物品清扫。

5. 应对钻床定期添加润滑油。

6. 使用钻夹头装卸麻花钻时，需用钻钥匙，不许用手锤等工具敲打。

7. 变换转速、装夹工件、装卸钻头时，必须停车。

8. 发现工件不稳、钻头松动、进刀有阻力时，必须停车检查，消除缺陷后，方可启动。

9. 操作者离开钻床时，必须停车。使用完毕后，及时切断电源。

附录四　电弧焊安全操作规程

1. 实习人员必须经实习教师同意方可进行电弧焊接操作。

2. 在操作前，必须穿戴好专用工作服、绝缘鞋、皮手套等符合规定的防护用品。

3. 焊接工作场所应有良好的照明（50～100lm/m²）；在人员密集的场所进行焊接时，应设挡光屏。

4. 使用焊接电源设备时焊机外壳必须接地；焊机上面及其周围不能乱放物体。

5. 在合闸前，要检查电源、电焊机、保险丝和手把线等是否完好。

6. 设备不准带"病"工作，若发现缺陷或故障应立即切断电源，报告指导教师。

7. 不准将脚踩在电线、圆型钢材及不牢固的工件上工作。

8. 登高作业时，必须采取有效的安全措施后，方可工作。

9. 不宜在雨、雪及大风天气进行露天焊接作业。如确实需要时，应采取遮蔽、防止触电和防止火花飞溅的措施。

10. 进行焊接时，应有防止触电、爆炸和防止金属飞溅引起火灾的措施，并应防止灼伤。

11. 在焊接地点周围 5m 范围内，应清除易燃易爆物品；确实无法清除时，必须采取可靠的隔离和防护措施。

12. 严禁在带有压力容器和管道、运行中的转动机械及带电设备上进行焊接工作。

13. 移动电焊机时要切断电源。

14. 焊接工作结束后，必须切断电源，仔细检查工作场所周围及防护设施，确认无起火危险后方可离开。

15. 认真进行交接班工作，做到文明实习。

附录五　车床、刨床安全操作规程

1. 在工作前，必须穿戴好规定的防护用品，并检查机床周围，工件堆放是否整齐、平稳，道路是否通畅。

2. 在开动机床前，应先检查机床防护装置，电器及传动部位是否完好正常，润滑油是否充足，工件是否装夹牢固。先开空车慢速运转，检查是否正常。

3. 在机床运转时，操作人员不准将头伸入刀架行程内或在刀下观察工件的切削面，不准隔越机床传送任何物件。在检测工件及换挡调速时，应停车进行（机床注明开动调速者例外）。

4. 机床面的滑动部分不准放置任何物件，不准用手清除或口吹切屑。车削韧性金属时，要采取断屑措施或用专用工具清除。

5. 操作人员不准脚踏或身靠机床，上下工件时必须切断电源。较重工件要有人协助装卸。机床由两人以上操作时，必须由一人指挥。

6. 在车床上使用锉刀打磨工件时，要握稳锉刀柄，必须右手在前，左手在后，用力不能过猛，不许使用无柄锉刀。车内孔时不准用锉刀倒角，用砂布打光内孔时，不准将手指或手臂伸进去打磨。

7. 在刨削工件前，未调整、固定好行程和限位装置不准开车。

8. 不准隔着回转的工件取东西或清理切屑。

9. 在车床上加工细长工件时要用顶尖、跟刀架。车头前面工件伸出部分不得超出工件直径的 20～25 倍。车头后面伸出部分超过 300mm 时，必须加托架，必要时应装设防护栏。

10. 在机床运转时，操作人员不得离开工作岗位；如遇停电时，应立即切断电源，退出进刀架。若发现设备运转不正常时，必须立即停车报告指导老师，待缺陷或故障消除后方可开车。

11. 工作照明灯电压超过 36V 禁止使用。

12. 操作人员离开机床，必须停车、切断电源，退出刀架。

13. 认真进行交接班工作，做到文明实习。

参 考 文 献

1 劳动人事部培训就业局. 钳工工艺学（上册）. 北京：劳动人事出版社，1985
2 劳动部培训司. 钳工生产实习第二版. 北京：劳动出版社，1991
3 国家劳动总局. 钳工工艺学. 北京：机械工业出版社，1980
4 中国电力企业联合会教育培训部. 热力设备检修工艺学. 北京：水利电力出版社，1987
5 教育部. 金属工艺学实习教材（下册）. 北京：高等教育出版社，1965
6 全国电力职业教育委员会. 电厂金属材料. 北京：中国电力出版社，1999